U0325660

综合电子战技术概论

田元荣　王星　等 ◎ 编著

中南大学出版社
www.csupress.com.cn
·长沙·

图书在版编目(CIP)数据

综合电子战技术概论 / 田元荣,王星等编著. —长沙:
中南大学出版社,2024.12
ISBN 978-7-5487-5750-4

Ⅰ. ①综⋯ Ⅱ. ①田⋯ Ⅲ. ①电子对抗 Ⅳ.
①TN97

中国国家版本馆 CIP 数据核字(2024)第 051953 号

综合电子战技术概论
ZONGHE DIANZIZHAN JISHU GAILUN

田元荣　王星　等编著

□出 版 人	林绵优		
□责任编辑	韩　雪		
□责任印制	唐　曦		
□出版发行	中南大学出版社		
	社址:长沙市麓山南路	邮编:410083	
	发行科电话:0731-88876770	传真:0731-88710482	
□印　　装	广东虎彩云印刷有限公司		

□开　　本	787 mm×1092 mm 1/16	□印张 15.5	□字数 384 千字
□版　　次	2024 年 12 月第 1 版	□印次 2024 年 12 月第 1 次印刷	
□书　　号	ISBN 978-7-5487-5750-4		
□定　　价	68.00 元		

编 委 会

Editorial Committee

田元荣　王　星　程嗣怡　陈　游

张官荣　周东青　王睿甲　周一鹏

王文哲　王宇宙　王经商　杨远志

张　强　范翔宇　罗朝义　郭晓陶

前 言

Foreword

  自 1904 年日俄战争中俄军首次使用电火花发射机干扰日军无线电通信以来，电子战至今已有 100 多年的历史。在这 100 多年的历史中，电子战的对抗双方始终以博弈的方式此消彼长地快速发展。进入 21 世纪，随着数字电路技术、微电子技术和信息技术的成熟，以相控阵雷达、超光谱相机和认知无线电等为代表的高新技术和设备相继出现在了战场上，并且这些技术已经在学术刊物、教材、会议和大学课堂初步普及，使用这些技术的一方暂时站在了博弈的优势位置。由于电子战被动跟随的发展模式，对抗的一方往往在看清对手的发展路线后才能奋起直追。如今为了应对对手的发展，电子战在理论、技术和方法等方面的创新如雨后春笋般不断涌现。如数字信道化接收技术、干扰资源综合管控技术、分布式干扰技术和组网对抗技术等都已经渗透部分装备和技术体系。20 世纪七八十年代认为较为先进的搜索式超外差测频技术、振幅法测向技术、大功率遮盖干扰技术都正在加速退出历史舞台。在这种情况下，如果跟不上技术发展的速度，仍只研究和普及老旧教科书上的技术和理论，那么在下一轮的军事斗争中，电子战的使用方很难重回博弈的优势面。在此背景下作者编写了此书，从目前的技术和方法出发，总结和梳理了将新技术、新理论应用于综合电子战的新的研究方向。

  综合电子战涉及的新技术虽然很多，但发挥主导作用的还是以计算机技术应用为核心的现代信息处理技术。本书充分注意科学性、实用性与现代数学和系统理论结合，以便向读者介绍最新出现的已经渗透电子战领域的新技术、新方法。相信它能够对读者起到一个很好的参考作用。

  全书共分为 9 章，第 1 章对电子战所涉及的大的技术方向进行了综述；第 2 章介绍了电子战系统方面的关键技术和技术发展趋势；第 3 章从电子对抗接收机的需求出发，介绍了宽带数字接收机的测频、测向，以及其他参数测量的关键技术；第 4 章介绍了信号在变换域分析的技术和手段；第 5 章介绍了信息融合方法在电子战信息处理领域的应用；第 6 章介绍了电子战干扰资源的智能分配和干扰效能评估技术；第 7 章介绍了雷达制导和红外制导导弹末端对抗技术；第 8 章介绍了多平台组网进行电子战的关键技术；第 9 章对电子战建模与仿真的相关技术进行了介绍。

本书适用于具有一定电子战基础的学生和相关从业人员了解综合电子战的新技术和新理论，可作为信息与通信工程等学科方向下电子对抗相关专业高年级本科生和研究生的辅助教材，也可供信息对抗领域内相关从业人员阅读参考。

由于作者水平有限，书中会存在一些缺点和不足之处，恳请广大读者批评指正。

编 者

2024 年 5 月

目 录

Contents

第 1 章

综　述

信息技术的迅猛发展及其在军事领域的广泛应用，开辟了与传统的陆、海、空、天并列的第五维空间——电磁空间。电子战是现代战争中先敌发现、先敌制胜的关键手段。本章从电子战的概念出发，对电子战的定义和关键技术进行了综述；在此基础上重点分析和介绍了电子战关键技术的发展趋势，介绍了电子战的三个主要方面——雷达对抗、光电对抗和通信对抗，分别对应本章的 1.2 节、1.3 节和 1.4 节。

1.1　电子战概念

电子战是指电子领域内的信息斗争。美国和北大西洋公约组织(简称北约)使用的标准术语是"电子战"，而俄罗斯使用的标准术语是"无线电战斗"，其含义相近，但略有差别。

电子战的目的是在作战中获取战场上电磁优势和信息优势，追求制电磁权和制信息权，引导战斗取得胜利。毛泽东在《论持久战》里的说："我们要把敌人的眼睛和耳朵尽可能地封住，使他们变成瞎子和聋子，要把他们的指挥员的心尽可能地弄得混乱些，使他们变成疯子，用以争取自己的胜利。"

1.1.1　电子战的定义

我国关于电子战概念的界定与表述集中在《中国人民解放军军语》，其中对电子战的定义为：为削弱、破坏敌方电子设备的有效使用，同时保障己方电子设备正常工作而采取的综合措施。其内容包括电子对抗侦察、电子干扰、反辐射摧毁、电子防御。

电子对抗侦察是搜索、截获、分析敌方电子设备辐射的电磁(或声)信号，以获取其技术参数、位置，以及类型、用途等情报的电子技术措施。它包括电子情报侦察(战略电子侦察)和电子支援侦察(战术电子侦察)。电子情报侦察是利用电子侦察设备截获并搜集敌方各种电子设备辐射的电磁(或声)信号，经分析和处理，根据辐射源信号的特征参数和空间参数,确定其类型、功能、位置及变化,为对敌斗争和电子对抗决策提供军事情报;电子支援侦察是对敌方电磁(或声)辐射源进行实时搜索、截获、测量特征参数、测向、定位和识别,判别辐射源的性质、类别及其威胁程度,为电子干扰、反辐射摧毁、电子防御、战场机动、规避等具体运用提供电子情报。

电子干扰是利用辐射、反射、散射、折射或吸收电磁(或声)能量来阻碍或削弱敌方有效使用电子设备的技术措施,包括有源干扰和无源干扰。有源干扰:有意发射或转发某种类型的电磁波(或声波),对敌方电子设备产生压制或欺骗的一种干扰,又称积极干扰;无源干扰是利用特制器材反射(散射)或吸收电磁波(或声波),扰乱电磁波(或声波)的传播,改变目标的散射特性或形成假目标、干扰屏幕,以掩护真目标的一种干扰,又称消极干扰。

反辐射摧毁是指利用敌方的电磁辐射信号导引反辐射武器对敌方电磁辐射源进行的攻击。与传统电子干扰、电子欺骗等"软杀伤"手段不同,反辐射摧毁作为电子对抗"硬杀伤"手段之一,可对敌电磁辐射源实施有效毁伤,同时给敌方相应电子信息设备或操作人员带来极大的心理压力,有效实现对敌电磁辐射源的持续压制和有效摧毁。

电子防御是为消除或削弱敌方的电子对抗侦察、电子干扰及反辐射摧毁的效能,以保障己方电子设备和系统正常工作而采取的战术技术措施。

美国关于电子战的定义出现在1993年和2001年的《FM3-0作战纲要》中,其中关于电子战的表述为:利用电磁能和定向能控制电磁频谱或攻击敌人的任何军事行动,电子战的主要组成部分是电子进攻、电子防护和电子战支援。这三个组成部分对包括合同作战在内的空中和空间行动都具有重要意义。电子进攻与电子防护、电子战支援三者必须密切合作,才能有效发挥作用。正确运用电子战可以提高作战指挥人员实现作战目标的能力,为空军的战损率降至最低限度作出贡献。电子战与技术的进步紧密联系在一起。为了保证作战效果,必须全盘考虑,将电子战纳入整个作战计划之中,电子战是战斗力倍增器。

与我国关于电子战的表述相比,美国电子战更强调战斗过程中的对抗措施使用,如没有将平时和战前广泛开展的侦察纳入定义,而且其使用的"防护"与我国的"防御"相比,更强调战斗过程中对作战武器的保护,而我国更强调对整个作战单元有组织地调动可用手段的防御,防护更充分、更成系统。美国认为,电子战要发挥作用,必须满足控制、利用、强化三原则。控制原则是指直接或间接地决定电磁频谱,这样作战指挥人员既可以攻击,又可以防御。利用原则是指使用电磁频谱为作战指挥人员进行战斗服务,可以使用发现、遏制、破坏、欺骗、摧毁等手段在不同程度上阻断敌军的决策思路。强化原则是指使电子战成为部队战斗力的倍增器,控制和利用电磁频谱加大完成作战使命的可能性。

俄罗斯《军事百科词典》表述电子战为:用于探测、侦察和随后的电子压制、摧毁敌人指挥系统和武器系统的一系列综合方法。

俄罗斯认为最重要的战斗支援措施就是情报。获得有关敌人行动和作战能力方面的准确情报,是电子对抗成功的关键。

现代战争条件下,越来越多地开始应用综合电子战概念。综合电子战是指在电子战作战指挥单元的统一管理和控制下,综合应用陆、海、空、天多平台的雷达对抗、通信对抗、光电对抗、C^4I[指挥(command)、控制(control)、通信(communication)、计算机(computer)、情报(intelligence)]对抗和导航、敌我识别对抗,以及计算机对抗、反辐射摧毁的活动。综合电子战的目标是形成局部电磁斗争优势,执行并支援各种战斗行动。综合电子战的作战对象包括 C^4I 系统、雷达、导航、敌我识别、导弹制导、无线电引信等所有军事电子装备。综合电子战可以提高电子对抗设备的利用率，以及对信号的分选、识别能力、多目标干扰能力和快速反应能力，提高电子对抗装备的综合作战效能。因此综合电子战是电子战发展的必然趋势。

综合电子战按综合的方式不同可分为单平台的综合和多平台的综合。单平台的综合电子战亦称一体化电子战。它应用数据总线把在同一平台上的主处理器与电子侦察、电子干扰等不同电子战设备联结起来，实施综合对抗(包括压制干扰与欺骗干扰、有源干扰与无源干扰、平台内干扰和平台外干扰)，即对抗多种不同的威胁以达到最佳的对抗效果。

多平台的综合电子战又称区域综合电子战，通常包括电子对抗侦察系统、电子对抗指挥控制中心和电子对抗兵器三个部分，是指在特定的作战区域内，应用通信网络将不同的电子战设备或分系统联结起来，进行统一的指挥和控制，以完成区域综合电子战的作战任务。在进攻作战中，电子对抗指挥控制中心综合应用预警机干扰系统、电子支援干扰系统、反辐射摧毁系统等多种类、多手段的电子攻击武器，构成一种软杀伤与硬摧毁相结合，以及雷达/通信/导航/敌我识别/武器制导对抗相结合的综合性、高强度的电子攻击力量，以掩护我方攻击机群、攻击舰队、攻击部队的安全突防。在防御作战中，综合利用预警机干扰系统、目标防护系统、陆基干扰系统等对进入己方防区的预警机和攻击轰炸编队实施多层次、全方位、多手段的综合电子防空反击，以瓦解敌方的空中攻击。

1.1.2　电子战的分类

根据不同的角度，电子战可以有多种分类方法，一般接受度比较高的分类方法有以下两种。

(1)电子战按技术领域可分为通信对抗、雷达对抗、光电对抗、水声对抗和计算机网络对抗等。

①通信对抗：采用专门的电子设备，对敌方无线电通信进行侦察、干扰，破坏和扰乱敌方通信系统正常工作，并保障己方实现有效通信的各种战术技术措施的总称。通信对抗包括通信侦察和通信干扰。

②雷达对抗：采用专门的电子设备和器材，对敌方雷达进行侦察、干扰，削弱或破坏其有效使用，并保障己方雷达正常工作的各种战术技术措施的总称。雷达对抗主要包括雷达对抗侦察、雷达干扰和反辐射摧毁等内容。

③光电对抗：采用专门的光电设备和器材，对敌方光电设备进行侦察、干扰，削弱或破坏其有效使用，并保障己方人员和光电设备正常工作的各种战术技术措施的总称。光电对抗按光波的性质主要分为可见光、红外光、紫外光和激光对抗。

④水声对抗：使用专门的水声设备和器材，对敌方声探测设备和声制导兵器进行侦察、干扰，削弱或破坏其有效使用，保障己方水声设备正常工作的各种战术技术措施的总称。

随着电子技术和计算机技术的发展，以及作战平台的扩展，电子对抗的内涵、分类也越来越广、越来越细。这导致一些新的概念，如计算机对抗、定向能武器、电磁脉冲武器等也越来越具有独立含义。

计算机技术和计算机网络技术的发展,将世界连接成了一个整体。现代化的经济和国防高度依赖计算机及其网络,因此,计算机对抗已变得日益重要。计算机对抗的对象主要是计算机网络。计算机网络分为民用网络和军用网络,民用网络的核心是信息资源,为了保障信息资源的快速传递和共享,网络必须是互联和开放的;军用网络的核心是指挥,必须保证命令和情报传递的通畅、准确和迅速。由于军用网络不可能做到完全封闭,因此,计算机网络受到攻击是不可避免的。如何实施并使攻击最有效,并防范攻击或在受到攻击的情况下将损失降至最低,是当前计算机对抗研究的一个重要方面。

未来高技术战场的指挥、控制、通信、引导和协调将极大地依赖 C⁴I 系统,军队作战中的探测、判断、决策和行动将由 C⁴I 系统连接成一个有机整体。谁拥有比较完善的 C⁴I 系统并能充分发挥它的作用,谁就能掌握战场主动权,充分发挥兵力和武器的作用,以较小的代价取得较大的作战效果。

(2)电子战按电子对抗设备所在的平台可分为陆基电子对抗、海基电子对抗、空基电子对抗和天基电子对抗。这些电子对抗设备虽然被安置在不同平台上,但其面向的对象可以位于陆地、海上、空中和太空。

1.2 雷达对抗技术

雷达对抗是为削弱、破坏敌方雷达的适用效能所采取的措施和行动的总称,是电子对抗的重要分支。它是以雷达为主要作战对象,通过电子侦察获得敌方雷达、携带雷达的武器平台和雷达制导武器系统的技术参数及军事部署情报,利用电子干扰、电子欺骗和反辐射摧毁等软、硬杀伤手段,削弱、破坏敌方雷达的作战效能而进行的电磁斗争。雷达对抗技术是为实施雷达对抗所采用的技术措施。

1.2.1 雷达对抗技术体系

雷达对抗主要包括雷达对抗侦察、雷达干扰、反辐射摧毁、雷达隐身和综合雷达对抗五大部分,其技术体系如图 1-1 所示。

雷达对抗侦察是利用各种平台上的雷达对抗侦察设备,通过对敌方雷达辐射信号的截获、测量、分析、识别及定位,获取雷达信号的技术参数及雷达位置、类型、部署等情报,为制定雷达对抗作战计划、研究雷达对抗战术技术和发展雷达对抗装备提供依据。雷达对抗侦察分为雷达对抗情报侦察和雷达对抗支援侦察。雷达对抗情报侦察是通过对敌方雷达长期或定期的侦察监视,并对敌方雷达信号特征参数进行精确测量和分析,以提供全面的敌方雷达的技术参数情报。雷达对抗支援侦察主要用于战时对敌方雷达进行侦察,通过截获、测量和识别,判定敌方雷达型号和威胁等级,直接为作战指挥、雷达干扰、反辐射摧毁、火力摧毁和机动规避等提供实时情报支援。雷达告警是一种特殊的支援侦察,能对跟踪己方平台的威胁雷达发出实时告警,多用于飞机、舰艇的自卫防护。

雷达干扰是通过辐射、反射或吸收电磁能量的方式,削弱或破坏敌方雷达探测和跟踪

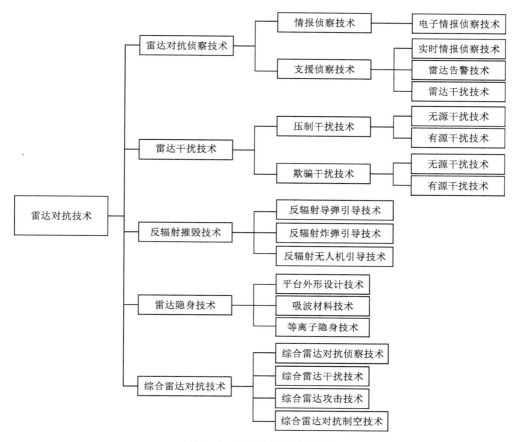

图 1-1 雷达对抗技术体系

能力的战术技术措施，是雷达对抗的重要组成部分，是雷达对抗中的进攻性手段。雷达干扰可按干扰的性质分为压制干扰和欺骗干扰。压制干扰是以强烈的干扰使雷达无法发现目标或者使雷达信号处理设备过载饱和，难以获取目标的信息。欺骗干扰是模拟目标的回波特性，使雷达获得虚假目标信息，作出错误判断或增大雷达自动跟踪系统的误差。压制干扰和欺骗干扰按产生干扰的原理均可分为有源干扰和无源干扰。有源干扰使用雷达干扰设备辐射干扰电磁波，使雷达探测不到目标信号，或探测、跟踪错误的目标信号。无源干扰使用本身不产生电磁辐射的器材散射、反射或吸收敌方雷达辐射的电磁波，阻碍雷达对真目标的探测或使其产生错误跟踪。

　　雷达干扰是攻防兼备的雷达对抗手段，通常称为电子软杀伤。其基本功能：对敌方各种军用雷达实施有效的干扰和欺骗，以降低或削弱敌雷达的作战效能，达到掩护己方兵力、兵器完成进攻或防御作战任务的目的。

　　反辐射摧毁是应用电子侦察技术截获和跟踪敌方防空体系中的雷达等电磁辐射源目标，并引导杀伤性兵器(导弹、无人机、炮弹等)摧毁辐射源目标。因此，反辐射摧毁是电子对抗的硬杀伤手段。它可以直接攻击敌方各种防空雷达和操作人员，对雷达造成永久性的毁坏，使操作人员产生死亡威胁的恐惧，具有极大的破坏力和威慑力，可严重削弱或降低敌方雷达系统的作战效能。

雷达隐身是通过设计特殊的平台外形、涂复特殊的材料，或者采取其他措施吸收雷达波，减小目标的雷达反射截面，缩短雷达的探测距离。雷达隐身是一种特殊的雷达对抗技术，是一种集结构设计、材料制造、加工工艺等技术的综合性雷达对抗措施。由于雷达隐身技术为专门的学科，因此不在本书中阐述。

综合雷达对抗是综合应用雷达侦察、雷达干扰、反辐射摧毁器材和手段，对选定的目标实施综合对抗，以便达到最大的作战效能的技术。

1.2.2　雷达告警的关键技术和发展趋势

现代战争中，当敌方使用进攻性的武器系统时，将对己方造成一定的威胁。为了在威胁实际作用到己方之前给出必要的告警，使己方采取相应的规避措施，需要在己方装载告警设备。现代武器系统在使用前或使用时会伴随有电磁信号，这为电子告警设备提供了可能性。雷达告警是电子告警中最重要的一种类型。

雷达告警是指采用无线电接收机截获空间存在的各种雷达信号，通过告警设备内部的信号处理机识别其中是否含有与威胁关联的雷达信号，如果有，则实时发出告警。及时地感知威胁的存在对于提高装载告警设备的(作战)平台具有重要的意义，因此，雷达告警设备目前已成为作战武器平台上不可缺少的设备之一。

雷达告警设备被成功地用于平台，已经超过 30 年。可以认为，很多技术早已成熟，但同时又在不断发展之中。随着人们不断对技术性能提出更多要求，新的技术不断成为关键技术。归纳起来讲，雷达告警设备有如下关键技术。

1. 宽频带、恒定方向图的全极化天线

对告警设备的宽频带要求为 0.5~110 GHz，而如何构造体积小、可靠性高、电气性能在这么大的频率范围内尽量不发生大的变化的天线，一直是一项前沿关键技术。它的好坏在很大程度上决定了告警设备对信号的适应性，以及能否有效测出威胁的方位这两个关键功能。比较明确的方向：对低频扩展，采用变形螺旋和终端加载螺旋，使螺旋面的大小不随信号波长的增加而完全成正比地增加；对高频扩展，往往是在一个大螺旋面内挤出一点空间放入小螺旋或小口径喇叭，这样，一根天线背后可能带几个出口。天线面上螺旋的形状、内部平衡与不平衡转换的结构和发射吸收腔的形状及材料都将影响天线的电气特性。因此，需要精心制作，并引入一些专用技巧，保证天线指向不产生不可捉摸的随机变化。

2. 小型化的测频接收机

测频在电子对抗中是一项基础技术，特别对于像雷达告警等技术的测评精度，达到其要求难度不高。但雷达告警接收机往往设有好几路，基于使用和安装的要求，需要其结构简单、体积小、可靠性高，同时要求测频快速，不能采用如同民用接收机的办法慢慢地搜索。制造能满足上述要求的接收机就成了雷达告警设备的关键技术。有两种瞬时测频趋势：一种是采用滤波器组，它的关键是制造性能稳定(批生产)、加工容易的微波滤波器组；另一种是采用瞬时测频，它的关键是小型化。由于后一种方式的研发性价比较前一种方式高，不少设计师已偏向使用这种方式。

3. 不断发展的定位技术

用户要求雷达告警设备至少要提供威胁目标的方位信息，有的用户还要求提供威胁目标的距离信息。因此，雷达告警必须采用瞬时测向技术，在天线数量非常有限和安装受平台限制的条件下给出最高的精度。初期的告警设备测向精度仅为均方根误差15°左右，应当说是不尽如人意的。这一类关键技术实际上被分解成两大部分。一是测向算法，其追求的性能为尽量使各天线的方向图方便后续计算，信号频率和极化尽量不发生变化，每个天线后接的接收机尽量一致，采用对数放大时对数特性尽量理想，天线数量增加可以提高测向精度、优化算法等。二是设备与平台的集成。平台外表的金属部分会较大地影响接收天线的方向图特性，造成测向误差甚至局部区域无法告警。解决的办法是根据具体平台选择安装位置及加装与平台外形布局一致的天线，即共形天线。

4. 快速的信号处理机

信号处理的有效、快速、结论正确是雷达告警的又一关键技术。随着雷达侦察技术的发展，这一技术在情报侦察设备上的应用正迅速开展。雷达告警很大程度上是借用雷达侦察领域的成果，但与情报侦察不同的是告警不允许过长的时间，雷达告警反应时间通常在秒级，甚至毫秒级，而情报侦察给出情报信息通常需要几十分钟、几个小时，甚至隔天才能给出准确情报，当然这其中的一个原因是情报需要融合和整编。为了解析威胁的距离信息，计算量会相当大。因此，信号处理所用的小型嵌入式计算机乃至多机并行处理也就成了告警设备的关键技术之一。

1.2.3 雷达对抗侦察的关键技术和发展趋势

在不同的历史发展过程中，雷达侦察有其不同的关键技术。最初，人们追求高的信号截获概率，因为如果接收不到要侦察的信号，就无法进行下一步操作。由于初期的雷达信号结构较为简单，这个问题很快被解决，而后人们转向了对减少方位和频率测量时间的研究。随着对侦察设备要求的提高，一些关键技术正在困扰着这一领域的工程技术人员：如何快速精确测量雷达信号的方位和参数、大的信号动态范围、对密集信号环境的适应，以及如何在这种环境下对多信号进行分选和识别、无源定位等。

1. 测频技术

最为成熟并广为应用的两种接收机是超外差接收机和瞬时测频接收机。超外差接收机不能同时在宽频带范围内接收信号，所以这一领域的研究特别重视超外差接收机的本振能否随意设置在需要的频率上。为提高测频的精度，要求本振频率精度足够高，允许后续接收部分能有大的变化和小的信号失真，还要求本振频率纯度好。这样综合起来，拥有精度高、调谐速度快、相噪小的本振频率成为雷达侦察的关键之一。这三个指标相互有冲突，只满足两个要求时实现起来相对容易。在这方面，新的器件和数字电路技术的突破具有相当重要的作用。

瞬时测频接收机虽然有结构简单和易于获得高精度频率的优点，但是它不能适应多信号同时存在的状态。如何使得瞬时测频接收机更容易实现、在不同的温度环境下更稳定，特别是有可能产生多输出以适应多载频环境是雷达侦察的又一关键技术。数字接收机的工作原理是首先把信号包含的信息采集下来，然后用数学计算获得全部频率信息，有可能精确地同时获得多载频信号，这样的接收机对超高速电路有要求。同时，处理的计算速度要足够快，以及时获取载频。随着数字接收机的发展，尽可能使用较低速度的芯片，使用较少的容量和较简单的算法，是雷达侦察的关键技术之一。

2. 测向技术

测向技术一直是无源探测中薄弱的一环。在搜索式测向和瞬时测向两大模式中，后者有明显的优势，但技术的发展并不排斥前者。搜索式测向具有处理简单的优点，而且较好地克服了信号预分选问题，因为它原则上不同时接收来自所有方向的信号。但是如何合理地搜索、设计需要的天线波束，使这个波束较好地运动并使几个波束做配合性的运动，以及如何消除天线旁瓣的影响，成了这一类测向模式的关键技术。目前，典型的、做得较好的搜索式测向在接近100%截获概率的情况下，仍可有 1°~2° 的测向精度，因此非常有发展前景。

如果说搜索式测向模式主要依托硬件来解决测向问题，则瞬时测向一般都要用一组天线阵来实现，相应地，每个天线阵元要简单得多。由于它们不需要机械转动，工程实现也容易很多，性能的提升主要依托软件解决。天线本身是一个时不变的线性器件，只要天线阵的天线安置合理、处理算法正确即可。因此，在追求高精度测向时，瞬时测向更为吸引人。瞬时测向本身可以分成不少小类，目前已投入使用的有比幅法、比相法、时差法等。无论采用哪一种瞬时测向，天线的放置都是关键技术。当测向精度很高时，对天线本身的放置，以及天线本身幅度和相位方向图精度的要求也随之提高，而在宽频范围内实现这一点绝非易事。同测频一样，如果采用高速采样的数字接收机，在使用多根天线的系统中，方位信息已经包含在多个接收机中。这时的处理不是比幅或比相，而是一种先进的估值方法。对这些数据进行固定运算时，将同时获得频率和方位的结果。工程实现上关注怎样简化这些计算使测向变得实时。单纯从计算方面来看，一方面把天线放在一条或几条直线上的数学分析较为简单，可能导出操作性强的算法；另一方面不把天线放在直线上，其效果一般说来会更好，这已经成为领域内的一个重要研究方向。

3. 数字化接收机

数字化接收机是指在接收信号后，首先经过一定的前端处理（如变频和信号放大）；然后通过高速模数转换（analogue to digital converter，A/D）进行数字采样，把模拟信号变成数字信号；最后对采样的数字信号进行各种处理（包括检测信号的有无、判定信号的状态、分选需要的信号、测量信号的参数等）。引入数字化接收机可明显地改变常规的测频、测向体制中的一些硬件实现上的问题。比如，通过数字计算，测频精度可达到接近理论极限的程度；或通过自适应的处理，接收机的灵敏度与信号特征可更好地匹配，某些信号能表现出更接近理论极限的灵敏度。

A/D 是数字化接收机的核心环节，如何在宽频带和大动态范围内实现 A/D 是数字化接收机的发展趋势之一。根据采样定理，为了不失真地对宽频信号进行数字化处理，采用的频率必须高于信号宽带的两倍。根据对等间隔量化的评估，将信号量化必然引入接近均匀分布的量化噪声。每增加 1 bit，引入的噪声相对于满幅度信号减少 6 dB。

数字化接收机要完成接收机的功能，需要对离散化后的信号进行处理。这无疑带来了两个方面的困难：一是算法研究，比如要测量频率，采用傅里叶变化可以获得频率测量结果，但是这样得到的精度和分辨力都可能不够好。因此，为了提高精度和分辨力，需要对算法进行深入研究；二是需要采用的采样频率和量化分辨力限定时，还必须面对高数据率的难题。如果采样频率为 100 MHz，量化位数为 10 bit，信号处理将面对一个 10^9 bit/s 的数据流量。要实时地通过这些数据完成所设计的计算，并在工程上实现非常困难。因为处理器必须有足够快的速度以及能容纳所有中间量的内存空间。更为重要的是，接收机要实现的功能大部分都有时间限制，延迟给出的处理结果很可能没有使用价值。

4. 超大动态接收处理技术

超大动态接收处理技术直观上可以理解为大信号压制小信号问题，可以是有用的大信号压制有用的小信号，也可以是没用的大信号压制有用的小信号，后者是目前制约雷达侦察设备性能的关键之一。比较有成效的解决方式是在接收机的前端尽量按频率或方位稀释信号，但这一般是以设备的复杂性为代价的，目前尚没有更好的解决办法。雷达与雷达对抗是一对矛盾，对雷达来说，如果敌方的对抗侦察设备无法截获和分析雷达发射出的信号，则意味着雷达可以正常使用，而对抗方无法干扰。从这一点看，如果雷达降低其峰值功率的频谱密度，那么对于雷达对抗侦察是致命的。如果单纯提高灵敏度而没有解决动态范围的问题，那么雷达对抗侦察设备的灵敏度再高也无法截获那些相对功率较小但威胁可能更大的信号。

5. 雷达盲信号处理技术

所有利用电磁波做天线应用的用户都清楚自己所用信号的特征，因此他们的信号处理针对性更明确。即从信号中提取加载的信息，为自己所用。可以将该技术理解成一个特殊的放大器，仅对所需信号有高增益。对于雷达侦察，若事先不知道信号特征，面对重叠信号，有时甚至难以判断它是否为一部雷达的信号；有多部雷达时，它的分选和识别又是一个非常棘手的问题。目前虽然尚无成熟的理论，但大致可以从两种途径来解决。一是通过信息的累积和统计。所有雷达信号对于一个雷达侦察设备来说不可能都是同时出现、同时消失、始终强度如一的，因此通过时间的积累，总可以区分出信号。二是通过可视化处理。人们通过各种途径，把在时间上依次出现的信号变换成一幅平面图乃至彩色图像，然后利用人的识别能力和计算机的图形识别能力，对它进行处理，从中找出不同的信号并加以区分。随着计算机人工智能的发展，这一技术越来越接近成熟。

1.2.4　雷达有源干扰的关键技术和发展趋势

雷达有源干扰是用电子设备产生射频信号扰乱或阻断敌方雷达对目标的探测和跟踪。雷达有源干扰是雷达对抗中具有进攻性的部分。

1.2.4.1　雷达有源干扰的关键技术

1. 对新体制雷达的干扰技术

新体制雷达主要有相控阵雷达、合成孔径雷达、逆合成孔径雷达、多基地雷达、超视距雷达等。

相控阵雷达能将各阵列单元的发射信号在空间进行功率合成，得到非常高的有效辐射功率，大大增加了传统雷达的作用距离，还同时具备搜索、跟踪、制导等多种功能。相控阵雷达应用自适应波束形成技术能在干扰源方向上形成波瓣零点，大大降低了干扰信号对雷达工作的影响，使干扰机难以掩护不在同一方位上的目标。相控阵雷达不但可以应用电扫波束随机照射目标，而且在照射不同方向、不同距离的目标时，其辐射频率、脉冲宽度、脉冲个数、脉冲功率、重复周期也可以不同，给干扰引导带来了很大困难。

合成孔径雷达基于雷达装载平台(卫星、有人或无人驾驶飞机)进行平稳运动，对航线侧边区域的固定目标进行成像，具有良好的空间分辨力和距离分辨力，能够在远距离上清晰地分辨机场跑道、坦克车辆等战场目标，E-8A联合监视与目标攻击雷达系统在海湾战争中大显神通就是证明。合成孔径雷达在距离上采用线性调频脉冲压缩、在角度上采用孔径，从而综合实现了方位压缩，具有很高的信号综合处理增益，对噪声干扰有很强的抑制能力。此外，合成孔径雷达辐射的脉冲峰值功率低，这对侦察接收机的系统灵敏度提出了很高的要求。虽然数字射频存储技术为干扰合成孔径雷达实施压制干扰和欺骗干扰创造了条件，但以有效压制干扰掩护地面目标，以逼真的假目标干扰来欺骗合成孔径雷达等问题仍需深入研究。

出于反隐身和雷达组网的需要，国内外都在发展双/多基地雷达。这种雷达的发射站和接收站远距分开配置，使传统约定向瞄准式干扰失效。这是因为电子侦察接收机可以精确测量发射信号的方向，但却不知道雷达的接收站在哪里。而雷达干扰的目标是雷达接收站，因此，双/多基地雷达给雷达干扰提出了新难题。

针对上述新体制雷达的工作特点，研究可行的侦察和信号识别技术，以及有效的干扰方法，是雷达有源干扰需要解决的首要问题。

2. 宽带固态相控阵干扰技术

相控阵干扰具有阵元功率空间合成、波束指向电子控制的特点，因此它能够在多个方向上同时对多个目标实施大功率干扰。固态相控阵应用固态有源阵列，与集中馈电的大功率行波管阵列或多波束行波管干扰阵列相比，具有低电压、长寿命、高可靠的优点。因此，宽带固态相控阵干扰技术被誉为继20世纪70年代多波束干扰技术之后的又一次雷达干扰技术革命，目前该技术正在尝试应用于新一代干扰系统中。

宽带固态相控干扰阵列的空间辐射功率与阵元辐射功率和阵元数平方的乘积成正比。阵元数目增多，不仅提高了阵列的有效辐射功率，而且提高了阵列天线的方向性系数(增益)。提高阵元辐射功率，增加阵元数目和空间功率合成效率，是提高相控阵干扰阵列有效辐射功率的关键。为此，需要研究具有辐相一致性要求的宽带固态功率放大组件、宽带高速数控移相器、宽带天线组阵，以及高效大功率散热等关键技术。

3. 分布式干扰技术

现代雷达所使用的空间选择抗干扰措施，使传统的大功率压制式干扰遇到了严重的挑战。低副瓣雷达天线可以使从天线副瓣进入的干扰功率衰减几十分贝，副瓣对消抗干扰措施可以使从天线副瓣进入的噪声干扰信号功率再衰减十几分贝。由此可见，传统的大功率副瓣干扰对先进的现代雷达的干扰作用较小。

雷达组网技术可以使防区内的雷达在空域、频域、时域上交叉覆盖，探测情报相互交联、相互补充、共同享用。因此，传统的一部干扰机对付一部雷达的工作方式对于现代组网雷达几乎起不到干扰作用。

为了对抗上述雷达抗干扰措施，必须发展分布式干扰技术。分布式干扰，是将众多体积小、质量轻、价廉的小功率干扰机装在小型无人机、滑翔机、气球或其他小型平台上，并将它们散布在接近被干扰雷达的空域或地域。美国提出的"狼群"计划，就是使用密集微小型干扰机，对雷达、通信、数传等电子系统实施抵近干扰的方式。

分布式干扰是一种"面对面"干扰方式，即应用众多的分布式干扰机来压制的众多雷达构成的雷达网。它能在雷达网上产生一条由干扰信号包围的、使雷达无法探测目标的走廊，以掩护攻击目标从这个干扰区域突防，这是大功率压制式干扰无法实现的。

为了实现分布式干扰，需要研究干扰机和电源的小型化技术、干扰机的运载和投放技术、多频率/多方向干扰技术和分布式干扰机群之间的电磁兼容技术。

4. 高逼真欺骗干扰技术

为了提高干扰效率，要求干扰信号具有与目标回波信号相似的特性，以使干扰信号与雷达接收机基本匹配，减少雷达接收机对干扰信号的传输损失。这种与目标回波信号特征相似的干扰信号称为高逼真欺骗干扰。

因为现代雷达的脉内调制非常复杂，有的还要求脉冲之间射频相位相干，以便脉冲串通过多普勒窄带滤波器时能被选择和放大。目前，产生高逼真欺骗干扰的主要技术是数字射频存储器(digital radio frequency memory, DRFM)，技术难点是 DRFM 的制备，以及 DRFM 的使用技术(如间歇采样等)。

5. 毫米波干扰技术

毫米波雷达具有比微波雷达高得多的目标成像能力和窄波束抗干扰能力，具有比红外光、激光、可见光高得多的云雾穿透能力。随着毫米波功率和毫米波器件研究的进展，毫米波雷达在导弹末制导系统和近程侦察设备中得到越来越广泛的应用，毫米波干扰技术也正在紧张而火热地展开。

在侦察干扰性能方面，毫米波雷达与微波雷达相比具有下列特征。

(1)毫米波雷达波束很窄，除平台自卫干扰外，其他情况下侦察干扰设备偏离雷达天线主瓣方向时，侦察和干扰都比较困难；

(2)受毫米波大气损耗的影响，一般毫米波雷达探测距离比较短、工作时间短、可对雷达进行侦察干扰的时间很短，要求侦察干扰响应很快；

(3)毫米波雷达工作频率高、工作频带宽，频率侦察、频率引导比较困难；

(4)宽带毫米波功率源和宽带毫米波器件制作比较困难，常常需要在微波频段进行参数测量和信号调制，然后上变频到毫米波频段进行功率放大等干扰设计。

综上所述，毫米波干扰技术需要解决宽带高灵敏度接收、窄脉冲处理、宽带功率放大、快速高精度方位/频率引导等技术问题。

1.2.4.2　雷达有源干扰技术的发展趋势

雷达干扰和抗干扰技术具有很强的针对性，随着新型雷达抗干扰技术的出现，总会有人去研究新的对抗方法；而新型雷达干扰技术的出现，也总是会迫使雷达抗干扰研究人员去研究新的对抗方法。因此，雷达干扰和抗干扰技术是在相互促进、相互斗争中发展的。为了对付不断发展的雷达技术，雷达干扰呈现综合化、分布化、灵巧化的发展趋势。

1. 综合对抗

综合对抗是为了降低或削弱敌方雷达设备或系统的工作效能，综合利用相互兼容的多种干扰手段，对敌方雷达设备或系统实施干扰或压制。

单雷达的抗干扰技术已经向综合化的方向发展，如相控阵扫描、单脉冲跟踪、副瓣对消、脉冲压缩等相互兼容的抗干扰措施，可以在一部雷达、一个工作模式中综合运用。多部雷达组网后，在空域、时域、频域互相交联、互相补充。而雷达干扰技术由于针对性强，一种技术通常只能对一两种抗干扰措施有效。因此，取长补短地综合多种对抗手段成为了一种发展趋势。

2. 分布式干扰

超低副瓣天线、副瓣对消等措施使副瓣干扰异常困难，应用少量干扰机难以掩护大区域内目标，只有应用众多的主瓣干扰机才行，而且雷达组网使传统的一对一干扰措施失效，故必须发展面对面的干扰技术，分布式干扰是实现面对面干扰经济且可行的途径。

3. 灵巧干扰

灵巧干扰是指干扰信号的样式（结构和参数）可以根据干扰对象和干扰环境灵活地变化，或指干扰信号的特征与目标回波信号非常相似的干扰。通常前者称为自适应干扰，后者称为高逼真欺骗干扰。

雷达抗干扰技术不断发展，且种类繁多、变化快速，单一、固定的干扰信号样式往往难以对付变化的抗干扰措施，必须及时改变干扰信号的样式，以适应不同雷达的抗干扰方式，方能取得最佳的干扰效果。脉冲压缩、脉冲多普勒雷达具有复杂、精巧的信号特征，它们使传统的噪声干扰的效果大大降低。必须发展灵巧的干扰信号样式，以应对复杂的雷达接收处理器。

1.2.5　雷达无源干扰的主要器材和发展趋势

1.2.5.1　雷达无源干扰器材

雷达无源干扰器材主要有箔条、角反射器及吸波材料等。箔条是使用最广泛的一种雷达无源干扰物，制作材料可以是金属，也可以是表面涂敷金属材料的其他介质。常见的箔条有铝箔条、镀铝玻璃丝、镀铝涤纶、镀铝电容器纸，此外，还有镀锌、银等其他金属的纤维丝和碳纤维等。铝的导电性好、质量轻且便宜，是普遍应用的材料，较为常用的是铝箔条和镀铝玻璃丝。

1. 箔条

箔条具有一定长度，且长度远大于本身的直径。箔条的直径一般为几十微米，比人的头发丝还细。为了得到最佳回波散射强度，一般按雷达波长一半的长度切割，称为半波长箔条或半波长偶极子。箔条能够产生谐振效应，形成理想的回波散射。

2. 干扰绳

为了覆盖甚高频(very high frequency，VHF)和特高频(ultra high frequency，UHF)频段，要使用长的金属或涂敷金属的纤维作为干扰物，细长干扰物称作干扰绳。干扰绳是宽带、低频、非调谐线散射体，其雷达截面积取决于干扰绳的形状及长度。干扰绳的材料通常为铝箔或镀铝玻璃丝。

3. 箔片

箔片是指特征尺寸远大于波长(或面积远大于波长的平方)的金属或涂敷金属薄膜的介质薄片。箔片的散射机理与箔条不同，单根箔条不能用作假目标，而单个箔片却可以，箔片的雷达截面积与波长的平方成反比，波长减小，雷达截面积增大。箔片有各种形状，不同应用场合采用不同形状的箔片。箔片根据不同的形状有不同的空气动力学特性，对于平面箔片，其雷达截面积取决于箔片的几何面积。几何面积相同的箔片，无论形状如何，都有相同的雷达截面积。

4. 反射器

反射器是一种具有很大雷达截面积和较宽二次辐射方向图的无源干扰器材。最常用的反射器是角反射器，角反射器是由三个互相垂直的金属平面构成的反射体，可以在一定角度范围内将入射的电磁波经过三次反射，按原方向反射回去，因而，较小的角反射器具有较大的雷达截面积。例如，一个边长约为 40 cm 的矩形角反射器，对 10 GHz 雷达，其雷达截面积为上千平方米。角反射器的反射角有限，半功率反射角为 40°~50°，在实际应用中，角反射器的最大值与各平面安装角度的准确程度有很大关系，偏差 1°就会使最大雷达截面积减小至原来的 20%~50%。角反射器按面板形状分为三角形、长方形和圆角形等类型。

1.2.5.2 雷达无源干扰技术的发展趋势

(1)多频段雷达干扰。雷达工作波段可从米波到毫米波甚至亚毫米波，针对多频段雷达威胁，研究具有干扰多个雷达工作频段的雷达无源干扰技术是十分必要的。

(2)多基雷达组网作战。对同一区域侦察、警戒或攻击，由不同方位、不同平台的多部雷达组网协同作战，是当前和今后一个时期的重点研究方向。

(3)干扰空域拓展。陆、海、空、天全域化拓展，尤其是随着战区导弹防御(theatre missile defence，TMD)和国家导弹防御(national missile defense，NMD)的发展，天基雷达对抗技术将受到高度重视。

(4)承载平台拓展。其包括飞机、舰艇、坦克、导弹、炮弹、火箭、卫星、浮空器等，以卫星和无人机为平台成为新的雷达无源干扰技术热点和难点。

(5)平台动力特性的对抗技术。当几马赫数的飞机遭到几马赫数的导弹迎头攻击时，干扰物快速散开成了大问题，此时可能需要发射有源诱饵。

(6)新型干扰材料研究。提高传统箔条散开性能和动力特性研究，针对米波、分米波雷达，开展快速散开、超长留空的中空箔条研究，用于导弹突防轻诱饵和重诱饵研究。

(7)诱饵拖曳与发射技术。针对脉冲多普勒雷达的箔条多级抛射(投放)火箭技术研究和拖曳轻质自动张开诱饵研究。

（8）超大雷达反射截面积（radar cross section，RCS）箔条投放技术。针对大型舰艇、航空母舰的大面积箔条投放技术研究。

（9）隐身与烟幕干扰技术。雷达隐身技术向更宽频带、更高性能、更多平台应用方向发展，人工等离子体的隐身技术研究已得到应用。烟幕干扰技术需要从厘米波向毫米波拓展。

（10）目标伪装防伪技术。针对合成孔径雷达，伪装防护技术向低成本、大覆盖范围和智能化方向发展，旨在对光学拍摄照相及合成孔径雷达侦察产生有效干扰。

1.3 光电对抗技术

光电对抗的目标是敌方的光电传感器及其信息处理系统。无论光电侦察装备或光电制导武器，都是先依靠光电传感器获取目标信息，再通过信息处理系统识别目标的。如同人的眼睛和大脑，光电对抗就是对敌方光电侦察装备和光电制导武器的光电传感器和信息处理系统，或采用强光攻击，或采用欺骗干扰，或采用烟幕遮蔽，使其"眼睛"失效，或"大脑"失灵，最终无法识别目标而丧失对目标的攻击能力。

1.3.1 光电对抗技术体系

光电对抗技术体系包括光电侦察告警、光电干扰和光电伪装与防护三个方面内容，如图 1-2 所示。

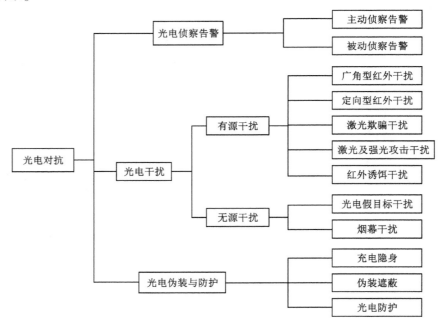

图 1-2　光电对抗技术体系

光电侦察告警是实施有效干扰的前提。光电侦察告警是指利用光电技术手段对敌方光电装备或武器平台辐射或散射的光波信号进行搜索、截获、定位及识别，并迅速判别威胁程度，及时提供情报和发出告警。

光电侦察告警有主动侦察告警和被动侦察告警两种方式。主动侦察告警是利用对方光电装备的光学特性进行的侦察，即向对方发射光束，再对反射回来的光信号进行探测、分析和识别，获得敌方情报。被动侦察告警是利用各种光电探测装置截获和跟踪对方光电装备或武器平台的光辐射，并进行分析识别以获取敌方目标信息情报。

光电干扰是采取技术措施破坏或削弱敌方光电装备的正常工作，以达到保护己方目标的干扰手段，光电干扰分为有源干扰和无源干扰两种方式。有源干扰是利用光电装备发射光波能量或光波信息，对敌方光电装备进行压制或欺骗干扰。无源干扰是利用特制的器材或材料散射和吸收光波能量，或人为地改变己方目标的光学辐射特性或辐射方向，降低敌方光电装备的作战效能。

光电伪装与防护主要通过无源的方式实现，通过变目标的电磁波反射、辐射特性，降低保护目标和背景的电磁波反射或辐射差异，破坏和削弱敌方光电侦测和光电制导武器系统正常工作。

1.3.2　光电对抗侦察关键技术和发展趋势

1.3.2.1　光电对抗侦察关键技术

1.大视场低虚警率红外告警技术

红外告警涉及的技术领域较宽，包括目标及背景红外辐射特征研究、红外探测器技术、光学设计技术、光机扫描技术、信号与信息处理技术、图像处理技术、低温制冷技术等。红外告警一般要求有大的搜索视场，而红外目标的背景十分复杂，这就给目标识别带来困难。采用大口径广角学设计方式、高增益低噪声放大、图像处理等技术，可有效提高探测概率、降低虚警率。

2.高灵敏度低虚警率大动态范围激光告警技术

提高探测灵敏度是激光告警技术一直追求的目标，但在提高探测灵敏度的同时，也容易提高虚警率，这是一对相互制约的指标。对于探测灵敏度较高的激光告警装备，能够兼顾微弱信号和较强信号的灵敏度范围，称作激光告警的动态范围。高灵敏度、低虚警率、大动态范围，是激光告警技术追求的三个重要指标。

3.微弱信号紫外告警技术

紫外告警工作波段选取导弹羽烟的紫外辐射，这是太阳辐射在地球表面附近的日盲区。但导弹羽烟紫外辐射十分微弱，需要对目标进行极微弱信号（光子）检测。若要在日盲区进行光子图像检测，光学接收和光电转换的几个重要环节须重点设计。

4.激光主动侦察目标识别技术

激光主动侦察是通过分析目标回波的信号特征来获取目标信息的。基于光学系统对入射激光存在后向反射的"猫眼"效应，可以获得光学瞄具和光电传感器的位置、工作波段、扫描体制等信息。

1.3.2.2 光电对抗侦察技术发展趋势

1.光电综合告警技术

针对日趋复杂的光电威胁环境，研究更加小型化、模块化和具有通用功能的综合光电告警系统，可提高系统能力、减小体积和重量、降低成本、改善后勤支援，使各类告警优势互补、资源共享，更好地发挥综合效能。随着光电探测器技术的发展和光机结构设计的进步，具有多光谱共孔径集成探测能力和多传感器信息融合能力的光电综合技术将进一步发展，实现光电侦察告警装备的小型化、模块化和通用化。

2.光电侦察告警组网技术

光电侦察告警多用于平台自卫和重点目标防护系统，其主要缺点是侦察距离较近，全天候工作能力较差，不适合在雨天和雾天工作。将各种光电侦察告警装备进行组网，可大大提高光电侦察装备的区域警戒能力和全天候作战能力，实现大纵深侦察、平台间相互支援的联合作战效能。

3.天基光电侦察技术

现代战争已逐步形成以全方位战场感知为主导，以精确打击为主要攻击手段的陆、海、空、天一体化作战模式。照相侦察卫星利用可见光和红外侦察手段，可分辨出战场上的各种细节。装载于同步轨道卫星的星载导弹预警系统，采用红外或紫外预警探测技术，可实现对洲际导弹的来袭预警。

4.超光谱侦察技术

基于获取目标的方位和光谱三维信息的超光电侦察技术，可在一百多个连续的谱段进行成像侦察，识别目标的光谱特征，获取常规探测手段难以得到的目标信息。美国已经将超光谱技术用于战术侦察。

5.微透镜和微扫描技术

在成像型光电侦察告警技术中，采用微透镜阵列成像光学系统，可大大减小装备的体积和重量，实现侦察告警装备的小型化；采用微扫描技术，可显著提高光电探测的图像分辨力，增强光电侦察告警系统的目标识别能力。微透镜和微扫描技术成为成像型光电侦察告警技术的新的发展方向。

1.3.3 光电干扰关键技术和发展趋势

1.3.3.1 光电干扰的关键技术

1.激光欺骗干扰信号模式技术

为实现有效的欺骗干扰，干扰信号的模式是关键，通常要求干扰信号与指示信号相同或相关。相同是指干扰信号与指示信号波长相同、脉冲宽度相同、能量等级相同，时间上同步。相关是指干扰信号与指示信号虽然不能在时间上完全同步，但包含与指示信号在时间上同步的成分。

2.激光攻击精密跟踪引导技术

激光攻击是用强激光束直接照射目标使其致盲或损坏。这要求系统具有很高的跟踪瞄准精度，对于空对地等运动较快的光电威胁目标，强激光干扰装备的跟踪瞄准系统还应具有较高的跟踪角速度和跟踪角加速度。通常激光攻击系统的跟踪瞄准精度高达微弧度量级，因此，须采用红外跟踪、电视跟踪、激光角跟踪等综合措施，来实现精密跟踪瞄准。

3.红外诱饵药剂配方技术

红外诱饵药剂由可燃剂、氧化剂、胶黏剂、增塑剂等成分，经一定工艺方法混合制成。红外诱饵性能指标一般包括燃烧上升时间、红外辐射强度及有效持续时间，这些指标的关系非常密切。在红外诱饵药柱体积确定的前提下，采用合理的配方设计，减少燃烧上升时间，增加有效持续时间，提高红外辐射强度，保证最佳干扰效果。

4.宽光谱烟幕材料配方技术及大面积快速成烟技术

烟幕技术正在向宽光谱方向发展，决定烟幕性能的关键就是烟幕的材料配方技术。另外，在战术使用上，还要求在短时间内迅速形成大的干扰面积。因此，大面积快速成烟技术也是烟幕干扰的关键技术。

1.3.3.2　光电干扰技术的发展趋势

1.强激光干扰技术

通常情况下，光电干扰以欺骗或压制干扰为主，这需要全面了解和掌握被干扰对象的工作原理及其所采取的抗干扰措施。对于不同的干扰目标，需要实施不同的干扰手段和干扰措施。如果威胁目标的工作原理和抗干扰措施有所变更，就会降低有源干扰的效果。自20世纪90年代以来，激光器件功率水平和光学跟踪瞄准能力不断提高，强激光干扰技术迅速发展。强激光干扰是采用强激光束直接照射威胁目标，使其传感器致盲或损坏。强激光不苛求全面了解和掌握干扰对象的工作原理及其所采取的抗干扰措施，加之特有的主动性和进攻性优势，使其成为光电对抗的主导发展方向。

2.宽光谱烟幕技术

为适应对抗多波段侦察和制导的需要，烟幕将可见光和近红外波段向覆盖中、远红外波段甚至毫米波段发展，以实现全波段遮蔽与提高干扰能力。为适应现代战场复杂环境的需要，烟幕器材也在向多元化、系列化方向发展。

1.4　通信对抗技术

通信对抗是为削弱、破坏敌方无线电通信系统的使用效能和保护己方无线电通信系统使用效能的正常发挥而人为采取的措施和行动的总和。即敌对双方在军事通信领域中进行的、直接参与作战行动的活动,包括对通信信号的截获、测量、利用和破坏。其实质是敌对双方在通信领域内对电磁频谱使用权和控制权的争夺。

1.4.1 通信对抗技术体系

根据通信对抗的内涵,可以构成如图 1-3 所示的通信对抗技术体系结构。

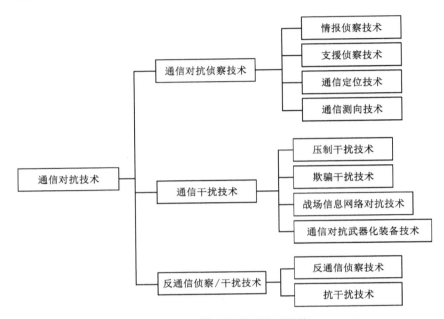

图 1-3 通信对抗技术体系结构

从广义上说,通信对抗侦察包含通信测向和定位。但因通信测向和定位在技术上的特殊性,本章把通信测向和定位技术与通信对抗侦察技术结合起来讨论。需要指出的是,在通信对抗技术领域,作为电子防护的反通信侦察/抗干扰包含两部分内容:一是使用通信干扰手段扰乱敌方的侦察设备,阻止其侦察己方辐射的电磁信号(即反通信侦察),这属于通信干扰范畴;二是对己方电子信息装备采取电磁加固和抗干扰措施,如减少辐射,加密,以及采用跳频、扩频等,以增强信息装备本身的反通信侦察和抗干扰能力,这不在本书论述范围。

1.4.2 通信对抗侦察的关键技术和发展趋势

1.4.2.1 通信对抗侦察的关键技术

1.密集信号环境下的截获、分选和识别技术

现代电子技术高速发展,民用通信、军事通信、广播、电视、业余通信、工业干扰互相交错和重叠,通信频段内的信号数量已接近饱和,使得对未知信号的搜索截获变得像大海捞针一样困难。特别是在军事通信中，往往采用如猝发通信等快速通信方式，以及各种低截获概率通信体制，更使通信侦察变得十分困难和复杂。因此，必须从技术上解决在密集信号环境下对通信信号的快速截获、准确分选和识别问题。

2. 低截获率信号接收技术

随着通信对抗技术的发展，反侦察/抗干扰能力极强的跳频通信、直接序列扩频(直扩)通信、跳频与扩频结合通信，以及其他快速通信等低截获率通信已经逐渐成为军事通信的主角。对付中、低速跳频通信信号采用的数字 FFT 处理方法、压缩接收机方法、模拟信道化接收方法等技术途径，已不能应付高速跳频通信。这就要求通信对抗侦察系统必须采用新体制、新技术，以及解决对高速跳频通信信号的截获或侦收问题。

跳频通信、直扩通信等信号的驻留时间短促，在频率-时间坐标上出现的位置随机，占据的频带很宽，信号能量谱密度很低。因此，对低截获率通信信号的接收技术应予以重点研究，必须尽快攻克这些新体制通信信号的侦察技术。

3. 数据链侦收技术

现代战争中，数据链承担着保证信息可靠传输、交换、分发和利用的核心任务，已成为战场信息网络体系 C⁴ISR 系统的神经中枢，是构成全球信息栅格(global information grid, GIG)和"从传感器到射手"的关键组成部分。数据链采用了一系列新型的反侦察、抗截获和干扰技术。如美军的联合战术信息分发系统(joint tactical information distribution system, JTIDS)采用了直扩、调时、跳频、高速时分多址(time division multiple access, TDMA)等先进技术，其跳速高达 76923 跳/秒。因此，开展对战术数据链信号侦收技术的研究是非常必要的。

4. 战场地域通信网侦察技术

现今军事信息需求早已超出了话音业务范围，扩展到图像和数据通信业务范畴，以满足实施联合作战需求，并已广泛应用信息栅格结构取代传统的树形通信网络结构。战场地域通信网是西方军事强国装备的先进战术通信网络。

美军的移动用户设备(mobile subscriber equipment, MSE)系统是典型的战场地域通信网，包括一个全数字、保密、自动交换的军、师战术通信网，可提供图像、数据和话音服务。其特点是采用栅格结构，通过有线和无线融合，网状和星状拓扑结合，包括 X.25、TCP/IP 等多种协议，实现了通信和指挥，以及通信和通信之间的隔离。MSE 将一个军级单位的约三万部通信电台等设备构成了一个统一整体，可满足 150 km×250 km 作战区域内的移动和固定用户信息传输需要。因此，战场地域通信的侦察已经超出了传统通信侦察的范畴，即必须达到多目标、多节点、多路由、多通信体制、多协议信号侦察的基本目标。目前的侦察体制远不能满足这种新的需求，这促使通信对抗侦察必须发展网络侦察等新技术才能达到目的。

5. 盲信号智能化侦察处理技术

通信对抗侦察始终是在非合作的前提下开展工作的，一般情况下没有对侦察目标的先验知识，从检测、参数估计、识别到解调处理都基本处于被动的地位。对于早期的模拟调幅、调频、调相信号来说，侦察过程相对简单。近年来，由于数字通信的飞速发展，出现了多种复杂的通信体制、多信号复用和多址方式、多种编码和加密的方法，使通信方能够利用时、频、空和码的多维差异性进行多用户大容量通信。而侦察工作只能从"盲"的角度出发探测其中的差异性，分离出多用户信号并得到有用的信息。这是一个极具挑战性的课题，除了通常的信号处理手段以外，还要研究和综合应用如人工神经网络、统计推断、密码分析、随机最优化、非线性等数学和智能信号处理方法来提供解决途径。

1.4.2.2 通信对抗侦察技术的发展趋势

通信对抗侦察技术的发展趋势完全取决于通信技术的发展。为了实现反侦察/抗干扰的目的，新的通信体制和通信战略都向着高频段、宽频带、数字化、网络化的方向发展。因此，通信对抗侦察技术的发展趋势也应针对通信技术的发展采取相应的对策。

1. 高频段和宽频带

高频段和宽频带的第一种意义是频率范围的极端扩展，现在的通信已从长波扩展到可见光范围；第二种意义是采用的跳频和直扩等扩展频谱通信技术向高频段和宽频带发展，它们都是反侦察/抗干扰能力极强的新通信体制。毫无疑问，通信对抗侦察也必须向高频段和宽频带发展。

2. 网络侦察技术

军事通信网络化是现代通信基于战场电子信息网络体系的需要而发展的重要技术。军事通信网络化水平的不断提高给对抗方带来了重大挑战，如何侦察网络拓扑结构、识别网络内关键节点、截获网络路由信息、分析网络协议等都是通信对抗侦察需要解决的关键问题。

3. 软件无线电侦察技术

在高科技的现代战争中，为了更好地适应多变的信号环境，通信对抗侦察必须充分利用计算机软件技术，特别是基于软件无线电理论来发展软件无线电侦察技术。软件无线电侦察技术在通信对抗侦察设备中的广泛应用，将使通信对抗侦察发生质的飞跃。

4. 综合一体化侦察技术

面对无线电通信的多体制、多频段工作，只靠单一的侦察手段已不能获取所需要的全部信息。只有综合利用陆、海、空、天多种平台和多种手段的通信侦察，并进行信息汇总和数据融合，才有可能获得全面、准确的情报信息。

1.4.3 通信干扰的关键技术和发展趋势

通信干扰技术发展与无线电通信技术发展紧密相连，通信干扰总是在通信技术发展之后才能产生和发展，并且要超越通信技术，以达到有效干扰的目的。由于各种通信体制和通信技术保密，通信干扰面临着严峻挑战。

1.4.3.1 通信干扰的关键技术

1. 高速处理与干扰引导技术

随着战场电磁环境日益复杂，通信系统干扰技术不断发展，通信干扰对目标信号的分选、识别，以及细微特征的判定变得越来越困难。而可用于处理并进而完成对干扰系统实施精确引导的时间却越来越短（如高速跳频通信、猝发通信），所以高速处理与引导技术已经成为通信干扰系统的迫切需求，同时也成为通信干扰技术发展的瓶颈。

2. 最佳干扰样式

只要通信体制和技术的发展没有停止，最佳干扰样式的研究就必须进行。虽无法得到敌方最先进的通信设备，也不能复制复杂的战争环境，但对已有的通信体制，如对各种数据链、卫星通信、移动通信等，都需要深入研究最佳和最有效的干扰样式，包括用计算机仿真来模拟对象的复杂性、多样性及其技术的先进性，检验各种干扰样式的效果。

3. 大功率宽带射频产生技术

增大干扰功率是提高干扰能力的物质基础。对功率放大器的主要要求有：宽的工作频率范围，以满足对多种通信系统实施干扰的要求；宽的瞬时带宽，以满足快速调谐、不调谐与拦阻干扰的要求；好的线性，以利于高峰值因数干扰的放大和梳状频谱的产生；高效的功率产生技术和功率管理技术，以提高输出功率满足提高干扰效果的要求。

为实现通信干扰系统的宽频带要求，一般依靠大功率固态器件进行功率合成，这是目前产生大功率宽带射频的主要方法。由于器件本身的局限性，以及供电、散热等客观原因，一部发射机的输出功率最高也就是千瓦级，即使短波频段，达到 10 kW 已相当不容易。在现代战争中，远距离超大功率支援干扰是重要的手段，特别是面对战场信息网络中采用多种抗干扰通信体制的数据链的压制时，需要特别大的功率，一般要求几十千瓦、几百千瓦甚至兆瓦以上的数量级，使用一般的功率合成方法根本无法满足要求。因此，一些新的大功率宽带射频产生技术进入了研究攻关和使用行列。

4. 窄脉冲干扰技术

通信干扰技术中应用最多的是连续波干扰，主要原因有三个方面：一是通信信号本身是连续波，所以很少考虑用脉冲波干扰；二是在通信对抗发展初期所需的干扰功率一般都不大，比较容易用连续波的功放来实现；三是通信接收机带宽一般比较窄，对窄脉冲干扰的有效性持有怀疑。随着各种新的抗干扰通信体制，如超宽带通信的出现，以及对通信干扰功率要求的不断提高，如何将脉冲干扰应用于通信对抗是通信干扰技术面临的新课题。采用脉冲干扰的最大好处是其峰值功率可以很大，一个单管功率放大器的输出功率可以达到几十千兆，甚至兆瓦量级，这为实现超大功率干扰奠定了基础。

1.4.3.2 通信干扰技术的发展趋势

1. 综合化、一体化与网络化

在未来信息化战争中，为了提高快速反应能力和整体作战能力，综合一体化、自动化、网络化的通信干扰技术是实现系统对抗和体系对抗的关键所在。其发展趋势包括：把通信侦察、测向和定位与干扰综合在一起［如美国的"首领"（chief）综合通信对抗车，可以有效支援地空一体化作战］；将通信干扰系统与雷达干扰系统综合在一起（可以有效构成机群突防作战的支援干扰掩护）；将通信干扰系统和指挥与情报系统综合在一起（可以充分实现情报资源共享，提高通信干扰系统的快速反应能力和整体作战能力）等。国外有的机载通信干扰系统已开始纳入机载一体化电子信息系统，并已成为其不可缺少的组成部分。

2. 标准化、小型化与智能化

标准化(通用化、系列化、模块化)、小型化与智能化是通用对抗装备技术发展的必然趋势。其水平的提高可使通信干扰系统越来越不受运载平台的制约，成为多用途、能升级的柔性系统；同时，也可使干扰通信系统的可靠性、可维护性大大提高，装备的生命周期大大延长。

3. 升空干扰技术

地面通信干扰装备实施超远距离干扰是不可能的，升空平台通信干扰装备由于升空增益使其具有突出的优点，可轻而易举地进行远距离有效干扰。

美国一直十分重视机载通信干扰装备(包括干扰吊舱)的发展，在拥有多种地面通信对抗装备的同时，大量研制并装备了各种机载平台的通信对抗系统，E-130H 通信电子战飞机等。目前，美国还在积极试验和部署天基平台的电子攻击武器，其目的就是遏制别国利用空中和空间的能力。

4. 分布式通信干扰技术

作为有源设备的通信干扰系统(特别是须配置在前沿的地面通信干扰系统)是敌方火力攻击的主要目标，因此装备的生存能力十分重要。为提高通信干扰装备的生存能力，研发一次性使用的无人值守的小型分布式通信干扰技术十分必要。

一次性使用的无人值守的小型分布式通信干扰设备研制生产成本低，投放到敌纵深区域时，可抵近干扰跳频通信、直扩通信、移动通信、数据链等战场信息网络；再与升空平台通信干扰装备配合使用，有良好的干扰效果，综合效费比高，是一种应重视发展的对抗手段。

5. 扩展频段、增大功率

目前，国外通信干扰系统覆盖的频率范围已经从 0.5～512 MHz 扩展到 18 GHz，并将覆盖更宽更高频段。输出功率是实现干扰能力的重要保证，目前国外有关通信干扰系统的有效辐射功率为千瓦级甚至兆瓦级。

新研制装备应具有更宽频段和更高的输出功率，并应对现有通信干扰装备进行适当技术创新和改进，以满足现代战争的需要，延长通信干扰装备的使用期限和增强其生存能力。

1.5　本章小结

本章从电子战的概念出发，介绍了电子战的定义和内容分类，并就电子战中的雷达对抗、光电对抗和通信对抗涉及的关键技术进行了综述，重点综述了每一项关键技术的发展趋势，为读者了解电子战的前沿知识提供了参考。

第 2 章

综合电子战系统

现代电子战系统将电子侦察、电子攻击和电子防御等功能综合到一个系统中，并纳入作战计划和作战行动，形成对敌方电子信息系统和数据信息流的软、硬杀伤作战能力，以及以攻为主、攻防兼备的制电磁频谱权、制信息权的优势力量，以支援己方作战部队遂行各种级别的作战任务。本章首先介绍了电子战系统的基本概念和关键技术，并在此基础上对其一些实际应用进行列举介绍，最后对电子战系统的未来发展趋势进行了介绍。

2.1　电子战系统概述

现代战争是系统对系统、体系对体系的斗争。单一的电子对抗装备或多种电子战装备的简单叠加，难以实现对敌方综合性电子装备实施有效压制。只有按电子战系统理论，对电子战装备进行综合设计、综合控制、综合管理、综合运用，构成一个综合性的电子战作战体系，才能形成强大的电子战进攻力量和电子防御力量。同时，电子干扰软杀伤与反辐射武器、定向能武器等硬杀伤相结合，电子战武器与硬摧毁武器相结合，已成为电子战的重要作战方式。为此，在筹划武器系统发展时，应加强系统的观念、整体的观念和配套的观念，立足系统对抗、体系对抗的概念，变单一性思维为系统性思维，变单项工程分析法为系统工程分析法。

2.1.1　电子战系统的基本内涵

战场指挥员通过电子战系统的作战指挥中心，统筹管理、综合运用各种电子战武器，攻击敌方作战体系的关键薄弱环节，对敌方指挥控制系统、探测预警系统、信息传输系统和武器制导系统实施软杀伤(电子干扰和电子欺骗)、硬摧毁(反辐射武器攻击和定向能致盲)，以最大限度地降低和削弱敌方战斗力，保证己方攻防作战的胜利。

电子战系统是相对于单项电子战装备而言的相对性概念，在更大型的电子信息装备中，综合电子战装备只是一个分系统。在电子战装备范围内，综合的概念主要体现在综合的作战任务、综合的作战能力和综合的作战效能,具体体现在以下三个方面。

第一,电子侦察和干扰将从功能单一、频段较窄发展到多功能、宽频段。第二,现代战争诸兵种的集成和联合作战的程度越来越高,快速反应已成为战役战术的重要因素之一。电子装备在战场上大量运用,电磁环境十分复杂,这要求电子战装备必须摆脱单一功能和单一平台的状态,向一体化、通用化和多维、多平台方向发展。第三,电子战将由电子干扰软杀伤手段向硬杀伤、软硬杀伤手段结合方向发展。未来战场上,电子信息装备密度高且复杂,工作方式和战术技术性能越来越先进,威胁日益严重。在这种复杂瞬变的环境中作战,若想取得电子战的优势,仅靠单一的软杀伤或单一的硬杀伤手段都是难以奏效的,必须采取软硬杀伤手段结合的方式。

电子战系统是为适应现代高技术战争系统对抗、体系对抗的要求而提出的一种电子战新概念、新武器系统,也是实现新型的电子战军事思想的进攻性武器系统。电子战系统具有电子侦察、电子干扰、反辐射、电磁毁伤四大功能。在电子战作战指挥单元的统一管理和控制下,通过陆、海、空、天多平台的雷达对抗、通信对抗、光电对抗、反辐射电磁武器、导航与敌我识别对抗等多种电子战手段的综合应用和密切协同,构成集各种电子对抗手段于一体的综合电子战作战能力,形成局部电磁斗争优势,以执行各种电子战斗任务。

电子战系统代表当代电子战装备的发展趋势和发展方向,满足现代战争中系统对系统、体系对体系斗争的需要,是提高军事体系作战能力的关键手段之一。

2.1.2 电子战系统的基本特点

电子战系统的基本特点源于综合的概念,除具有一般电子战设备的特点外,电子战系统还具有如下特点。

1. 针对多作战对象

电子战系统针对多作战对象(雷达、通信、光电、导航、识别、遥测遥控等),而不再是单对单的模式。例如,雷达对抗装备的作战对象只有雷达,通信对抗装备的作战对象只有通信设备,等等。特别在机载平台、舰载平台上,电子战系统大都是综合性的,既包括雷达对抗分系统和通信对抗分系统,也包括光电对抗分系统。

2. 多功能

电子战系统具有多种作战功能,包括电子侦察、电子干扰、反辐射摧毁和电磁攻击等功能。

电子侦察是通过获取战场电磁斗争态势情报和作战对象的电磁性能参数,以支援战场电子战的指挥决策和具体的电子战作战行动。

电子干扰在进攻作战中通过干扰敌方探测传感器、指挥通信、传输网络,实现削弱或降低敌方探测、通信、网络传输、作战指挥系统和防御武器系统的效能。在防御作战中,通过干扰敌方探测传感器、指挥通信、传输网络,实现削弱或降低敌方进攻性武器系统的作战效能,同时有效地发挥己方防御武器系统的作战效能。

反辐射摧毁是利用电子侦察定位技术导引火力将敌方辐射源摧毁的作战方式,是传统电子侦察定位装备功能的延伸和发展,在进攻作战中用以摧毁敌方重要的防空探测装置和通信中枢，实现削弱或降低敌方作战指挥系统和防御武器系统的作战效能。

电磁攻击是利用"灵巧"高功率电磁能对电子信息装备实施高效毁伤的作战方式，是传统电子干扰装备功能的延伸和发展，在进攻作战中毁伤敌方重要的电子探测装备和通信中枢，实现削弱或降低敌方作战指挥系统和防御武器系统的作战效能；在防御作战中毁伤敌方重要的进攻性电子探测装备和通信装备，实现削弱或降低敌方进攻性武器系统的作战效能，同时有效地发挥己方防御武器系统的作战效能。

3. 具有综合效能

电子战系统具有软杀伤和硬摧毁结合的综合效能。由于电子战系统具有多功能、多专业特点，相对于只干扰一种通信设备或一部雷达，电子战系统能同时对敌方雷达网和通信网实施全面的干扰压制、电磁攻击和反辐射摧毁，使敌方传感器网络和指挥通信网络瘫痪，充分发挥综合作战效能的有效性和增效性。

4. 具有统一指挥控制功能

电子战系统必须具有统一指挥控制功能，合力制敌才能奏效。在 20 世纪 60 年代初打击 U-2、P-2V 间谍飞机入侵的战斗中，以及 20 世纪 60 年代末 70 年代初的越南战争中，战场上的雷达、通信等军事电子装备主要是单机独立工作，即用单部雷达或多部雷达分别进行搜索、跟踪、制导，用两部电台进行点对点的通信。因此，当时的电子战主要是一对一设备之间的对抗，即用一部干扰机来干扰一部雷达或一部通信电台就可满足作战要求。

电子战系统为实现"合力制敌"，达成夺取和保持局部电磁优势的作战目标，通常采用可根据作战需求构造的"弹性母体"结构体系，即利用高性能计算机支持，应用人工智能技术和优化算法系统，通过增减模块，组成不同功能和不同规模的作战系统，以满足不同的电子战任务要求；同时，可在电子战作战指挥单元的统一控制下，通过增补或更换分系统，进行优化重配，以完成特定的综合电子战任务，还可以随时进行技术更新。因此，电子战系统在统一指挥控制下，具有快速应变能力、快速反应能力和扩展系统功能的灵活性。

5. 具有"柔性"体系结构

电子战系统具有作战分级指挥、情报分层处理、对抗分布式进行的柔性体系结构。电子战系统的各个分系统既具有独立作战的能力，又可根据不同平台的要求和不同防区的作战任务进行不同配置；在每个防区内可与雷达网、通信网交联工作，构成更大的统一指挥体系，还可纳入更高层次的作战指挥网，以便实现不同级别的综合对抗。

电子战系统采用分级信息处理和多传感器信息融合及相关处理技术，扩大了频率覆盖范围，提高了情报侦察能力及抗干扰能力。多传感器截获的不同信息，经融合处理可获得目标的位置、特性、意图和战场全景态势图。多传感器相互兼容、功能互补，既可减小模糊度，提高可信度，又可获得单平台或单传感器不能识别的信息，实现更快、更全面、更准确的情报信息获得。多传感器具有一定的冗余度、互补度，若某一传感器被破坏，系统仍能继续工作，大大提高了系统的可靠性和生存能力。

综上所述，电子战系统具有一体化的电子对抗侦察能力，多层次、多手段的电子干扰能力，综合化、高强度的电子进攻能力。电子战系统综合运用多种侦察手段对战场进行侦察，并将其信息进行综合相关处理，形成战场电子战作战态势显示，供指挥员决策参考。电子战系统综合运用各种电子战武器和手段实施电子防御或电子进攻。电子战系统的作战对象是敌方的整个军事电子武器系统，即雷达网、通信网、作战指挥网、导航系统、遥测遥控系统、敌我识别系统、电子制导系统等。

2.1.3 电子战系统结构

电子战系统基本体系结构是指其包含的基本电子战系统。第一，它是多平台系统；第二，每个平台系统包含多专业系统；第三，每个专业系统又是多功能和多频段系统；第四，这些系统之间是有机的统一系统，接受统一的指挥、调度、协调一致运行。就目前的技术水平和国外的实际情况而言，电子战系统主要是作战对象和用途上的综合。从这个意义上说，电子战系统基本体系结构如图 2-1 所示。

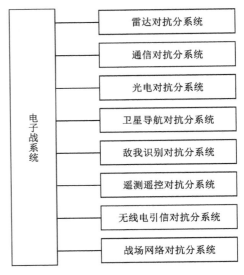

图 2-1 电子战系统基本体系结构

电子战系统一般包括情报处理中心和指挥控制分系统。其他各电子战综合系统一般包括雷达对抗、通信对抗、光电对抗、卫星导航对抗、敌我识别对抗、遥测遥控对抗、无线电引信对抗和战场网络对抗等分系统，或为其中部分分系统的组合。电子战系统的原理结构如图 2-2 所示，它描述了系统内部各分系统之间的内在关系。

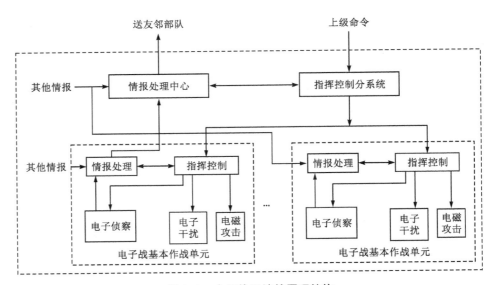

图 2-2 电子战系统的原理结构

图 2-2 中, 主要的部分是电子战基本作战单元, 包含电子侦察、电子干扰、电磁攻击, 以及情报处理、指挥控制。

电子战系统功能包括电子侦察、电子干扰和电磁攻击, 其功能结构如图 2-3 所示。图 2-4~图 2-6 分别为电子战系统电子侦察、电子干扰和电磁攻击的功能结构。

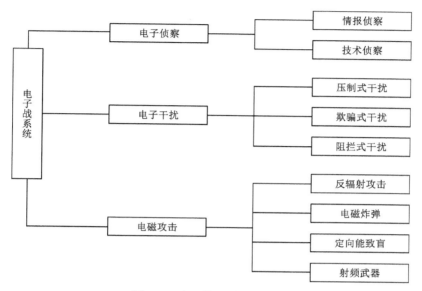

图 2-3 电子战系统功能结构

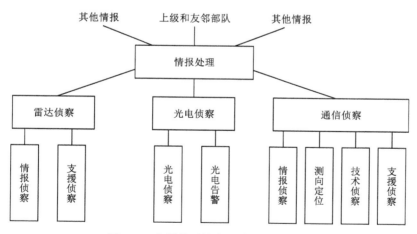

图 2-4 电子战系统电子侦察功能结构

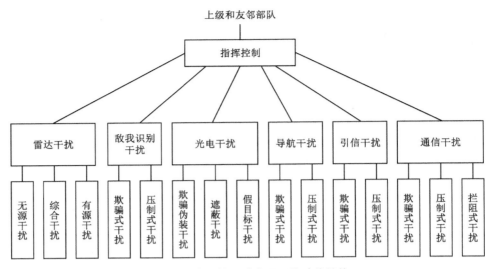

图 2-5 电子战系统电子干扰功能结构

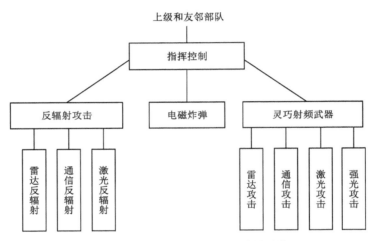

图 2-6 电子战系统电磁攻击功能结构

2.2 电子战系统关键技术

2.2.1 电子战系统顶层设计技术

电子战系统的综合不是简单的拼凑,而应根据未来作战需求进行科学设计,是对多种电子战系统进行综合设计、综合集成、诸军兵种综合运用所形成的一体化的综合系统,是把各子系统和相关技术及要素进行有机联结与组合,构成一个效能更高、彼此协调、整体

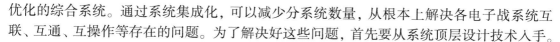

优化的综合系统。通过系统集成化，可以减少分系统数量，从根本上解决各电子战系统互联、互通、互操作等存在的问题。为了解决好这些问题，首先要从系统顶层设计技术入手。

电子战系统顶层设计技术的目标是，设计和采用最小规模的装备，建立一个最优的、高性能及高抗毁与高生存能力的、实时及互操作的基础电子战系统，以达到最佳的综合作战效能。

2.2.2　电子战系统数据融合技术

电子战系统是多平台、多专业、多功能、多频段的大型综合系统，只有各分系统的信息数据、资源数据实现融合，才能够使各分系统设备不是貌合神离，而是真正实现功能互补、效能倍增、行动互联和互操作、信息互通。

电子战系统应具有由数据融合子系统（一级融合，即状态及属性融合）、决策支持子系统（二、三级融合，即态势及威胁评估）和资源（包括传感器资源和干扰资源）管理子系统构成的数据融合闭环控制系统。其中，资源管理子系统在数据融合系统中具有重要作用，通过对传感器资源和干扰资源进行科学合理分配，发挥最大的资源效益。

数据融合的前提是各分系统之间具有融合的物理基础，研究这些融合的物理基础是数据融合技术的重要内容。例如，在同时具有雷达侦察设备和通信侦察设备的综合系统中，侦察敌方雷达网的组成，可以利用通信侦察设备对敌方通信网的侦察数据和雷达侦察设备的侦察数据进行融合，获得更为准确的情报。

数据融合过程首先是在数据融合子系统中将从不同传感器获得的数据进行状态及属性融合，然后在决策支持子系统进行态势及威胁评估，最后依据数据融合的结果作出决策。

2.2.3　电子战系统电磁兼容技术

各种电子战设备集中应用于一个作战平台或一个局部地域，各种电子设备的电磁辐射必然形成复杂的电磁环境，限制了设备的正常工作甚至使系统完全失效。因此，使各分系统之间能够兼容工作的电磁兼容技术是电子战系统的关键技术之一。实现电子战系统电磁兼容技术的主要技术途径有以下几种：一是降低各分系统的电磁辐射；二是合理安排各分系统的物理位置，特别是各分系统天线的位置要经过电磁兼容模拟试验后再确定安装位置，确保彼此能够兼容工作；三是合理安排各分系统设备的工作时间，使那些实在无法同时工作的设备分时工作；四是通过电磁环境建模，并消除其影响。

2.2.4　电子战系统一体化和通用化技术

一体化技术是将功能相近、相互关联的数个设备组合成一个系统，从而简化系统，实现资源共享，提高电子战装备的信息综合能力和快速反应能力。

在电子战系统中采用一体化技术的必要性主要体现在：一是现代战争诸军兵种的合成程度越来越高，快速反应已成为确保战斗胜利的要素之一；二是电子装备在战场上大量运用，电磁环境十分复杂，要求电子战装备必须摆脱单一功能的状态，向一体化通用系统方面发展,以满足未来战争对电子战提出的高机动性和高灵活性等快速反应的要求,广泛采用一体化技术是达到这一目标的必由之路;三是不同电子战分系统采用标准电子组件,可大大削减过去各分系统(俗称黑匣子)采用不同微处理器、射频器件及天线的数量。当前,电子战系统设计的核心是采用先进的封装的器件,采用专用集成电路(application specific integrated circuit,ASIC)和单片微波集成电路,使系统的体积更小,提供的功能却更多、更强。

通用化技术是指电子对抗系统的设备普遍采用标准化的模块结构,通过组建多种作战平台通用的弹性系统骨架,不同的系统、设备之间尽可能使用相同的电子模块,同时根据不同的对抗对象快速组装成功能不尽相同的电子战装备。这样,避免了设备的重复研制,降低了成本造价,减少了设备、器件的种类,简化了系统的后勤保障和技术维护,最终有效地提高了电子对抗系统的反应速度和作战效能。例如,美军 F-15 战斗机上所使用的 AN/ALQ-135 电子干扰系统及新研制的 AN/ALQ-165 电子干扰系统,则都遵循了新的模块化设计原则。

2.3 应用举例

目前,国外已有各种各样的综合电子战实例。归纳起来,电子战系统主要包含三大类:第一类是单平台一体化电子战系统,主要用于作战平台自卫,或者用于完成单个平台的电子战作战任务,如机载电子战系统、舰载电子战系统等;第二类是在一个战区上的多平台电子战系统,主要用于对敌方纵深电子信息系统近距离实施组网式电子侦察和干扰;第三类是分布式电子战系统。

2.3.1 单平台一体化电子战系统

单平台的电子战系统,也称单平台一体化电子战系统。它应用数据总线把在同一平台上的多部电子对抗设备及相关系统连接起来,实施统一的管理和控制。这种一体化的电子战系统,包括电子侦察/告警设备、有源干扰/无源干扰设备、反辐射武器和数据处理及控制设备等。它可自动判别威胁类型并采取相应的对抗措施,实现多种干扰手段和软杀伤与硬摧毁的综合运用,以便取长补短,达到最佳的对抗效果。由于数据总线或网络将本系统与平台上相关的电子设备和武器系统连接起来,可实现本系统的电子对抗侦察信息与平台上其他传感器信息的融合与共享,提高了平台上的信息利用率和设备利用率。

20 世纪 80 年代前后,电磁环境日趋复杂,促使飞机、军舰等作战平台要求电子战装备提供远距离告警、多方位/多目标干扰掩护等越来越多的功能,而原来单平台所能提供的体积、质量、功率等资源显得非常不足。为了缓解多功能电子对抗需求与平台体积、质量、功率等不足的矛盾,单个平台上的第一代电子战系统出现了。其典型的产品是美国 AN/ALQ-165 机载侦察、告警、干扰一体化电子战系统。该系统以计算机为核心,将作战平台上的侦察/告警、有源干扰/无源干扰等设备进行综合控制与管理,提高了电子对抗设备的利用率，对信号的分选、识别能力，多目标干扰能力和快速反应能力，以及电子对抗装备的综合作战效能，并减小了体积、质量和功率。

自 20 世纪 90 年代以来，随着战场电磁环境更加密集和复杂，对电子战装备的要求越来越高，更高级的单平台电子战系统出现了。如美国的综合电子战系统（integrated electronic warfare system，INEWS），该系统把电子侦察、威胁告警、有源/无源/光电干扰、内装干扰和外投干扰等电子战手段结合起来，组成一个电子对抗功能互补的、高可靠度的机载电子战系统。该系统不仅能对各种微波/毫米波脉冲和连续波雷达作出反应，而且能对红外、激光威胁作出反应，目前美国的 F-22 战斗机即搭载了该系统。

INEWS 与其他系统的交联如图 2-7 所示。从图 2-7 可见，INEWS 的电子侦察（含告警）（ESM）子系统和电子干扰（含有源干扰、无源干扰）（ECM）子系统通过数据总线与飞机上的其他系统交联，以便与飞机上的其他系统共享信息，共享信号处理资源，共用控制、显示、通信等。

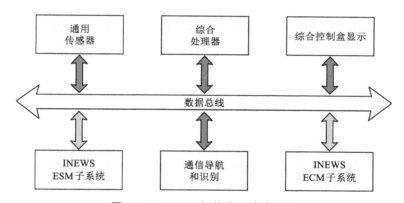

图 2-7　INEWS 与其他系统的交联

INEWS 与传统的电子战系统相比具有下列重要特征。

（1）INEWS 一开始就是作为整个机载航空电子设备综合系统进行设计和研制的，是作战飞机设计任务的一个有机组成部分。INEWS 的多传感器功能互补，资源共享，减少内部连接和子系统重复，提高设备的可靠性和可维修性，并可降低电磁辐射，有利于提高突防飞机的隐身能力。

（2）INEWS 采用标准化、模块化设计，具有现场重编程能力，能为特定飞机和各种电子战任务进行最佳条件的重新组配，达到最佳的电子战作战效能。

（3）INEWS 具有全频段反应能力，密集信号环境的适应能力强。

（4）INEWS 采用人工智能/专家系统进行智能化的功率管理，能根据威胁雷达的性质智能地确定最佳的干扰样式，并及时评估干扰效果，以实时地修正干扰参数，达到最佳干扰效果。

（5）INEWS 是一个实现了软件驱动的机载电子战系统，能使用复杂的软件实现重新组合的能力。如果其中任何一个功能块失效，则系统可根据软件提供的能力，自动启动备份功能块，恢复失效部分的功能。

（6）INEWS 广泛采用了超高速集成电路和单片微波集成电路技术，使系统的性能提高了一至两个数量级。天线系统采用阵列天线,可完成雷达、告警、ESM 和干扰功能。

INEWS 是 20 世纪 90 年代后期和 21 世纪初服役的机载电子战系统。除了美国空军第四代战斗机 F-22 和海军 NATA 战斗机采用 INEWS 外,陆军新一代轻型多用途直升机 LH 也可能采用 INEWS,还可通过 INEWS 模块的增减来改装大量现役的战斗机。

2.3.2 多平台电子战系统

海湾战争以后,国外武装部队高层领导认为:电子战在海湾战争中获得的巨大成功,证明了在现代化的多兵种协同作战中,电子战的作战思想、兵器使用和作战方法都产生了巨大的变化,仅依靠单平台的电子战系统已难以满足系统对抗、体系对抗的作战需要。为了在越来越致命的威胁环境中夺取和保持电磁优势,就必须使多平台的电子战兵器协同工作、联合作战。因此,国外开始研究多平台电子战系统,典型的代表为英国的多平台电子战作战指挥控制系统(electronic warfare control ship /station,EWCS)。

英国的多平台电子战作战指挥控制系统(EWCS)如图 2-8 所示。该系统实现了各类情报的综合、电子战武器的综合、电子战武器与其他武器的综合。根据来自遥控飞行器的空中侦察平台情报、地面区域情报、卫星情报、战术电子侦察情报、高层情报、雷达/通信等传感器情报,在各类数据库的支援下,对威胁目标进行检测、分析、识别、显示、数据融合、威胁分析评估。在战场指挥员的指挥下,该系统可下达作战命令,采取正确的协同对抗策略。电子战武器包括雷达假目标、箔条弹、红外弹、充气诱饵及反辐射导弹诱饵等。该电子战指挥控制系统不仅可指挥电子战武器,还可指挥近距离武器系统、防空导弹系统等硬杀伤武器,使它们与电子战武器协同参战。

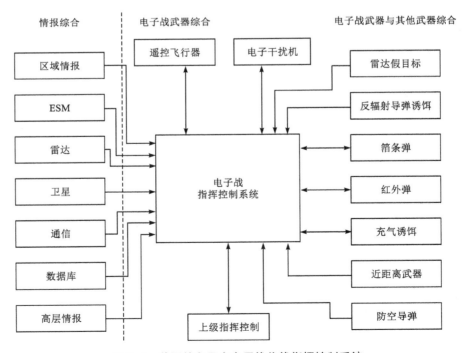

图 2-8　英国的多平台电子战作战指挥控制系统

2.3.3 分布式电子战系统

美国"狼群"电子战系统是一个典型的分布式电子战系统，是根据狼群攻击猎物的战术思想而设计的陆基电子战系统。"狼"指无人值守的电子侦察装置和电子攻击装置，"狼群"指由这些"狼"构成的陆基电子战系统。

"狼群"系统传感器如图 2-9 所示，投掷后可以自立的设备的外形和自立的过程如图 2-10 所示。

图 2-9 "狼群"
系统传感器

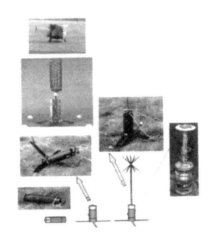

图 2-10 投掷后可以自立的
设备的外形和自立的过程

2.3.3.1 "狼群"电子战系统的特点

"狼群"电子战系统采用干扰机联网方式破坏敌方通信链路的工作，其特点如下。

(1)"狼"采用联网技术，连接为网络形成"群"。

(2)分散部署在敌防空系统附近。

(3)部署方式为人工设置、迫击炮投掷或空投。

(4)既能独立工作，也能协同工作。

(5)攻击目标为低跳频、低功率、小型网络化的战术通信系统或频率捷变、旁瓣抵消、雷达。

2.3.3.2 "狼群"电子战系统的性能参数

(1)体积：每个装置体积小于 750 cm³。

(2)质量：小于 1.35 kg。

(3)工作时间：60 天(睡眠模式)，5~10 h(攻击模式)。

(4)频率覆盖范围：20 MHz~15 GHz。

(5)瞬时带宽：2.5 GHz。

（6）频率分辨力：1 kHz。

（7）搜索速率：300 GHz/s（满足不了全频带覆盖时）。

（8）发射功率：平均不超过 2 W，峰值不超过 40 W。

（9）定位时和精度：2 s 和 10 m。

（10）"狼"分布密度：10 个/km²。

（11）距离目标发射机：3~5 km。

（12）探测能力：90%~95%的战场辐射，对 3 km 以外辐射源定位，截获 5 km 外雷达，探测 100 MHz~15 GHz 频率内 90%~95%的连续波和脉冲雷达辐射信号。

（13）网络数据速率：1 Mbit/s。

2.3.3.3 "狼群"电子战系统功能

"狼群"电子战系统在具体作战环境中能够提供如下最佳组合功能。

（1）窃听无线电通信辐射信号的收集功能（截获、分析、鉴别类型）。

（2）发射干扰和欺骗信号。

（3）监视各系统状态，协调各系统之间的工作（由部署在较高位置和较强处理能力的、处在有利地理位置的少数几个子系统来完成）。

（4）远距离重新编程。"狼群"电子战系统的一个关键实战功能是远距离重新编程，例如，"狼群"在干扰敌方防空雷达的同时恰巧遇上空袭，战斗计划有所改变时，指挥员能够重新调整时间线，高级指挥机构之间可以通过通信卫星或者机载中继站进行联络。为了保护敏感的软件和编码技术，"狼群"还被设计成可防止篡改，如图 2-11 所示。

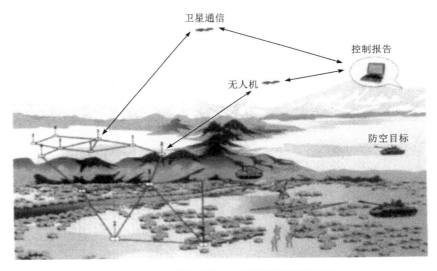

（"狼群"也可以报告数据、实施干扰和计算机攻击）

图 2-11 "狼群"系统传感器互相通信，把数据合成为描述敌方网络的态势

2.3.3.4 "狼群"电子战系统的任务

（1）电子攻击：进行频谱分析，确定发射机的地理位置和网络特征，以这些结果和预先设定的反应规则为基础,确定并启动无人值守的电子攻击装置对目标开展电子攻击。

(2)电子反对抗:在实施阻止敌方探测(利用)已方通信而不是去破坏敌方通信的电子反对抗(electronic counter-countermeasures,ECCM)时,"狼群"可以通过建立环境的噪声层,提高敌方接收机周围的噪声电平,敌方很难在整个噪声背景中窃听已方的无线电台通信;或引入假信号,掩蔽已方网络活动和部队运动。

(3)压制敌防空:"狼群"电子战系统采用干扰敌方防空系统节点的方法为已方飞机提供保护。"狼群"的目标可以是雷达,也可以是敌方通信链路,指挥员可以选择破坏敌方火控系统的射频通信链路,还可以选择干扰和欺骗敌方雷达为已方飞机提供保护,或提供敌方射频节点的瞄准数据。

2.3.3.5　"狼群"电子战系统的攻击方式

(1)压制干扰:对处于目标接收机有效距离内的所有节点,"狼"对传输频率实施干扰。这时"狼群"设备无须联网,因为攻击只需要很少甚至根本不需要目标的位置或网络拓扑结构的信息。

(2)定向攻击:由已知敌方接收机位置具有最佳传播效能的节点"狼"完成。这时需要精确的目标定位和联网。

(3)精确打击:同定向攻击类似,由对目标接收机具有最佳传播特性的一个节点"狼"实施干扰。使用这种技术需要了解目标的位置和敌方网络信息,故"狼群"设备必须联网。

2.3.4　电子战系统作战实例

电子战系统的综合作战效能在科索沃战争中得到了高度体现。北约采取的综合电子战行动,分别从高、中、低多个层次全面展开。

在高层,北约动用了 50 多颗卫星。其中,"锁眼"光电成像侦察卫星装备了可见光和红外探测器,能提供地面 10 cm 大小物体的图像;"长曲棍球"卫星是目前世界上唯一的军用雷达成像卫星,特别适用于跟踪装甲车辆和舰船的活动;"猎户座""大酒瓶"电子侦察卫星用于捕获南斯拉夫联盟共和国(简称南联盟)的 GPS 导航卫星,为各种武器系统提供导航和制导数据,大大提高了"战斧"巡航导弹等武器的攻击精度。

在中层,北约动用了 EA-6B、EF-111A 电子战飞机,EC-130H 通信对抗飞机,E-3、E-2C 预警飞机,RC-135 电子侦察飞机,UH-60A 通信对抗直升机等,各种作战飞机本身都装有电子战设备。每次空袭前,北约都对战区进行全方位的电子干扰和压制,使南联盟通信中断、雷达及制导系统迷盲。

在低层,北约在意大利、马其顿、保加利亚等周边国家部署了地面电子侦察站,在亚得里亚海、地中海游弋的舰船撒开了电子侦察网。故北约对南联盟通信枢纽、预警系统的技术与战术了如指掌,为精确制导武器捕捉和打击目标提供了有力的支持。

除使用电子战设备进行干扰、压制等软打击外,北约还使用了多种杀伤手段,并首次使用了多种新概念武器。随着军事技术的空前发展,电子战综合一体化发展趋势将越来越明显。通过各种手段的综合运用,可以有效地保证对制电磁权的夺取。

2.4 电子战系统技术发展趋势

未来战争的主要特点将是联合作战、快速反应、远距离精确打击，电子战系统技术的发展趋势无疑应与此相适应。电子战系统的技术发展趋势主要包含电子战系统装备攻防作战功能一体化、电子战系统装备与平台的综合、发展新型系统对抗技术，以及网电一体化的网络中心对抗战技术等方面。

2.4.1 电子战系统装备攻防作战功能一体化

电子战系统既可用于进攻作战，也可用于防御作战。电子战系统装备攻防作战功能一体化，就是在设计电子战系统时，尽可能地注意应用通用化、系列化的电子战装备，加强软、硬杀伤一体化电子战配系，以便在进攻作战与防御作战中使用。

为了实现电子战系统装备攻防作战功能一体化，就需要发展多平台通用化、系列化的电子战装备。例如，美国的SLQ-32(Ⅴ)系列舰载多波束电子战系统原来用于舰艇自卫，其改型已用于车载防空电子战系统，作为具有进攻性作战功能的电子战武器，可对机载雷达和雷达制导武器实施干扰。又如，美国陆军正在实施"通用传感器"计划，研制重型师和轻型师用的陆基车载式通用传感器系统GBCS-H和BGCS-L，以及EH-60直升机升空通用传感器系统，它们可用于攻防作战电子侦察。

电子战系统装备攻防作战功能一体化需要加强软、硬杀伤一体化电子战配系。例如，美国EA-6B电子战飞机除采用大功率干扰，还加装了"哈姆"高速反辐射导弹电子攻击系统，使其具有电子压制干扰和反辐射摧毁的双重作战能力；F/A-18战斗机上除了安装自卫电子战系统，还加装了"哈姆"高速反辐射导弹，使其不仅具有电子战自卫功能，而且具有电子攻击和电子杀伤功能。

电子战系统的发展方向之一是攻防作战功能一体化，并且更加强调发展电子战的进攻作战功能。例如，在美国第四代战斗机F-22上，AN/ALR-94无源探测定位系统承担了通常由雷达告警设备和搜索雷达承担的空间探测任务，能提供引导AIM-120先进中距空空导弹攻击所必需的几乎所有的信息，以及引导空空导弹对远距离目标实施攻击。因此，在F-22战斗机上，无源探测定位系统不仅具有态势感知功能，而且具有引导武器攻击功能，很好地实现了攻防作战功能一体化。

2.4.2 电子战系统装备与平台综合

电子战系统装备与平台的综合包含三个层次：一是单平台的电子战系统(又称为一体化电子战系统)设计时，需要考虑平台上的各种电子战装备功能(侦察、告警、干扰、反辐射摧毁等)的综合，即"一机多用"；二是需要考虑平台上各种电子战装备与平台上的其他电子装备(如雷达、通信、导航、敌我识别等)的综合；三是需要考虑电子战装备与作战平台的综合。这三个综合可以有效地减小电子战装备的体积、质量、功率,极大地发挥电子战装备的效能。

2.4.2.1　平台电子战设备的综合

平台电子战设备的综合是指将平台上的多种电子战装备进行一体化设计,发展性能最佳化的一体化电子战系统,如美国空军集告警/侦察/干扰功能于一体、集雷达对抗/光电对抗于一体的机载一体化电子战系统(INEWS),AN/APR-39A 微波/毫米波/激光综合告警系统,"首领"(chief)综合通信对抗车等。在这些一体化系统中,各种功能的电子战设备实现天线孔径共享、通用模块共享、信号处理共用、显示控制共用,使电子战系统的设备成本最小、效率最高。

2.4.2.2　电子战系统装备与平台电子装备的综合

电子战系统装备与平台电子装备的综合是指平台上各种电子战装备与其他电子装备(雷达、通信、导航、敌我识别等)的综合。例如,美国 F-22 战斗机实现了雷达干扰与雷达探测的综合,应用同一套有源相控阵设备,根据不同的作战需求,既可实施雷达干扰,又可实施雷达探测和跟踪,把多功能相控阵雷达和相控阵干扰机的功能融为一体。

2.4.2.3　电子战装备与平台的综合

电子战装备与平台的综合是指电子战装备与作战平台融为一体,成为一种新型的电子战武器装备。反辐射导弹是电子战装备与平台综合最典型的例子,电子战无源测向技术与导弹飞行控制技术结合,催生了反辐射导弹。又如,电子干扰设备或者电子侦察设备与无人机结合,无人机的机翼作为电子战设备的天线,无人机的发动机成为电子战设备的电源,无人机即成为电子战设备的载体,电子战无人机是目前飞速发展的新型先进武器装备。小型的电子对抗卫星也具有电子战装备与平台综合的特征,在这种综合中,以电子战装备为功能主体,以平台为电子战装备的载体。

2.4.3　发展新型系统对抗技术

研究增强电子战系统能力的新技术,最大限度地提高综合电子战的整体作战效益,是发展新型系统对抗技术的宗旨。例如,美国正在把雷达告警系统的功能扩大为提供更广泛的战术空情评估与反应战略功能,该功能包括确保机载雷达传感器与红外搜索/跟踪无源传感器提供的各种信息协调一致,以确定需要和允许己方雷达开机和投放一次性使用诱饵的时机;美国还将飞机上的电子支撑措施(electronic support measurement,ESM)扩大用于进行无源定位,引导武器攻击和控制雷达的工作时机和探测方向,以减少载机的暴露概率;除此之外,美国研制了机外投放的自由飞行式和拖曳式有源一次性使用干扰机和红外/激光诱饵,并增加无源导弹逼近告警系统,以对付射频/光电制导武器的末段威胁等。上述一些新概念已经在 F-22 战斗机和 B-2 隐身飞机上使用。

新型系统对抗技术包括:保护地面重点目标和反光电制导武器攻击的综合光电对抗系统(包括红外/激光告警器和干扰机、红外/激光诱饵、伪装和热抑制器材等);应用人工智能、超导电子学及"灵巧蒙皮"等高新技术，大跨度提高电子战系统和装备的性能；发展新型的电子战技术，如计算机病毒干扰武器、高功率微波武器、激光武器等，增加电子对抗的新手段，提高电子对抗的攻击能力和威慑能力。

2.4.4　网电一体化的网络中心对抗战技术

网络中心战最早由美国海军于 1997 年提出，2001 年五角大楼将其提升为信息时代的战争形态，是美国的一种作战规则。根据这个规则，所有作战单元共享一组通用设备，并在网络上分发信息。网络中心战主要集中在联合部队的指挥、控制、通信、计算机、情报、监视和侦察（C^4ISR）能力上。通过把更多的信息从作战平台转移到网络服务器上，战斗群没有了太多的信息分配负担，从而减少了对带宽的需求。当战斗群需要数据时，可以经网络从网络服务器上获得。

在伊拉克战争中，美国注重试验网络中心战，突出信息的地位和作用，通过借助灵敏高效的数字化网络结构将信息收集、指挥控制与通信、火力打击三大系统融为一体，缩短了从侦察发现目标、形成作战指令到打击摧毁目标的时间。

网络中心战的出现，迫使综合电子战向网电一体化的网络中心对抗战发展。随着网络的快速发展和成功应用，传统的电子战概念已无法涵盖这些手段。以独立的电子设备为作战对象的电子战，必须借助网络战技术才能达到整体的攻击效果。而单纯的网络战也不能触及电磁空间的博弈，在不与有线网络具有物理连接的无线战场网络中，网络战手段无以伸展。这两种作战形式各有所长，是互相补充的关系，它们是信息战不可或缺的两大支柱，它们的有机结合是网络中心对抗战的最有效方法。一方面，制信息权的获取主要依赖电子战和网络战在电磁空间及网络空间的综合运用，即信息获取和传递主要依赖在电磁空间施展能力的电子战系统，信息处理和利用主要依赖在网络空间的计算机网络。另一方面，综合运用电子战和网络战手段，对敌方网络化信息系统进行一体化攻击，能全面和有效地破坏敌方整个信息系统的信息获取、信息传输、信息处理和决策，夺取电磁空间和网络空间的制信息权。

2.5　本章小结

电子战装备经过近百年的发展，已从诞生初期执行单一作战任务的单一系统，逐步发展成为遂行多种作战任务的攻防兼备的综合电子战系统。通过电子战系统顶层设计技术、系统综合数据融合技术、电磁兼容技术，以及电子战系统一体化和通用化技术等各种手段的综合运用，可以保证对制电磁权的夺取，并逐步向系统化、综合化方向发展。

第 3 章

辐射源信号参数测量技术

电子对抗接收机能在复杂的电磁环境中，截获对方的雷达和通信信号，并对信号进行识别和参数估计，是电子对抗系统中最主要、最核心的部件。一部性能良好的接收机是电子对抗发挥效能的关键所在，因此其是电子对抗工作人员研究的热点。本章根据电子对抗接收机面临的信号环境，提出对电子对抗接收机的需求；阐述了最新的数字电子对抗接收机在频率、到达方向、到达时间、极化方式等参数测量估计方面的相关技术，其中主要介绍了测频和测向技术。

3.1 电子对抗接收机的参数测量需求

3.1.1 电子对抗接收机面临的信号环境

雷达对抗的信号环境 S 是指所处位置的各种电磁辐射、散射信号的全体

$$S = \bigcup_{i=1}^{N} s_i(t) \tag{3.1}$$

式中：N 为电磁辐射、散射源数量；$s_i(t)$ 为其中第 i 个源的信号。

3.1.1.1 脉冲信号环境

对于式(3.1)中的脉冲雷达辐射信号，可展开其射频脉冲序列

$$\begin{cases} s_i(t) = \sum_j s_{i,j}(t) \\ \sum_j s_{i,j}(t) = A_{i,j}(t - t_{i,j}) \mathrm{e}^{\mathrm{j}\varphi_{i,j}(t)} \\ A_{i,j}(t) \begin{cases} >0 & 0 \leqslant t < \tau_{i,j} \\ =0 & \text{其他} \end{cases} \end{cases} \tag{3.2}$$

式中：$s_{i,j}(t)$，$A_{i,j}(t)$，$t_{i,j}$，$\tau_{i,j}$，$\varphi_{i,j}(t)$分别为第i个雷达第j个射频脉冲信号，以及该信号的包络函数、到达时间、脉冲宽度和相位调制函数。下面分别介绍包络函数、到达时间、脉冲宽度和相位调制。

1. 包络函数 $A_{i,j}(t)$

$$A_{i,j}(t) = P_i(R_{i,r}) G_i(\alpha_{i,r}, \beta_{i,r}) G_r(\alpha_i, \beta_i) a_r(t, \tau_{i,j}) \tag{3.3}$$

式中：$P_i(R_{i,r})$，$G_i(\alpha_{i,r}, \beta_{i,r})$，$G_r(\alpha_i, \beta_i)$，$a_r(t, \tau_{i,j})$分别为距离$R_{i,r}$处收到该雷达发射脉冲的功率，雷达发射天线在接收方向$\alpha_{i,r}$，$\beta_{i,r}$的增益，侦察接收天线在雷达方向α_i，β_i的增益和归一化的脉冲形状函数。$a_r(t, \tau_{i,j})$可以表现出射频脉冲的振幅调制信息，有时为了简化描述，常用矩形脉冲函数近似

$$a_r(t, \tau_{i,j}) = \text{rect}(t, \tau_{i,j}) = \begin{cases} 1 & 0 \leqslant t < \tau_{i,j} \\ 0 & \text{其他} \end{cases} \tag{3.4}$$

2. 到达时间 $t_{i,j}$

$$t_{i,j} = t_{i,j-1} + \text{PRI}_{i,j} \tag{3.5}$$

式中：$\text{PRI}_{i,j}$为脉冲重复周期，也是雷达信号调制中相对变化范围最大、最容易、最快捷、最常使用的一项参数。其一般表述为

$$\begin{cases} \text{PRI}_{i,j} = \begin{cases} \text{PRI}_{i,1} + \delta T & 0 \leqslant j' < n_1 \\ \vdots & \vdots \\ \text{PRI}_{i,N} + \delta T & \sum_{p=1}^{n-1} n_p \leqslant j' < L-1 \end{cases} \\ L = \sum_{p=1}^{n} n_p, \quad j' = \text{mod}(j, L) \end{cases} \tag{3.6}$$

式中：$\text{mod}(j, L)$为对j按照L取模的函数；n，δT，L和n_p分别为重频参差数、抖动量、参差周期数和每种重频的脉冲数。通常，当$n>1$时，雷达称为重频参差雷达；当$n=1$，$\delta T=0$时，雷达称为固定重频雷达或常规重频雷达。

3. 脉冲宽度 $\tau_{i,j}$

$\tau_{i,j}$与雷达的作用距离、距离分辨力、工作比等具有密切的关系。许多雷达可以在改变$\text{PRI}_{i,j}$的同时更换$\tau_{i,j}$，以保持工作比不变，并获得尽可能大的威力范围。脉冲压缩雷达经过选取不同的$\tau_{i,j}$来改变脉冲压缩处理增益(带宽与时宽的乘积)，以满足远程和近程不同探测任务的需要。$\tau_{i,j}$的一般表述为

$$\tau_{i,j} = \begin{cases} \tau_{i,1} & 0 \leqslant j' < n_1 \\ \vdots & \vdots \\ \tau_{i,N} & \sum_{p=1}^{n-1} n_p \leqslant j' < L-1 \end{cases} \qquad L = \sum_{p=1}^{n} n_p, \quad j' = \text{mod}(j, L) \tag{3.7}$$

式中：n，L和n_p分别为脉宽参差数、参差周期数和每种脉宽的脉冲数。当$n>1$时，雷达称为脉冲参差雷达；当$n_p>1$时，雷达称为脉冲成组参差雷达；$n=1$时，雷达称为固定脉宽雷达。

4. 相位调制

由于频率是相位的时间导数，因此式(3.2)中的相位调制也包括频率调制。

（1）脉内相位调制。

单个雷达信号脉冲的相位调制是脉内相位调制，主要有单载频、频率分集、频率编码、线性调频、相位编码脉冲等。

（2）脉间相位调制。

除了脉内相位调制，现代雷达信号在脉冲之间的相位调制还有固定频率、捷变频、分组变频等。脉间相位调制还可以与脉内相位调制组合，形成更加复杂的雷达发射脉冲调制。例如：将脉内相位调制的单载频、线性调频、相位编码脉冲等与脉间相位调制组合，形成捷变频和分组变频。

3.1.1.2　连续波信号环境

除了脉冲雷达以外，S 中还可能存在某些连续波雷达。它们在近距离精确测速、测高、目标照射和半主动寻的制导等方面具有重要的应用。连续波雷达信号的主要幅相调制形式有两种。

1. 正弦调幅连续波信号

$$s_i(t) = u_0\big[1 + m_a\cos(\Omega t + \varphi)\big]\mathrm{e}^{jwt} \tag{3.8}$$

式中：u_0, m_a, Ω, φ 和 w 分别为调幅、调幅系数、调制信号频率、调制信号初相和载频频率，其中 Ω 远小于 w。

2. 调频连续波信号

$$s_i(t) = u_0\mathrm{e}^{j(wt+f(t))} \tag{3.9}$$

常用的调频函数 $f(t)$ 主要有锯齿波、三角波和正弦波等。

$$f(t') = \pi t^2 \quad 0 \leqslant t < T, \ t' = \mathrm{mod}(t, T) \tag{3.10}$$

$$f(t') = \begin{cases} \pi t^2 & 0 \leqslant t' < \dfrac{T}{2} \\[2mm] -\pi\mu(t-T)^2 & \dfrac{T}{2} \leqslant t' < T \end{cases} \quad t' = \mathrm{mod}(t, T) \tag{3.11}$$

$$f(t) = \Delta F\sin 2\pi Ft \tag{3.12}$$

式中：T, μ 和 ΔF 分别为调频周期、调频斜率和调频宽度。

3.1.1.3　电子对抗接收机面临的信号环境特点

现代雷达对抗信号环境具有如下特点。

（1）辐射源数量多，分布密度大，脉冲重复频率高，信号交叠严重。由于雷达和各种无线电设备的大量应用，许多雷达已经配发到单兵、单车，高价值作战平台的配置雷达数量更多，此外还有大量其他利用电磁谱的设备，使电磁辐射源的数量急剧增加，特别是在重要的军事集结地，电磁辐射源的密度可达数百个每平方千米。为了获得更好的运动目标检测、识别能力和脉冲积累处理增益，脉冲多普勒雷达的脉冲重复频率已达数百千赫兹，脉冲占空比已接近 1/3，使得同时到达信号交叠的情况非常普遍。随着信息获取和传输容量的急剧增加，许多非雷达的无线电辐射信号也越来越多，它们占用了越来越多的时间、空间和频谱范围,使雷达对抗的信号环境日益恶化。

(2)信号调制复杂,参数变化范围大,且多变、快变。雷达通过信号波形的设计和变化,可以获得目标检测、识别、跟踪和抗干扰等方面的优势。因此现代雷达普遍采用多种不同调制的发射波形和很大的参数变化范围,脉内相位调制和脉间相位调制越来越复杂,变化的速度越来越快。这对主要依靠少量、稳定、集中分布的特征参数进行辐射源检测和识别的传统雷达对抗系统,提出了严峻的挑战。

(3)低截获率雷达信号及诱饵雷达和虚假雷达信号日渐增多,正确检测识别难度大。隐真示假是雷达反侦察、抗干扰、反摧毁的重要措施。低截获率(low probability of intercept, LPI)雷达就是针对一般雷达对抗侦察系统有限的检测空间,设计其作用范围之外的发射信号,从而逃避雷达对抗系统的检测。LPI雷达采用稀布阵列发射,降低雷达发射信号的峰值功率,扩展发射信号的频谱,使其隐匿于噪声背景之中,并且缩短雷达有源工作的时间或发射脉冲宽度,使雷达对抗系统不能及时作出反应,是常用的发射信号形式。为了抗干扰和反摧毁,近年来出现了许多可精确模拟各种雷达发射信号的通用诱饵,以及可模拟某些特定雷达信号并与之协同工作的专用诱饵。这些都会降低雷达对抗侦察系统对真实辐射源的正确检测和识别能力,大量消耗雷达对抗侦察系统的对抗资源和反辐射摧毁资源。有些雷达还可以利用自己的冗余能力发射许多虚假频率和调制的信号,将真正的工作信号频率和调制方式隐匿其中,造成干扰频率引导和辐射源识别的错误。雷达主动采用的上述反侦察、抗干扰措施的技术难度并不大,实现成本也较低,但是雷达对抗侦察系统在没有其他信息系统支援的情况下,仅凭借自身的信号检测和处理能力是很难识别的。

3.1.2 电子对抗接收机的输出

电子对抗接收机必须能够从雷达发射的脉冲中获得所有需要的信息。图3-1为雷达发射的一个脉冲波形。当这个脉冲到达电子对抗接收机时,可以检测到如下信息:脉冲幅度(pulse amplitude, PA)、脉冲宽度(pulse width, PW)、脉冲到达时间(time of arrival, TOA)、载波频率(carrier frequency, CF)、到达角(angle of arrival, AOA)。在有些场合,还要对输入信号的极化方式进行检测。在实际应用中,如果输入信号的PW大于某一预先给定值(比如几十到几百微秒),即可以认为该信号是连续波信号。TOA检测就是把来自电子对抗接收机内部时钟的特殊时间标记赋值给接收脉冲的上升沿。TOA信息可以用来计算雷达的脉冲重复频率(pulse repetition frequency, PRF)。电子对抗接收机设计中的差别主要在于检测脉冲CF的技术方法上。AOA信息是最为重要的,也是最难得到的。

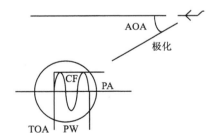

图3-1 雷达脉冲参数

电子对抗接收机的输出是脉冲描述字(pulse description word, PDW)。每部电子对抗接收机都有唯一的PDW格式,这主要取决于电子对抗接收机的设计。PDW通常包括5个参数,但每个参数占用的比特数有所不同。表3-1为只检测二进制移相键控(binary phase shift keying，BPSK）和线性调频（linear frequency modulation，LFM）信号的接收机所报告的数据格式。

表 3-1　典型的 PDW 格式

参数	范围	比特数
CF	0～32 GHz	15（1 MHz 分辨率）
PA	0～128 GHz	7（1 dB 分辨率）
PW	0～204 μs	12（0.05 μs 分辨率）
TOA	0～50 μs	30（0.05 μs 分辨率）
AOA	0°～360°	9（1°分辨率）
BPSK 信号标记		1
CHIRP 信号标记		1
总比特数		75

　　本例中，PDW 的比特数是 75 bit，有些电子对抗接收机的 PDW 比特数可能更长，但通常小于 128 bit。

　　参数取位范围是根据分辨率和总比特数得到的近似值。例如，32 GHz 可以由 2^{15} 乘以 1 MHz 得到。如果存在 2 个同时到达信号，电子对抗接收机就产生两个 PDW。这两个 PDW 具有相同的 TOA，没有必要对同时到达信号作额外的标记，因为可以通过 2 个 PDW 中的 TOA 读数来加以区分。

　　在某些特殊情况下，可能会以反序来报告 TOA 参数。例如，一个长脉冲在一个短脉冲之前到达，而长脉冲的下降沿却位于短脉冲之后，如图 3-2 所示。在这种情况下，第一个报告的 TOA 对应短脉冲；第二个报告的 TOA 对应长脉冲。

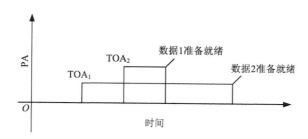

图 3-2　按反序报告的 TOA 参数

3.1.3　对电子对抗接收机的要求

　　从前两节的讨论可以知道，电子对抗接收机应该满足以下要求。

　　（1）近实时的反应。在截获一个脉冲后，通常必须在几微秒之内把所收集的信息（即 PDW）输出。

　　（2）宽的信号频率范围。输入信号频率范围（比如 2～18 GHz）经常被划分成许多子频段。这些子频段的频率被变换成统一的中频(intermediate frequency, IF)输出。电子对抗接收机以时分方式来处理所有中频输出。为了能以较快的速度处理完整个输入频段,IF 带宽必须足够宽。这就意味着电子对抗接收机的瞬时带宽必须宽。瞬时带宽是指在这一带宽内的所有能量足够大的信号都能同时被检测到。电子对抗接收机的最佳带宽目前还无法确定,因为这取决于输入信号环境等因素。如果需要优化的参数太多,就可能达不到最短反应时间,现在确定带宽的方法是采用尽可能宽的带宽。

(3)同时到达信号的处理能力。如果一个以上的脉冲在相同时间到达接收机,那么该接收机应该获得所有脉冲的信息,接收机处理的最大同时到达脉冲数一般为 4 个。

(4)合理的灵敏度和动态范围。灵敏度越高,检测距离越远,可以提供的反应时间更长,或者可以从天线旁瓣检测雷达信号,而大的动态范围可以无失真地接收同时到达信号。在设计接收机时,这两个参数是互相制约的,高的灵敏度往往导致动态范围降低。所以,通常需要对这两个参数折中处理。

3.2 电子对抗接收机参数测量的体制概述

3.2.1 模拟电子对抗接收机

按照习惯,模拟电子对抗接收机从其结构形式可分成六类:晶体视频接收机、超外差接收机、瞬时频率测量(instantaneous frequency measurement, IFM)接收机、信道化接收机、压缩(微扫)接收机和布莱格接收机。输入信号通过晶体检波器转换成视频信号,进一步处理产生包含所有参数的 PDW。从这个角度看上述分类有些牵强,比如信道化接收机可以采用超外差技术,而数字接收机也可以采用信道化方法。由于晶体视频接收机和超外差接收机不能处理同时到达信号,故本章不讨论这两种类型的接收机。

信道化接收机、压缩接收机和布莱格接收机最直观的特点是都能处理同时到达信号。这些接收机中的最关键部分是参数编码器,如图 3-3 所示。

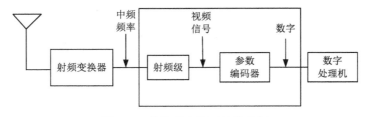

图 3-3　传统的电子对抗接收机

接收机的前端(从射频输入到视频输出)设计通常比较容易满足要求,但把这些视频输出变换为数字化频率数据时,往往会产生问题,比如输出错误的频率,而这些错误的频率往往是由处理同时到达信号的接收机产生的。在所有经过精心设计的接收机中,参数编码器和射频前端都被设计在一起并组成一个独立的单元。

1. IFM 接收机

IFM 接收机虽然不能处理同时到达信号，但在瞬时带宽、频率测量精度、体积重量和成本等方面具有很大的优势。IFM 接收机主要利用晶体检波器的非线性特性来产生输入信号的自相关函数，相关器(或者叫鉴频器)是 IFM 接收机的核心，其基本结构如图 3-4 所示。

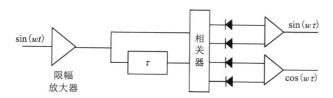

图 3-4　IFM 接收机的基本结构

延时为 τ 的延迟线和相关器组合在一起，产生延时为 τ 的输入信号的自相关函数，并用来确定输入频率。从理论上来说，只要能够获得多个延迟不同的自相关函数，就能解决多信号问题，所以 IFM 接收机应该可以解决处理同时到达信号产生的问题。也有很多学者尝试提高 IFM 接收机处理同时到达信号的能力，但到目前为止进展不大，其主要原因是实际的接收机在其相关器内有 4 个晶体检波器，每个检波器大约有 15 dB 的动态范围。为了增大接收机的单频动态范围，在相关器前端要使用限幅放大器，而限幅放大器是非线性器件，如果只有一个信号，则非线性器件输出的最大信号就是真实信号，如果存在多个信号，则其非线性效应就不能忽略，其结果是相关器的输出不再是理想的多信号的自相关函数。

2. 信道化接收机

信道化接收机的原理是采用滤波器组来分选不同频率的信号，在滤波器输出后接放大器来提高接收机的灵敏度。在滤波器组之后设置放大器不会影响其动态范围，而且灵敏度可以得到提高。滤波器组后的每个信道上一般只有一个信号存在，所以互调并不是问题。如果一个信道上同时有两个信号，则这种输入条件超出了信道化接收机的能力范围，有可能会给出错误的频率信息。在滤波器组之后接的放大器通常有限幅放大器和对数视频放大器两种类型。对数视频放大器可以用来测量滤波器组输出端的脉冲幅度信息，使用限幅放大器测量幅度信息时，幅度信息会丢失，此时脉冲幅度信息必须在接收机的另一处进行测量。

为了求得输入信号的中心频率，比较直观的方法是找到具有最大输出的滤波器并与其相邻的两个滤波器相比。如果要求的动态范围小，则此方法能正确地给出频率信息，如果要求的动态范围大，则此方法通常会产生杂散响应，如图 3-5 所示。

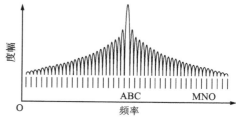

图 3-5　频谱显示和滤波器组

图 3-5 为方波脉冲的频谱，其中有一个主瓣和多个副瓣。靠近主瓣的相邻副瓣之间的能量差相对来说要明显一些，远离主瓣的两个相邻副瓣之间的能量差则非常小。如图 3-5 所示，当滤波器 A，B，C 靠近主瓣时，几个滤

波器的输出幅度差别较大，可以测出正确的频率。滤波器 M，N，O 远离主瓣，在输出滤波器结果时会产生虚假的频率。要使信道之间的增益均衡非常复杂，当所要求的瞬时动态范围比较小时，远离主瓣的滤波器输出可以忽略不计，同时也可以避开杂散响应。

在很多信道化接收机设计中，都采用某种技术来确定一个信号是在给定滤波器的带内还是带外。这些方法并不对相邻滤波器的输出进行比较，只用到单个滤波器的输出，即采用信号通过滤波器时的时域响应来作出判断。滤波器之后的电路可用来测量输出波形，如果输出波形符合一定准则，信号频率就被认为位于该滤波器允许的频率范围之内，否则就认为位于滤波器允许的频率范围之外。对于这种设计，用于检测的带宽通常比滤波器间隔宽 1.5 倍，以避免信道边界发生混叠；其频率分辨率是滤波器间隔的一半。

3.2.2　数字电子对抗接收机

随着模数转换器(analogue to digital conversion，ADC)的发展和数字信号处理器速度的提高，当前的研究重点主要集中在数字电子对抗接收机方面。其工作原理：首先把输入信号变频为中频信号，然后用一个高速多比特 ADC 对其进行数字化，并采用数字信号处理技术产生满足使用需求的 PDW。

数字电子对抗接收机的优势主要体现在数字信号处理技术。信号被数字化后，随后的处理中都将使用数字，数字信号处理技术不存在模拟电路中的温度漂移、增益变化或直流电平漂移等现象，具有更好的稳定性，无须采用过多的校正措施。如果采用高分辨率频谱估计技术，可以使频率分辨率很细。许多频谱估计方法所能达到的结果，比如在高信噪比条件下与 Cramér-Rao 界相比拟，是模拟接收机不可能达到的。

数字电子对抗接收机的功能如图 3-6 所示。ADC 输出的是数字化的时域数据，为了估计电子对抗侦察干扰的频率信息，时域数据必须转换为频域数据。图 3-6 为了强调这一处理过程，特意把参数编码器从频谱估计器中独立出来，利用参数编码器把频率信息变换为所期望的 PDW。

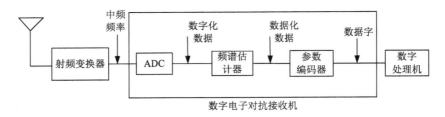

图 3-6　数字电子对抗接收机的功能

数字电子对抗接收机研究的两大领域是增加瞬时带宽和实现实时处理能力。这两个方面都可以通过提高 ADC 采样速度和数字信号处理速度来达到。奈奎斯特定理限制了输入带宽的增加，例如为了覆盖 1 GHz 的实数据(相对于复数据而言)，ADC 至少应当工作在 2 GHz。现在的 ADC 无论是工作速度还是量化比特数都在以惊人的速度增长，但是要同时达到大带宽、高量化比特这两项要求仍为学术界的难题与研究热点。

当前，数字电子对抗接收机的主要问题是如何处理 1 GHz 以上的 ADC 输出数据。一种可行的方法是对 ADC 输出进行多路切换。例如，如果 ADC 工作在 1 GHz，快速傅里叶变换(fast Fourier transform，FFT)芯片只能工作在 250 MHz，则可以把 ADC 的输出分成四路并行输出，分别馈送给接在每一输出口的 FFT 芯片。另外一种方法是采用常规的多率数字滤波器设计技术，这种方法需要对 ADC 的输出进行多路切换，然后用并行滤波器来分选信号。

　　构建宽带接收机的一种比较复杂的方法是采用多部窄带接收机，将窄带接收机组合在一起，以覆盖整个瞬时带宽。这种方式需要对所有接收机的输出进行综合处理，以确定输入信号的个数及其中心频率，本质上与模拟信道化接收机的设计准则是类似的。

3.2.3　电子对抗接收机性能指标

　　本节给出电子对抗接收机的部分关键性能指标，这些指标既适用于模拟接收机，也适用于数字接收机。

1. 单信号

　　(1)频率数据分辨率：频率测量数据的最小步长。

　　(2)频率测量准确度：频率测量值与输入频率之间的差值。

　　(3)频率测量精度：频率测量的可重复性。

　　(4)虚警率：在接收机输入端无信号时，单位时间内报告的虚警次数。

　　(5)灵敏度：接收机可以对其进行正确检测和编码的最小信号功率。

　　(6)动态范围：在接收机不产生虚假响应时所能正确检测的最大信号功率与灵敏度信号功率之比。

　　(7)脉冲幅度数据分辨率：脉冲幅度测量数据的最小步长，通常用 dB 来表示。

　　(8)脉冲宽度数据分辨率：脉冲宽度测量数据的最小步长，通常脉冲宽度的测量单位是不统一的。高的脉冲宽度数据分辨率可以测量短脉冲，低的脉冲宽度数据分辨率可以测量长脉冲。

　　(9)到达角数据分辨率：AOA 测量数据的最小步长。

　　(10)到达时间数据分辨率：TOA 测量数据的最小步长，TOA 测量是以接收机的内部时钟作为参考。

　　(11)吞吐率：接收机在单位时间内可以处理的最大脉冲数。

　　(12)阴影时间：接收机对相邻的两个脉冲进行正确编码时，脉冲的下降沿与下一个脉冲的上升沿之间的最小时间间隔，这个参数通常与 PW 有关。

　　(13)延迟时间：脉冲到达接收机的时间到接收机输出数据字的时间差。

2. 两个同时到达信号

　　为使讨论简化，以下定义仅适用于相同脉宽和时间上重合的两个输入信号。

　　(1)频率分辨率：接收机可以对入射角相同且同时到达的两个信号进行正确编码的最小频率间隔。

　　(2)无杂散动态范围：接收机可以对其进行正确编码且不会产生可检测三阶互调分量的最大信号电平与灵敏度信号电平的功率之比。当两个频率为 f_1 和 f_2 的强信号到达接收机

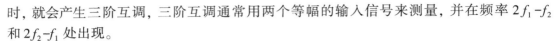

时，就会产生三阶互调，三阶互调通常用两个等幅的输入信号来测量，并在频率 $2f_1-f_2$ 和 $2f_2-f_1$ 处出现。

（3）瞬时动态范围：接收机可以对同时接收到的一个最大信号和一个最小信号进行正确编码时，这两个信号的功率之比。

（4）到达角分辨率：接收机可以对在相同频率上两个辐射源进行正确编码时，这两个信号的最小间隔角度。

3.3 辐射源参数测量关键技术

3.3.1 数字电子对抗接收机测频

对雷达信号频率测量技术的基本分类如图 3-7 所示。

图 3-7 对雷达信号频率测量技术的基本分类

对雷达信号频率的测量可以采用模拟接收机、数字接收机和模拟/数字混合接收机，以及信号处理技术实现。一类测频技术是直接在频域进行的，包括搜索频率窗和毗邻频率窗。搜索频率窗为一可调谐中心频率的带通滤波器，其瞬时带宽 $\Delta\Omega_{RF}$ 较小，通过 $\Delta\Omega_{RF}$ 的通带中心频率在 Ω_{RF} 内的调谐，选择和测量输入信号频率即可实现信号频率测量。毗邻频率窗为一组相邻的带通滤波器 $\{\Delta\Omega_{RF_i}\}$ 覆盖 $\Delta\Omega_{RF}$。另一类测频技术是将信号频率单调变换到相位、时间、空间等其他物理域，再通过对变换域信号的测量得到原信号频率。

频率测量的主要技术指标为：

（1）频率测量范围 Ω_{RF}：测频系统最大可测的雷达信号频率范围。

（2）瞬时带宽 $\Delta\Omega_{RF}$：任一瞬间最大可测的雷达信号频率范围。

（3）频率分辨力 Δf：其能够测量和区分两个同时不同频率信号间的最小频率差。

（4）频率测量精度 δf：频率测量值与频率真值之间的偏差。

如果 $\Omega_{RF}=\Delta\Omega_{RF}$，则系统称为频率瞬时宽开的测频系统，$\delta f$ 常用均值（系统误差）和均方根值（随机误差）表示。

除了上述主要技术指标外，频率测量的技术指标还有可靠性、尺寸、重量、成本等。

3.3.1.1 搜索式超外差测频技术

搜索式超外差接收机的工作原理是利用中频放大器（中放）的高增益和优良的频率选

择特性，对本振与输入信号变频后的中频信号进行检测和频率测量。变频后的中频信号可以保留窄带输入信号中的各种调制信息，消除了变频前输入信号载频的巨大差异，便于进行后续的各种信号处理，特别是数字信号处理。因此它被广泛地应用于各种电子对抗接收机，其频率搜索主要是对变频本振的调谐和控制。

搜索式超外差接收机的基本组成如图 3-8 所示。

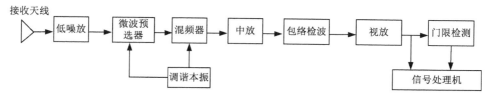

图 3-8　搜索式超外差接收机的基本组成

雷达信号通过接收天线、低噪声放大器(低噪放)进入微波预选器。信号处理机根据需要分析的输入信号频率 f 设置调谐本振频率 $f_L(t)$、微波预选器当前中心频率 $f_R(t)$ 和通带 $B(t)$，使它们满足下列关系

$$
\begin{cases}
B(t) = \left[f_R(t) - \dfrac{1}{2}\Delta\Omega_{RF}, \ f_R(t) + \dfrac{1}{2}\Delta\Omega_{RF} \right] \\
f_L(t) - f_R(t) \equiv f_i, \ \forall t
\end{cases}
\tag{3.13}
$$

式中：f_i 为中放的中心频率；$\Delta\Omega_{RF}$ 为中放带宽。如果 f 位于 $B(t)$ 内，则信号可以通过微波预选器、混频器、中放、包络检波和视频放大器(视放)等环节，如果输出视频脉冲包络信号 $E(t)$ 大于检测门限，可启动信号处理机测量信号的频率 $f_R(t)$，使之满足下列关系

$$
f_R(t) = f_L(t) - f_i
\tag{3.14}
$$

还可以启动对信号到达时间、脉冲宽度、幅度、方向等参数的测量电路，形成对单个射频脉冲检测的 PDW。如果 $f \notin B(t)$ 或其功率低于灵敏度，则不会发生门限检测和 PDW 输出。式(3.14)中，使 $f_R(t)$ 与 $f_L(t)$ 保持差值恒定的方法称为频率统调，其主要作用是防止超外差接收机的寄生信道干扰。

在混频器中，不仅有主信道，还有很多寄生信道，可能造成测频错误。通常称这种干扰为混频器的寄生信道干扰，或混频器组合干扰。

如果在混频器的输入端同时加入信号 f_R 和本振信号 f_L，受混频器的非线性作用，在输出端可能有许多频率的信号。产生中频信号 f_i 时，其一般关系式为

$$
f_i = mf_L + nf_R
\tag{3.15}
$$

式中：m、n 为任意整数。在一般情况下，输入射频信号电平比本振电平低得多，所以只考虑其基波分量，即 $n = \pm 1$；由于本振高次谐波远离中频信号，其影响甚微，故只考虑 $m = \pm 1$ 的情况。图 3-9 为主信道与镜像信道的关系。

图 3-9　主信道与镜像信道的关系

设 $m = 1$，$n = -1$ 时的情况为主信道，即有用信号为

$$
f_i = f_L - f_R
\tag{3.16}
$$

$m=-1$，$n=1$ 时的情况为镜像干扰信道，即镜像为

$$f_m = f_R = f_L + f_i \tag{3.17}$$

在接收机中，通常用镜像抑制比 d_{ms} 来衡量混频器对镜像信道干扰的抑制能力。其定义为：分别保持主信道和镜像信道的输入射频信号功率不变，主信道输出的信号功率 P_{so} 与镜像信道输出的干扰功率 P_{mo} 之比，称为镜像抑制比，即

$$d_{ms} = \frac{P_{so}}{P_{mo}} \tag{3.18}$$

d_{ms} 也可以定义为：保持混频器输出幅度不变，镜像信道的输入功率 P_{mi} 与主信道的输入功率 P_{si} 之比，称为镜像抑制比，即

$$d_{ms} = \frac{P_{mi}}{P_{si}} \tag{3.19}$$

对于线性系统和准线性系统，以上两个定义是等价的。

为了保证镜像干扰不引起测频误差，必须有足够大的镜像抑制比，一般要求 $d_{ms} \geq 60$ dB。消除镜像干扰的方法如下。

（1）提高射频电路的选择性，抑制镜像信道。

（2）预选器和本振统调。在搜索过程中，预选器跟随本振调谐，始终保持预选器通带对准所需要侦收的频率，阻带对准镜频信道，实现单信道接收。

（3）采用宽带滤波—高、中频接收。用固定频率的宽带滤波器取代窄带可调预选器，同时提高中频，将镜像信道移入滤波器的阻带，抑制镜频信号，保证单信道接收。

$$f_i > 0.5(f_1 - f_2) \tag{3.20}$$

式中：f_i，f_1，f_2 分别为接收机的中频，侦收波段的最低频率，侦收波段的最高频率。这种方法用提高中频频率的代价换得调谐电路的简化，使接收机的带宽摆脱了窄带预选器的限制，构成宽带超外差接收机。

（4）采用镜像抑制混频器。这是一种双平衡混频器。在主信道上，两个混频器输出同相相加，在镜像信道上，两个混频器输出反相相减，实现单信道接收。

（5）采用零中频技术。把中频降到零，使镜像信道与主信道重合，变成单一信道。这种零中频技术使中频电路简化（中放变成视放），如果采用正交双通道处理，则更易于采用数字技术进行记录和仔细分析。

（6）采用逻辑识别。主信道与镜像信息的信号频率差值为两倍中频频率，对于某个辐射源，如果有两次接收，且频差为两倍中频频率，则其中必有一个是镜像干扰。这种方法的缺点是不能实现单脉冲测频。

3.3.1.2 比相法测频技术

比相法测频是一种宽带、快速的测频技术，也称为瞬时测频技术。它通过射频延迟将频率变换成相位差，由宽带微波相关器将相位差转换成电压，再经过信号处理，输出信号频率测量值。

比相法测频的基本组成如图 3-10 所示。

输入信号经过功分器分成为两路：一路直接进入宽带微波相关器，另一路经过射频延迟 T 后再进入宽带微波相关器，形成两路信号的相位差，即

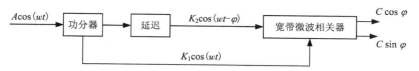

图 3-10 比相法测频的基本组成

$$\varphi = wT \tag{3.21}$$

在宽带微波相关器中，两信号经过正交相位检波，输出一对相位差信号

$$U_I = C\cos\varphi, \quad U_Q = C\sin\varphi \tag{3.22}$$

利用式(3.23)可求得$[0, 2\pi)$区间内的相位差φ

$$\begin{cases} \varphi = \varphi' + \begin{cases} 0 & U_I > 0, U_Q \geqslant 0 \\ \pi & U_I \leqslant 0 \\ 2\pi & U_I > 0, U_Q \leqslant 0 \end{cases} \\ \varphi' = \arctan\dfrac{U_Q}{U_I} \in \left[-\dfrac{\pi}{2}, \dfrac{\pi}{2}\right] \end{cases} \tag{3.23}$$

由于宽带微波相关器输出信号的相位φ与被测信号频率w成正比，在T确知的条件下，利用U_I，U_Q的极性和数值测得φ，就可确定w

$$\begin{cases} w = \dfrac{\varphi}{T} + \dfrac{2\pi}{T}k \quad k = \begin{cases} k_1 & \varphi \geqslant \varphi_1 \\ k_1 + 1 & \varphi < \varphi_1 \end{cases} \\ k_1 = \mathrm{int}(\dfrac{w_1 T}{2\pi}) \quad \varphi_1 = \mathrm{mod}(w_1 T, 2\pi) \end{cases} \tag{3.24}$$

式中：w_1为测量信号频率的最小值。由于相位的无模糊测量范围仅为$[0, 2\pi)$，限制了比相法测频的无模糊测频范围，则

$$\Omega_{\mathrm{RF}} \leqslant \frac{1}{T} \tag{3.25}$$

为了保证信号在相关器中具有足够的相关时间，延迟时间T和信号处理时间T_s之和必须小于信号脉冲宽度τ。

$$T + T_s \leqslant \tau \tag{3.26}$$

比相法测频技术的信号处理有极性量化法和 AD 量化法两种。

1. 极性量化法

极性量化法是根据宽带微波相关器输出信号的正负极性进行信号频率测量和编码输出的。直接对U_I，U_Q进行极性量化和频率编码，只能将$[0, 2\pi)$量化为 4 个区间。为了提高量化位数，可以利用三角函数的性质，对U_I，U_Q进行适当的加权处理，产生各项需要的相位细分：

$$\begin{cases} U_I\cos\alpha + U_Q\sin\alpha = C\cos(\varphi - \alpha) = U_I(-\alpha) \\ U_Q\cos\alpha - U_I\sin\alpha = C\sin(\varphi - \alpha) = U_Q(-\alpha) \end{cases} \tag{3.27}$$

常用的相位细分有$\alpha=45°$、$\alpha=22.5°$、$\alpha=11.25°$等，细分越多，输出频率的表示精度越高。由于细分是由高速宽带模拟电路担任的，在宽频带内，相关器的相位误差和细分电路的相位误差都会影响相位细分的精度。因此工程中常用的相位细分都不大于 11.25°。对 U_I，U_Q 和它们派生出来的各项相位细分信号进行极性量化(符号函数 sgn x)，可以将 $[0, 2\pi)$ 相位区间量化成更多的子区间，每个子区间分别对应不同的输入信号频率，形成信号频率编码。

2. AD 量化法

AD 量化法直接对信号电压 U_I，U_Q 进行模数转换(ADC)，将模拟信号转换成为数字信号，再按照式(3.23)计算相位差 φ，按照式(3.24)计算信号频率 w。由于 ADC 的量化位数远高于极性量化的位数，因此在相同条件下，AD 量化法具有较高的测频精度。

在实际应用中，数字式瞬时测频接收机既要满足测频范围 ΔF 的要求，又要满足频率分辨力 Δf 的要求，于是，量化单元数 $n = \Delta F / \Delta f$。比相法测频的核心器件为鉴相器，鉴相器可分为两路鉴相器和多路鉴相器。

两路鉴相器的并行运用如图 3-11 所示，第二路迟延线长为第一路的 4 倍(即 $T_1 = T$，$T_2 = 4T$)。短迟延线支路单值测量，其输出码为频率的高位码，不模糊带宽 $\Delta F = 1/T$。长迟延线增长了 3 倍，故在迟延线上可以有 4 个波长，每个周期量化成 8 个单元，共量化成

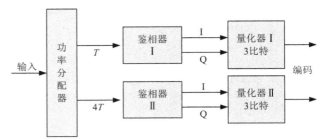

图 3-11 两路鉴相器的并行运用

32 个单元。每个单元宽度决定分辨力，即 $\Delta f = \Delta F / (2^3 \cdot 4)$。

对于多路鉴相器的并行运用，频率分辨力的一般表达式为

$$\Delta f = \frac{\Delta F}{2^m \cdot n^{k-1}} = \frac{1}{2^m \cdot n^{k-1} \cdot T} \qquad (3.28)$$

式中：m 为低位鉴相器支路量化比特数；n 为相邻支路鉴相器的迟延时间比；k 为并行运用支路数。在实际应用中，并行运用支路数不宜太多，否则体积过大，通常 $k = 3$ 或 4。低位鉴相器支路量化比特数 m 也不宜过大，否则鉴相器难以制作，通常 $m = 4 \sim 6$。相邻支路鉴相器的迟延时间比也不宜过大，否则校码难以进行，通常 $n = 4$ 或 8。

在数字式瞬时测频接收机中，各路量化器输出的是几组互不制约的频率代码。受鉴相器中各个具体电路特性与理想特性偏离、输入信号幅度起伏，以及接收机的内部噪声等的影响，信号的过零点时刻将出现超前或滞后情况，从而引起极性量化的错位。尤其是正弦电压和余弦电压通过零点时不陡直，更会加剧这种效应。为了将这些分散的频率代码变为二进制频率码，在编码过程中，必须低位校正高位。就极性量化器来说，高位正余弦信号过零点的斜率小，灵敏度低，低位正余弦信号过零点的斜率大，灵敏度高，因此，用低位校正高位，能够满足测频精度的要求。

3.3.1.3 信道化测频技术

信道化测频技术是利用毗邻的滤波器组对输入信号进行频域滤波和检测的测频技术，可以采用模拟滤波器组或数字滤波器组实现。随着电子技术的发展，模拟信道化测频技术

逐渐被数字信道化测频技术取代,这里主要介绍数字信道化测频技术。

数字信道化测频是利用宽带数字接收机和数字信号处理技术测量和分析输入信号频率的技术。由于直接进行数字处理的射频带宽有限,数字信道化测频前须通过模拟接收前端,将需要处理的射频信号变频到一定的基带 $[f_1, f_2]$,再经过模数转换器(ADC)成为基带数字信号。为了扩展处理带宽,通常采用图 3-12 所示的零中频正交双通道处理系统,如果有门限检测信号支持,则数字信道化测频仅在包络时间内进行,否则必须全时进行。

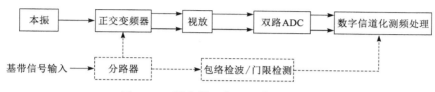

图 3-12　零中频正交双通道处理系统

基本的数字信道化测频主要采用加窗短时傅里叶变换(short time Fourier transform, STFT)算法。为了提高 STFT 处理的速度,主要采用专用处理芯片或现场可编程门阵列(field programmable gate array, FPGA)器件实现。FPGA 器件能够直接支持的 STFT 算法速度有限,为此,工程中经常采用一种抽样降速/并行滤波的算法,如图 3-13 所示。

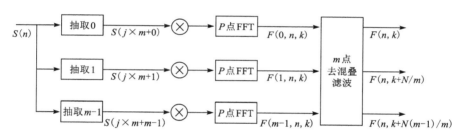

图 3-13　采样抽取降速/并行滤波的 STFT 滤波器结构

该算法的主要优点是通过抽取降低了 STFT 运算处理的速度,便于 FPGA 器件实现。目前,常用数字信道化测频的瞬时带宽约为 1 GHz,频率分辨率为 10 MHz,时间分辨率为 0.1 μs。

STFT 滤波后形成了 N 个信道的滤波输出,对每个信道的输出信号功率进行门限检测,以判断此时该信道是否存在信号。在判为有信号存在的情况下,估计信号频率为

$$\begin{cases} d_k(n) = \begin{cases} 0 & |F(n, k)|^2 \geqslant V_k \\ 1 & |F(n, k)|^2 < V_k \end{cases} & k = -\dfrac{N}{2}, \cdots, 0, \cdots, \dfrac{N}{2} \\ f_{RF} = \dfrac{k}{TN} & -\dfrac{N}{2} < k < \dfrac{N}{2}, \, d_k(n) = 1 \end{cases} \tag{3.29}$$

式中:V_k 为信道 k 的检测门限。V_k 可对所在环境中各个频段内外噪声的情况进行预先标定,也可在对当前实际信号环境统计分析后实时标定。

3.3.1.4 基于压缩感知的数字接收机测频技术

信号的频率测量是信号处理的主要内容之一，传统的频率测量方法主要有两大类：功率谱密度估计方法和基于匹配追踪分解的频率估计算法。功率谱密度估计方法是对有限能量的信号通过考察其能量在频域的分布，得到信号的频率估计。该类方法有很多种，其中最普遍和最成熟的是基于快速傅里叶变换（FFT）的功率谱密度估计算法。该方法的局限性包括其只适用于稳态信号的分析、存在固有分辨率的限制及无法兼顾高低频率信号等。

基于匹配追踪分解的频率估计算法，利用匹配追踪分解原子的频率特性，对信号进行频谱估计。这类方法能够实现对信号参数的精确估计，但存在匹配追踪的采样点多的问题。压缩感知理论与传统采样完全不同，它可以对信号直接进行压缩采样，压缩采样后的信号包含了原有的大采样信号的主要部分，通过少量的压缩采样后的数据就可以对信号进行精确重构。

假设复信号 $x(t)$ 是由 η 个频率不同的信号 s_i 组成

$$x(t) = \sum_{i=1}^{\eta} \alpha_i s(f_i, t, \varphi_i) + n_i(t) \tag{3.30}$$

式中：$s(f_i, t, \varphi_i)$ 为已知信号 $x(t)$ 的第 i 个信号 s_i；f 为该信号的频率；φ_i 为信号的相位；$n_i(t)$ 为加性高斯白噪声。令 $\varphi_i = 0$，则第 i 个信号为 $s(f_i, t)$，该复信号表示为

$$x(t) = \sum_{i=1}^{\eta} \alpha_i s(f_i, t) + n_i(t) \tag{3.31}$$

信号 $x(t)$ 经过压缩采样后得到的观测值 y 为

$$y = \boldsymbol{\Phi} x(t) = \boldsymbol{\Phi} \sum_{i=1}^{\eta} \alpha_i s(f_i, t) + \boldsymbol{\Phi} n_i(t) \tag{3.32}$$

假设稀疏基 $\boldsymbol{\Psi}$ 是由不同频率分量的单个信号 s_i 组成的，即

$$\boldsymbol{\Psi} = [s_1, s_2, \cdots, s_N] \tag{3.33}$$

式中：$s_i = s(f_i, n\nabla t)$，式（3.32）写成矩阵形式为

$$y = \boldsymbol{\Phi}\boldsymbol{\Psi}\boldsymbol{\alpha} + V \tag{3.34}$$

式中：$\boldsymbol{\Phi}$ 为压缩感知的测量矩阵；$\boldsymbol{\Psi}$ 为稀疏基矩阵；$\boldsymbol{\alpha}$ 为变换系数向量；V 为加性高斯白噪声经过观测矩阵后的压缩值，即 $V = \varphi n_1(t)$。

令 $X = \boldsymbol{\Psi}\boldsymbol{\alpha}$，可得

$$y = \varphi X + V \tag{3.35}$$

将式（3.34）中的稀疏基 $\boldsymbol{\Psi}$ 选为冗余原子库，可以实现对信号 $x(t)$ 的非常简洁的表达（即稀疏表示）。

通过基追踪、匹配追踪、正交匹配追踪等算法求解式（3.34），可确定前 η 个最大的变换系数，进而确定这些系数的位置 $\Delta 1$，$\Delta 2$，$\cdots$，$\Delta \eta$。这前 η 个最大的变换系数的位置 $\Delta 1$，$\Delta 2$，$\cdots$，$\Delta \eta$ 对应的冗余字典中该位置的原子分别是和相应的信号 $s_i(t)$ 最为匹配的向量。也就是说，该原子的频率与信号 $s_i(t)$ 最为接近。通过在原子库中查找这 η 个位置的原子频率就可以估计出这 η 个信号频率，这 η 个位置的原子频率就是要求的 η 个信号频率。

以正弦信号为例，对强噪声中的正弦信号的频率进行估计，由上面的叙述可知，在信号参数估计中，需要建立原子库，原子库中的原子形式为

$$\boldsymbol{\varPsi} = \left[\psi_1, \psi_2, \cdots, \psi_N\right] \tag{3.36}$$

式中：$\psi_i = \sin(2\pi f_i t + p_i)$。该原子库的特点是以频率进行分段，不同的段代表不同的频率。

设待估计频率的信号 $x(t)$ 是由 3 个正弦信号组成的复信号，频率分别为 50 MHz、100 MHz、200 MHz，幅度分别为 0.5、0.6、0.6，观测时间为 80 ns，经过压缩感知后的观测值 $M=64$，等效采样频率为 200 MHz，远小于奈奎斯特采样频率，加入零均值的高斯白噪声，白噪声与信号 $x(t)$ 的信噪比分别为 10 dB 和 20 dB。

图 3-14 为信噪比为 20 dB 时接收信号在原子库上的投影。3 个最大投影值对应的频率值分别为 50 MHz、100 MHz、200 MHz。图 3-15 是信噪比为 10 dB 时接收信号上的投影，3 个最大投影值对应频率值分别为 50 MHz、100 MHz 和 200 MHz。由图 3-14 和图 3-15 可以看出，该方法可以用少量观测信号，估计出原始信号的频率，并且噪声对方法的影响不大。

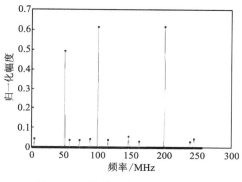

图 3-14　信噪比为 20 dB 时接收
信号在原子库上的投影

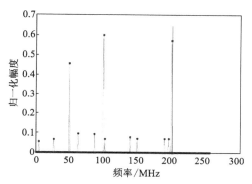

图 3-15　信噪比为 10 dB 时接收
信号在原子库上的投影

3.3.2　数字电子对抗接收机测向

雷达信号的来波方向和位置是雷达对抗中非常重要的信息。对雷达信号的测向就是测量雷达辐射电磁波信号等相位面波前的方向，对雷达信号的定位就是确定其发射天线及雷达系统在空间中的地理位置。有效的雷达信号到达方向测量对信号分选和识别、引导干扰方向、引导武器系统攻击，以及为作战人员提供告警信息等方面都具有极其重要的意义。

雷达信号测向方法可分为振幅法测向、相位法测向和时差法测向。在测向时，一般测向天线的孔径都远小于它与辐射源的距离，到达天线的电磁波近似满足平面波波前的条件。雷达信号测向主要测量来波的方位，只有少量侦察系统能够同时测量方位和仰角。如果不加特别说明，本章的测向主要是指测量来波的方位角。

测向系统的主要技术指标有测向范围 Ω_{AOA}、瞬时视野 $\Delta\Omega_{\mathrm{AOA}}$、测向精度 $\delta\theta$、测向分辨率 $\Delta\theta$、测向时间 t_{A}、方向截获概率 P_{IA}、方向截获时间 T_{IA}、测向灵敏度 s_{Amin} 和测向动态范围 D_{A}。

测向范围 Ω_{AOA} 是指测向系统最大可测的来波信号方向范围。

瞬时视野 $\Delta\Omega_{AOA}$ 是指任一时刻最大可测的来波信号方向范围。

测向精度 $\delta\theta$ 一般以测向误差的均值(系统误差)和均方根值(随机误差)表示。系统误差主要是由系统失调引起的,在一定的条件下,可以通过系统的多维参量标校而降低。随机误差主要是由系统的内外噪声引起的,测向时应尽可能提高信噪比。

测向分辨率 $\Delta\theta$ 是指能够被区分开的两个同时不同方向来波间的最小方向差。

测向时间 t_A 是来波到达侦察接收机至接收机输出测向值所用的时间。

方向截获概率 P_{IA} 是指在方向截获时间 T_{IA} 内完成对给定信号方向测量任务的概率,T_{IA} 为对给定信号的方向测量达到指定 P_{IA} 需要的时间,两者互为条件。

测向灵敏度 s_{Amin} 是指侦察接收机完成测向任务所需的最小输入信号功率。

测向动态范围 D_A 是指允许的最大输入信号功率。

3.3.2.1 振幅法测向

下面以波束搜索法测向说明振幅法测向的原理,波束搜索法测向如图 3–16 所示。

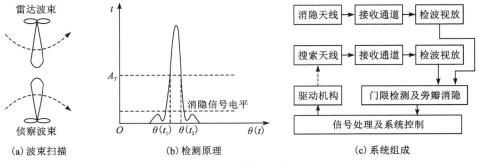

图 3–16 波束搜索法测向

侦察测向天线以波束宽度 θ_r、扫描速度 v_r 在测向范围 Ω_{AOA} 内进行连续搜索。接收通道可以采用超外差、射频调谐或数字接收方式。当接收机输出的雷达信号幅度 $A_m[\theta(t_1)]$ 首次高于检测门限 A_T,且高于消隐天线和接收通道提供的消隐信号电平 $A_a[\theta]$ 时,记下此时的天线指向 $\theta(t_1)$;当 $A_m[\theta(t_1)]$ 即将低于 A_T,且高于 $A_a[\theta]$ 时,记下此时的天线指向 $\theta(t_2)$;信号处理以其平均值作为 $[t_1,t_2]$ 时间内雷达辐射源所在角度的估计 $\hat{\theta}$

$$\hat{\theta} = \frac{\theta(t_1) + \theta(t_2)}{2} \tag{3.37}$$

消隐天线一般为非搜索的全向天线或宽波束天线。其接收通道提供的消隐信号电平高于搜索天线的最大旁瓣电平,目的是防止强信号造成搜索天线旁瓣的测向错误。在搜索过程中,雷达发射波束和侦察波束都会在对方的方向上驻留一定的时间,如果需要双方波束互指足够的时间才能达到测向灵敏度和测向时间的要求,则能否通过搜索法准确测向会演变为随机事件,因为波束互指是一个随机事件。

为了提高方向截获概率,侦察天线必须尽可能利用雷达的各种先验信息,并由此制定合适的搜索方式和搜索参数。

搜索法测向的误差主要有系统误差和随机误差。其中,系统误差主要来源于测向天线的装配误差、波束畸变和非对称误差等，可以通过各种系统标校减小系统误差。这里主要分析随机误差。

测向系统的随机误差主要来自测向系统中的噪声。如图 3-17 所示，受噪声影响，检测门限的角度 $\theta(t_1)$、$\theta(t_2)$ 出现了偏差 $\Delta\theta_1$、$\Delta\theta_2$，通常其均值为零。由于 t_1、t_2 的时间间隔较长，可认为 $\Delta\theta_1$、$\Delta\theta_2$ 是互相独立、同分布的，则方向测量均值 $\hat{\theta}$ 是无偏的，数学期望为

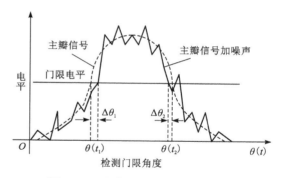

图 3-17　噪声对测向误差的影响

$$E\left[\hat{\theta}\right] = \overline{\theta} = E\left[\frac{\theta(t_1) + \Delta\theta_1 + \theta(t_2) + \Delta\theta_2}{2}\right] = \frac{\theta(t_1) + \theta(t_2)}{2} \tag{3.38}$$

测量方差为

$$\sigma_{\overline{\theta}}^2 = E\left[(\hat{\theta} - \overline{\theta})^2\right] = \frac{1}{2}E\left[\Delta\theta^2\right] = \frac{1}{2}\sigma_\theta^2 \tag{3.39}$$

设噪声电压均方根为 σ_n，天线波束的斜率为 A_T/σ_r，将噪声电压换算成角度误差的均方根值，得

$$\sigma_\theta = \frac{\sigma_n}{A/\theta_r} = \frac{\theta_r}{A/\sigma_n} \tag{3.40}$$

式中：$A/\sigma_n = \sqrt{I_{\mathrm{SNR}}}$，为信号与噪声功率比的开方。那么

$$\sigma_{\overline{\theta}}^2 = \frac{\theta_r^2}{2I_{\mathrm{SNR}}} \tag{3.41}$$

可见最大信号法测向的方差与波束宽度的平方成正比，与检测门限处的信噪比成反比。

搜索法测向的方向分辨力主要取决于测向天线的波束宽度，而波束宽度主要取决于天线口径。根据瑞利判别准则，当信噪比高于 10 dB 时，方向分辨力为

$$\Delta\theta = \theta_r \approx \frac{70\lambda}{d} \tag{3.42}$$

3.3.2.2　相位法测向

相位法测向是利用阵列天线各单元接收同一信号的相位差测量来波方向的，根据阵列天线单元的布局，主要分为线阵天线和圆阵天线。下面以最基本的一维线阵干涉仪测向系统来说明相位法测向的基本原理。

一维线阵干涉仪测向系统组成如图 3-18 所示。当平面电磁波从 θ 方向入射到线阵时，各阵元接收到的信号为

$$s_k(t) = s(t)F(\theta)e^{j\frac{2\pi}{\lambda}d_k\sin\theta} \quad k = 1, \cdots, N - 1 \tag{3.43}$$

式中：d_k 为各天线阵元至 0 阵元的距离，也称为基线长度。

接收通道 0 的输出信号分配给其他各通道的相关器，每个相关器输出该阵元接收信号

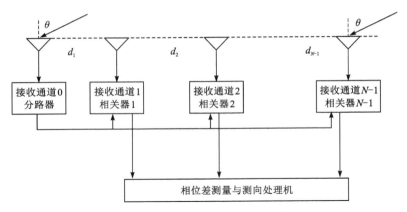

图 3-18 一维线阵干涉仪测向系统组成

与 0 阵元接收信号的正交相位差信号 $I_k(t)$、$Q_k(t)$ 送至相位差测量与测向处理机，即

$$\begin{cases} I_k(t) = \mathrm{Re}\big[cs_k(t)s_0^*(t)\big] = c(t, \theta)\cos\big[\dfrac{2\pi}{\lambda}d_k\sin\theta\big] \\ Q_k(t) = \mathrm{Im}\big[cs_k(t)s_0^*(t)\big] = c(t, \theta)\sin\big[\dfrac{2\pi}{\lambda}d_k\sin\theta\big] \\ k \in N_N, \ c(t, \theta) = c\,|\,s(t)F(\theta)\,|^2 \end{cases} \tag{3.44}$$

相位差测量与测向处理机首先测量各基线在 $[-\pi, \pi)$ 区间内有模糊的相位差 $\varphi_k(t)$，则

$$\varphi_k(t) = \arctan\frac{Q_k(t)}{I_k(t)} + \begin{cases} 0 & I_k(t) \geqslant 0 \\ \pi & I_k(t) < 0, \ Q_k(t) \geqslant 0 \\ -\pi & I_k(t) < 0, \ Q_k(t) \leqslant 0 \end{cases} \tag{3.45}$$

利用长短基线干涉仪输出信号的相位关系，对 $\varphi_k(t)$ 解模糊和相位校正，计算信号的到达方向 θ。假设最短基线长度 d_1，与单侧最大测向范围 $\theta_{\max}$ 满足式（3.46）的条件

$$\varphi_k(t) = \frac{2\pi}{\lambda}d_1\sin\theta_{\max} < \pi \tag{3.46}$$

则相位差价 φ_1 与方向 θ 具有单调对应关系，可以通过式（3.47）求解信号的到达方向

$$\theta = \arcsin\frac{\varphi_1\lambda}{2\pi d_1} \tag{3.47}$$

由于长基线解模糊后的相位误差较小，可由短基线求得的无模糊相位逐级求解长基线的无模糊相位 $\hat{\varphi}_k$，并进行相位校正

$$\hat{\varphi}_{i+1} = \varphi_i + \varphi_{i+1} + \begin{cases} 2\pi & \varphi_{i+1} + \varphi_i - n\varphi_i \leqslant -\pi \\ -2\pi & \varphi_{i+1} + \varphi_i - n_i\varphi_i \geqslant \pi \\ 0 & \varphi_{i+1} + \varphi_i - n\varphi_i \in (-\pi, \pi) \end{cases} \tag{3.48}$$

式中：$\varphi_i = 2\pi \cdot \mathrm{int}(\dfrac{n_i\hat{\varphi}_i}{2\pi})$；$n_i = \dfrac{d_{i+1}}{d_i}$；$\hat{\varphi}_1 = \varphi_1$。解模糊后的相位 $\hat{\varphi}_k$ 与来波方向具有唯一对应的关系

$$\hat{\varphi}_k = \frac{2\pi}{\lambda} d_1 \sin \theta \qquad\qquad (3.49)$$

原理上任何一个相关器解模糊后的输出都可以用来测向,但由于长基线相关器的输出精度高,许多干涉仪测向系统为了简化计算,往往只用最长基线的相关器输出进行测向,则

$$\theta = \arcsin \frac{\lambda \hat{\varphi} N - 1}{2\pi d_{N-1}} \qquad\qquad (3.50)$$

对式(3.50)中的各参量求全微分,可得到它们对测向误差的影响

$$\partial \theta = \frac{\lambda}{2\pi d_k \cos \theta} \left(\hat{\varphi}_k \frac{\partial \lambda}{\lambda} - \frac{\hat{\varphi}_k}{d_k} \partial d_k + \partial \hat{\varphi}_k \right) \qquad\qquad (3.51)$$

式(3.51)表明,在基线的延伸方向($\theta = \pm \frac{\pi}{2}$)误差发散,不能测向,$d_k / \lambda$ 越大,误差越小。此外,应尽可能减小频率抖动、基线抖动和系统的相位误差。

3.3.2.3　短基线时差测向

时差法测向是利用阵列天线各单元接收同一信号的时差来测量来波方向。由于时间差测量没有模糊,通常只需要用两根天线就可以进行一维或二维方向的测向。

两根天线一维时差测向的基本原理和系统组成如图 3-19 所示,对于 θ 方向的来波,两根天线输出信号的时差为

$$\Delta\tau = k\sin \theta \quad \theta \in [-\pi, \pi] \qquad\qquad (3.52)$$

式中:$k = d/c$ 为波数,c 为电波传播速度。测得时差 Δt 也就确定了信号的到达方向 θ,即

$$\theta = \arcsin \frac{\Delta t}{k} \quad \theta \in [-\pi, \pi] \qquad\qquad (3.53)$$

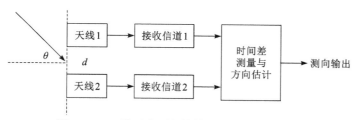

图 3-19　一维时差测向的基本原理和系统组成

对式(3.53)求全微分,可得

$$\partial \theta = \frac{\partial \Delta t}{k\cos \theta} - \tan \theta \frac{\partial k}{k} \qquad\qquad (3.54)$$

式(3.54)表明,时差测向也需要采用尽可能长的基线 d,减小测时误差,保持基线的相对稳定,且不能在基线的延伸方向($\theta = \pm \frac{\pi}{2}$)测向。

图 3-19 中的接收通道用于对输入信号滤波、放大。对于宽带测向系统,可以直接对放大后的信号进行包络检波和对数视频放大,输出视频包络信号 $s_1(t)$,$s_2(t)$。对于窄带

测向系统，一般需要经过变频、滤波和中频放大，然后进行包络检波，输出视频包络信号 $s_1(t)$。如果两接收信道振幅–时延特性一致，且忽略两信道噪声的影响，则有

$$s_2(t) = s_1(t - \Delta t) \tag{3.55}$$

测量 $s_1(t)$，$s_2(t)$ 的时间差 Δt，即可估计来波方向。Δt 的测量方法主要有时域测量、时间–电压变换测量和时间–相位变换测量等。

时域测量电路的基本原理如图 3–20 所示，包络信号经过门限检测触发锁存器，分别将两信号过门限的时间保存到锁存器中，通过减法器输出 Δt。该方法的时间测量精度主要取决于时间计数器的分辨率，目前高速时间计数器的时间分辨率已经小于 0.5 ns。该方法实现简单，测时迅速，但测量精度低，最大测量误差可达 1 个计数时钟周期，且易受信道中噪声的影响。

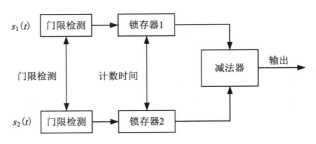

图 3–20 时域测量电路的基本原理

时间–电压变换电路如图 3–21 所示，假设信号到达前两路储能电容上的电压均为 0 V，各信道门限检测的输出启动各自的充电开关和共用的定时器，对各储能电容大电流恒流充电，定时器经过时间 t_g（检测信号结束前）同时关闭充电开关，并启动模数转换器（ADC）将储能电容两端的电压差 ΔV 量化成时间差数据 $n_{\Delta t}$，测量结束后，由放电开关迅速泄放两路存储电荷，等待再次测量。那么该电路能够达到的测量精度约为 0.1 ns。

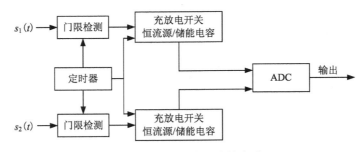

图 3–21 时间–电压变换电路

时间–相位变换电路如图 3–22 所示。由两路门限检测后的输出信号分别启动各模数转换器（ADC）中的采样保持电路，对频率为 w 的正交正弦波信号源进行采样，得到两对正交采样数据；再测量两路采样数据的相位差 φ，就可以确定时间差，即

$$\Delta t = \frac{\varphi}{w} \tag{3.56}$$

对式(3.56)求微分，可得

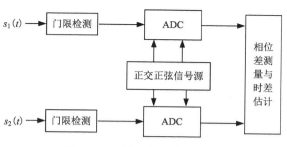

图 3-22 时间-相位变换电路

$$\partial \Delta t = \frac{1}{w}\left[\partial \varphi - \varphi \frac{\partial w}{w}\right] \tag{3.57}$$

式(3.57)表明，减小时间测量误差需要降低相位测量误差，并提高正弦信号源的频率稳定度。该方法在 $w = 4\pi \times 10^8$ 时的测量精度可达 10 ps。

3.3.2.4 基于稀疏表示的测向技术

稀疏表示理论中提及的稀疏性可以是时域、频域、空间域的形式，并且允许这种稀疏性是近似稀疏的。在空间谱估计所建立的信号模型中，通常在整个空域范围内只有很少的入射信号源或者说存在少数的点目标，这就隐含着一种空域稀疏性。因此，可以考虑应用稀疏重构来解决到达角估计问题。

从空间范围(-90°~90°)来看，只有存在信号源或目标的方向上有能量，其他方向上没有信号能量(即信号能量为零)，则不同方向角对应的信号能量就构成一个只有少数系数是非零的稀疏向量。利用这种空域的稀疏性，可以将传统的阵列信号波达方向角估计问题转化为稀疏表示模型，应用稀疏信号重构算法获得到达角的估计值。这就是近年来解决空间谱估计问题的新视角，下面对这一问题作详细说明。

实际信号的传输环境是极其复杂的，由于阵元间互耦、频带不一致，以及信道不一致等，其严格的数学模型往往难以完成，不利于算法的推导。因而，在建立数学模型之前，先作如下几点假设。

(1)为保证流形矩阵各列线性独立，阵元个数要大于信号个数。

(2)信号源为远场窄带信号，即信号为点目标，与阵列天线在同一平面内，由此入射信号到达传感器阵列的信号延迟只表现在相位上。

(3)传播介质是均匀且各向同性的。

(4)观测噪声为加性高斯白噪声，各阵元接收的噪声间互不相关，与信号源也不相关。

本节的到达角估计算法主要是针对均匀线阵设计，即由 M 个天线(亦称阵元)，以相同间隔 d 均匀线性排列组成天线阵列。为避免产生空间模糊，阵元间距 $d \leq \lambda/2$，其中 λ 是信号波长。假设有 K 个远场窄带信号以入射角 $\theta = [\theta_1, \theta_2, \cdots, \theta_K]$ 入射到该天线阵列(如图 3-23 所示)，且信号在传播过程中加入了高斯白噪声，则第 m 个阵元上接收的信号可表示为延时相加的形式

$$y_m(t) = \sum_{k=1}^{K} s_k(t - \tau_{m,k}) + n_m(t) \quad m = 1, 2, \cdots, M \tag{3.58}$$

式中：$\tau_{m,k}$ 为第 k 个信号 $s_k(t)$ 到达第 m 个阵元时的传输延时；$n_m(t)$ 为第 m 个阵元上信号的噪声。某时刻的观测模型为

$$\boldsymbol{y}(t) = [\boldsymbol{\alpha}(\theta_1),\cdots,\boldsymbol{\alpha}(\theta_K)] \, [s_1(t),\cdots,s_K(t)]^\mathrm{T} + n(t) \qquad (3.59)$$

式中：每个列向量 $\boldsymbol{\alpha}(\theta_K)$ 称为导向矢量，$\boldsymbol{\alpha}(\theta_K)$ 的每一个元素按下式计算。

$$\boldsymbol{\alpha}(\theta_K) = \exp\left(-\mathrm{j}\frac{2\pi(m-1)d\sin\theta_k}{\lambda}\right) \quad m = 1,2,\cdots,M,\ \theta_k \in (-90^\circ,90^\circ)$$

$$(3.60)$$

式中：λ 为入射信号波长。经过 T 次采样快拍得到的阵列输出可写为

$$\boldsymbol{Y}(t) = \boldsymbol{A}(\theta)\boldsymbol{S}(t) + \boldsymbol{N}(t) \quad t = 1,2,\cdots,T \qquad (3.61)$$

式中：$\boldsymbol{A}(\theta) = [\boldsymbol{\alpha}(\theta_1),\boldsymbol{\alpha}(\theta_2),\cdots,\boldsymbol{\alpha}(\theta_K)]$，为 $M{\times}K$ 维的阵列矩阵；$\boldsymbol{S}(t)$ 为 $K{\times}1$ 维的空间信号矢量；$\boldsymbol{N}(t)$ 为阵列的 $M{\times}1$ 维观测噪声矢量。一般地，假设 $\boldsymbol{N}(t)$ 均值为 0，方差为 σ_n^2 的复高斯白噪声，同时假设噪声与信号不相关，不同阵元接收信号中的噪声也互不相关。

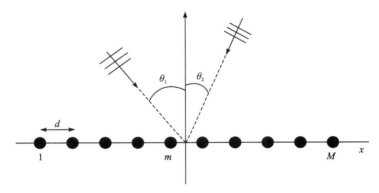

图 3-23　均匀线阵

在实际阵列无源测向场景中，感兴趣的辐射源目标相对整个空域范围的情况是极少数。如果对整个空间进行栅格划分，可以等角度划分或者等正弦划分，本书采用的都是等角度划分，如图 3-24 所示，定义 $\boldsymbol{\Omega} = [\theta_1,\cdots,\theta_q,\cdots,\theta_Q]$，表示空域角度范围。只有少数信号来波方向对应的栅格内能量较大，其余位置能量为零或者接近零。现考虑用所有潜在的到达角构造一个过完备的导向矩阵 $\boldsymbol{\Phi} = [\alpha_1,\alpha_2,\cdots,\alpha_Q]$，称为过完备基，用一个 $Q{\times}1$ 维向量 $\boldsymbol{x}$ 表示每个空间栅格的信号能量。假设有 K 个入射信号，则 $\boldsymbol{x}$ 应该是一个 k-稀疏向量，即它只有 K 个非零元素值，且对应于过完备基 $\boldsymbol{\Phi}$ 中的角度 $\{\theta_k\}$。这样，单次快拍的观测模型式(3.58)可写为如下基于来波方向空间稀疏性的单测量矢量模型

$$\boldsymbol{y} = \boldsymbol{\Phi}\boldsymbol{x} + \boldsymbol{n} \qquad (3.62)$$

式中：$\boldsymbol{y}$ 和 $\boldsymbol{\Phi}$ 已知；噪声 $\boldsymbol{n}$ 可估计得到；若能求解出 $\boldsymbol{x}$，即可根据 $\boldsymbol{x}$ 与空间角度的对应关系得到波达方向角。通常情况下，满足式(3.61)的解有无穷多个，但如果要得到的是最稀疏的解，即 $\|\boldsymbol{x}\|_0$ 最小时的解，那么到达角估计问题将转化为求解约束条件下的优化函数

$$\hat{\boldsymbol{x}} = \min \|\boldsymbol{x}\|_0 \quad \text{s.t.} \ \|\boldsymbol{y} - \boldsymbol{\Phi}\boldsymbol{x}\|_2^2 \leqslant \eta \qquad (3.63)$$

针对上述单观测模型的目标函数，采用一般的稀疏恢复算法就能求解出 $\boldsymbol{x}$。然而实际情况是，单快拍并不能准确估计甚至不能估计到达角。因此必须利用多次快拍的观测数据

进行到达角估计。但是每得到一个观测数据就进行一次稀疏恢复的方法是不可行的，首先运算量会非常大，有 L 个快拍就进行 L 次运算；其次算法极不稳定，因为没有利用数据间的时间相关性信息，每次恢复的到达角结果会有角度偏差，因此，须设计出合适的多观测数据优化模型的到达角估计算法。

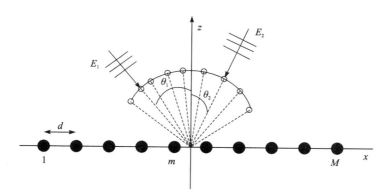

图 3-24　信号的空域稀疏性示意图

下面简要介绍一种可适用于多观测数据的到达角估计优化模型：L1-SVD 方法。

令 $\boldsymbol{x}^{l_2}$ 代表对矩阵 $\boldsymbol{x}$ 各行取 l_2 范数后得到的向量，即 $\boldsymbol{x}^{l_2} = [x_i^{l_2}, \cdots, x_N^{l_2}]^{\mathrm{T}}$。$\boldsymbol{x}$ 为行稀疏的矩阵，所以 $\boldsymbol{x}^{l_2}$ 为稀疏向量。对 $\boldsymbol{x}$ 按行取范数，使得稀疏位置的能量更加集中，稀疏性得到加强。因此，与单独处理方法相比，上述联合处理方法在运算量、定位精度等方面改善很大。但是运算量问题仍为该技术的瓶颈，因为上述凸优化处理中，逆问题的量心随着 L 的增大而线性增大，解逆问题的计算量却是超线性增大，在定位的实时性上，上述方法是难以胜任的。为了同时降低计算复杂度和对噪声的敏感度，可以对观测矩阵 y 进行奇异值分解（singular value decomposition，SVD），得到信号子空间和噪声子空间，然后保持信号子空间不变，对 $\boldsymbol{D}_K = [\boldsymbol{I}_K\ \boldsymbol{0}']$ 噪声子空间进行降维去噪处理，将信号到达角的估计问题转换为一个维数较低的最大-最小值问题，这就是 L1-SVD 方法。

矩阵 $\boldsymbol{Y}$ 的 SVD 分解可写为

$$\boldsymbol{Y} = \boldsymbol{U}\boldsymbol{\Sigma}\boldsymbol{V}^H \tag{3.64}$$

保留 $M \times K$ 维的信号子空间 $\boldsymbol{Y}_{\mathrm{SV}}$，它包含了起决定作用的 K 个信号的信息。$\boldsymbol{Y}_{\mathrm{SV}} = \boldsymbol{U}\boldsymbol{\Sigma}\boldsymbol{D}_K$，其中 $\boldsymbol{D}_K = [\boldsymbol{I}_K\ \boldsymbol{0}']$，$\boldsymbol{I}_K$ 为 $K \times K$ 的单位矩阵，$\boldsymbol{0}$ 为 $(L-K) \times K$ 的零矩阵。对式 $\boldsymbol{Y} = \boldsymbol{\Phi}\boldsymbol{X} + \boldsymbol{N}$ 两边均右乘 $\boldsymbol{V}\boldsymbol{D}_K$，实现观测数据的降维，此时有

$$\boldsymbol{Y}_{\mathrm{SV}} = \boldsymbol{\Phi}\boldsymbol{X}_{\mathrm{SV}} + \boldsymbol{N}_{\mathrm{SV}} \tag{3.65}$$

降维后的优化函数变为

$$\min \|\boldsymbol{Y}_{\mathrm{SV}} - \boldsymbol{\Phi}\boldsymbol{X}_{\mathrm{SV}}\|_{l_F}^2 + \gamma \|\boldsymbol{x}^{l_2}\|_{l_1} \tag{3.66}$$

现在需要用一种有效的方法使得式（3.65）的目标函数最小化。目标函数包含的项 $\|\boldsymbol{x}^{l_2}\|_{l_1}$，既不是线性的，也不是二次项，因此借助二阶锥规划（second order cone program，SOCP）模型，利用一个恰当的框架来优化包含二阶锥、凸二次规划和线性项的目标函数。将优化函数式（3.65）改写为 SOCP 模型如下

$$
\begin{cases}
\min p + \lambda q \\
\text{s.t. } \| [z'_1, z'_2, \cdots, z'_K] \|_2^2 \le p \text{ and } 1^{\mathrm{T}} r \le q \\
\text{where } \| [x_{i1}, x_{i2}, \cdots, x_{ik}] \|_2 \le r_i \quad i = 1, \cdots, N \\
\text{and } z_k = y^{\mathrm{SV}}(k) - \boldsymbol{\Phi} x^{\mathrm{SV}}(k) \quad k = 1, \cdots, K
\end{cases} \tag{3.67}
$$

对以上优化模型的求解，可以采用自对偶均质锥规划 SeDuMi 工具包，或凸优化 CVX 工具箱。

3.3.3　数字电子对抗接收机对时域参数和极化的测量

极化是电磁波电场矢量的变化方向，雷达发射信号的极化与其功能和性能具有密切关系，极化自适应、变极化、目标的极化识别等技术也是近年来雷达抗干扰的重要措施。雷达主要采用线极化收发天线，而许多雷达侦察系统采用圆极化的天线，这种天线虽然可以接收各种线极化的电磁波，仅存在一定的极化失配损耗，但是却不能测量雷达信号的极化方向，也不能引导干扰发射的极化瞄准，不能有效地对抗近年来出现的雷达极化自适应、极化识别和极化对消等抗干扰措施。为此，开展对雷达信号极化信息的测量，甚至将其补入 PDW，对于信号分选、引导干扰、破坏和降低雷达的极化抗干扰能力等，都具有重要的意义。

雷达信号的时域参数主要包括脉冲到达时间 t_{TOA}、脉冲宽度 τ_{PW}、脉冲幅度 A_{P}，以及天线扫描周期 T_{A} 和照射时间宽度 T_{S} 等，对这些参数的测量一般在宽带侦察接收机和窄带分析接收机中完成。

3.3.3.1　对雷达信号极化的测量

空间电磁波的极化可以分解为两个正交的固定方向，其中水平极化和垂直极化是最常用的正交极化方向，对雷达信号极化方向的检测和测量的系统组成如图 3-25 所示。水平极化、垂直极化接收天线获得的信号分别送入各自的接收机，通过带通滤波、低噪声放大、混频和中放，分别进行包络检波，以及彼此进行相位检波。对包络检波的输出进行门限检测，只要任何一路信号超过检测门限，都会启动包络和相位测量电路，完成对两路信号包络以及相位差 φ 的测量，最终经过极化测量处理机，输出信号极化测量结果。

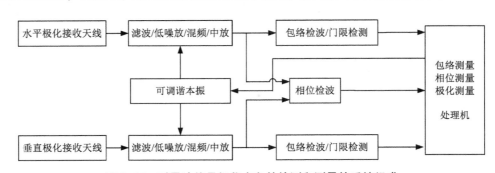

图 3-25　对雷达信号极化方向的检测和测量的系统组成

极化测量需要利用两路正交极化接收信号之间的幅相信息，所以对接收系统的宽带线性动态范围和幅相一致性具有较高的要求。

3.3.3.2 t_{TOA} 的测量

t_{TOA} 是脉冲雷达信号重要的时域参数，雷达侦察系统中对 t_{TOA} 的典型测量原理如图 3-26 所示。其中，输入信号 $s_i(t)$ 经过包络检波、视频放大后成为 $s_v(t)$，它与检测门限 V_T 进行比较，当 $s_v(t) \geqslant V_T$ 时，从时间计数器中读取当前时刻 t 进入时间锁存器，产生本次 t_{TOA} 的测量值。实际的时间计数器一般采用 N 位的二进制计数器级联，经时间锁存器的 t_{TOA} 输出值为

$$\begin{cases} t_{TOA} = \text{mod}(T, \Delta t, t) \mid s_v(t) \geqslant V_T \quad s_v(t-) < V_T, \varepsilon \to 0 \\ \text{mod}(T, \Delta t, t) = \text{int}\left(\dfrac{T \cdot \text{int}(t/T)}{\Delta t}\right) \end{cases} \tag{3.68}$$

式中：$\text{mod}(T, \Delta t, t)$ 为求模、量化函数；函数 $\text{int}(x)$ 为求取实变量 x 的整数值；Δt 为时间计数器的计数脉冲周期；$T = \Delta t \times 2^T$，为时间计数器的最大无模糊计数范围；t_{TOA} 为 $s_v(t)$ 脉冲前沿经过检测门限的时刻。由于时间计数器的位数有限，为了防止时间测量模糊，假设被测雷达的最大脉冲重复周期为 PRI_{max}，一般保证

$$T > \text{PRI}_{max} \tag{3.69}$$

Δt 取决于测量的量化误差和时间分辨力，减小 Δt 可降低量化误差，提高时间分辨力。对于同样的 T，需要提高计数器的级数 N，同时增加 t_{TOA} 的字长，增加 t_{TOA} 数据存储和处理的负担。

$s_v(t)$ 信号的前沿时间 t_{rs} 及信噪比会影响 t_{TOA} 测量的准确程度，雷达侦察系统通常按照最小可测的雷达信号脉宽 τ_{min} 设置接收机带宽 $B_v \approx 1/\tau_{min}$，在一般情况下，影响 t_{TOA} 测量误差的主要因素是雷达信号脉冲本身的上升沿时间 t_{rs}，由此引起的均方根值 σ_t 为

$$\sigma_t = \frac{t_{rs}}{\sqrt{2I_{SNR}}} \tag{3.70}$$

3.3.3.3 τ_{PW} 的测量

τ_{PW} 也是雷达信号的重要时域参数，一般雷达的脉宽本身比较稳定且种类有限，在较高的信噪比下受噪声的影响较小，往往可以直接用作信号分选识别的重要依据。在雷达侦察系统中，τ_{PW} 的测量与 t_{TOA} 的测量同时进行，如图 3-26 所示。在门限检测前，脉宽计数器的初值为零，在门限检测信号有效期间，脉宽计数器对时钟信号计数，门限检测信号的后沿将脉宽计数值送入脉宽锁存器，并在经过一个计数时钟周期 Δt 迟延后将脉宽计数器清零，等待下一次测量。当脉宽计数器采用 N 位二进制计数器级联时，最大无模糊脉宽测量范围为

$$\tau_{PW_{max}} = \Delta t = 2^N \tag{3.71}$$

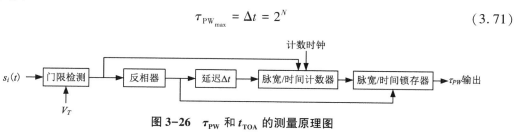

图 3-26　τ_{PW} 和 t_{TOA} 的测量原理图

同 t_{TOA} 的测量一样，τ_{PW} 的测量中，脉冲信号的前、后沿过门限时刻也会受到系统中噪声的影响，其测量误差的均方根值为

$$\sigma_{PW} = \frac{t_{rs} + t_{do}}{\sqrt{2I_{SNR}}} \tag{3.72}$$

式中：t_{do} 为脉冲信号的下降时间，多信号的时域重叠也会造成脉宽测量的错误，出现视频包络展宽或脉宽分裂等情况。

3.3.3.4 A_P 的测量

在雷达侦察系统中，A_P 的测量与 t_{TOA} 的测量同时进行，其测量原理如图 3-27 所示。以门限检测时刻为初始，经过迟延 τ 后，用作采样保持电路和模数转换器（ADC）的启动信号，ADC 经过 t_c 时间后完成对 $s_v(t)$ 的模数变换，发出读出允许信号，将 $s_v(t)$ 的数据送到输出缓存器，迟延的目的是尽可能准确地捕获 $s_v(t)$ 信号的峰值。

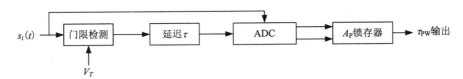

图 3-27 A_P 的测量原理

受雷达发射功率、发射天线增益和波束扫描，接收天线的极化匹配、天线增益和波束扫描，收发距离和传播路径，以及接收机增益和频率响应特性等诸多因素的影响，A_P 的变化范围非常大。为了压缩 $s_v(t)$ 信号的动态范围，在实际雷达侦察系统中普遍利用限幅器、限幅放大器、对数放大器等，使输入信号 $s_i(t)$、输出信号 $s_v(t)$ 近似满足以下限幅或对数特性。

限幅特性

$$s_v(t) \approx \begin{cases} s_{vmax} & k_A|s_i(t)| \geqslant s_{vmax} \\ k_A|s_i(t)| & k_A|s_i(t)| < s_{vmax} \end{cases} \tag{3.73}$$

对数特性

$$s_v(t) \approx k_A \lg|s_i(t)| \tag{3.74}$$

式中：k_A 为接收机、检波器增益特性所决定的常数。理想情况下，ADC 输出脉冲的幅度值为

$$A_P = \begin{cases} 2^N - 1 & s_v(\tau) - V_0 > (2^N - 1)\Delta V \\ \text{int}\left[\dfrac{s_v(\tau) - V_0}{\Delta V}\right] & 0 \leqslant s_v(\tau) - V_0 < (2^N - 1)\Delta V \\ 0 & s_v(\tau) < V_0 \end{cases} \tag{3.75}$$

式中：N 为 ADC 的量化位数。ADC 的输入动态范围为 $[V_0, V_0 + (2^N - 1)\Delta V]$。为了充分利用 ADC 输出数据的有效位，应保持 $s_v(t)$ 的动态范围与 ADC 的动态范围一致。

3.4 本章小结

　　本章主要对电子对抗接收机在信号参数测量方面的关键技术进行了详细阐述，从电子对抗接收机面临的信号环境出发，讨论了信号参数测量对电子对抗接收机的要求，论述了模拟和数字电子对抗接收机的技术原理；详细介绍了辐射源频率、方向、脉冲到达时间、脉冲宽度和脉冲幅度等参数的测量技术，使读者对综合电子战技术系统底层支撑数据的获取技术有所了解。

第 4 章

雷达辐射源特征分析技术

信号的特征分析和提取相当于一种从信号测量空间到特征空间的变换，可实现高维测量空间到低维特征空间的映射。其目的是从雷达信号中获取具有分类或识别意义的信息，并且使所提取的信息具有较强的稳定性。目前，用于识别雷达信号的基本特征参数主要包括载频频率(carrier frequency，CF)、脉冲达到时间(time of arrival，TOA)、脉冲宽度(pulse width，PW)、脉冲幅度(pulse amplitude，PA)和脉冲到达角(angle of arrival，AOA)，以及由 TOA 计算出的脉冲重复周期(pulse repetition interval，PRI)或脉冲重复频率(pulse repetition frequency，PRF)等。随着新体制雷达的迅速增加并逐渐占主导地位，仅采用常规 CF、TOA、PW、PA 和 AOA 组成特征向量，难以有效识别出复杂体制雷达信号，需要探索出常规五参数以外的雷达信号的新特征。基于此，本章首先介绍雷达信号常规特征参数；接着对雷达信号的模糊域、稀疏域、指纹特征等新的特征参数进行分析讨论，并介绍各个特征的提取方法，举例说明新型特征用于雷达辐射源识别的应用；最后对雷达型谱这一雷达信号编译标准与模板进行介绍。

4.1 雷达信号特征

传统的雷达信号特征通常从时域和频域进行分析。本节在介绍雷达信号时域、频域特征的基础上，对雷达信号时频域、稀疏域，以及统计特征的分析和提取方法进行总结概括，并介绍模糊域特征用于辐射源识别的应用。

4.1.1 雷达信号脉冲间隔变化特征

目前雷达信号的时域变化特征主要体现在 PW、PRI 及 PRF 等参数，其中应用最多的是 PRI。对分选出的每个雷达脉冲序列的 PRI 调制特性进行分析，一方面，有助于解决参数模糊问题，提高信号分选的可靠性；另一方面，PRI 调制模式反映了雷达信号的某些特性，对 PRI 调制类型的正确识别将有助于推定雷达的用途与性能，实现辐射源识别。

1. 常规 PRI 信号

许多雷达利用固定脉冲重复周期产生脉冲序列，这种类型的信号通常用于搜索和跟踪雷达，尤其是采用动目标检测技术和脉冲多普勒技术的雷达。常规 PRI 模型可由式（4.1）表示

$$t_i(n) = t_i(n - 1) + T_i + w_i(n) \tag{4.1}$$

式中：T_i 为 PRI；$w_i(n)$ 为第 n 个观测值的误差，对常规 PRI 辐射源而言，$w_i(n)$ 的统计方差远远小于 T_i；$t_i(n)$ 为 $[0，T_i)$ 间均匀分布的随机变量。

2. PRI 抖动信号

一般来说，常规雷达的 PRI 变化范围小于平均值的 1%，高性能雷达的 PRI 变化范围小于几十纳秒。对于重频抖动信号，PRI 抖动范围一般为 1%~30%，且有一定规律。例如雷斯尼克提出一种变化规律为

$$T_{ri} = T_{rmin} + \tau(x + iq) \bmod (N - 1) \tag{4.2}$$

式中：T_{rmin} 为最小间隔；τ 为脉宽；N 为脉冲数，$i = 0，1，2，\cdots，(N-1)$；x、q 为正整数，$N-1 > q > 0$，$N-1 > x \geq 0$。平均脉冲间隔为：$T_{rav} = T_{rmin} + \tau(N-2)/2$。

重频抖动的目的一般是抗干扰，为了在 MTI 雷达中克服盲速，应呈有规律地抖动，但侦察很难把抖动规律分析清楚。表征 PRI 抖动的参数是平均 PRI 和抖动范围 ΔPRI。

3. 参差 PRI 信号

参差 PRI 是指几个（一般 2~7 个）稳定的脉冲间隔交替重复出现，参差周期之间的比值接近 1，参差 PRI 的目的主要是克服动目标指示的盲速，因而 PRI 的稳定度很高。表征参数有骨干重复周期 T_0 和每个参差周期 T_1，T_2，$\cdots$，T_N。有些雷达为了隐蔽 PRI 参差规律，采用参差兼抖动的变化方式，几十个脉冲 PRI 重复一次。

4. 滑变 PRI 信号

滑变 PRI 是指 PRI 单调地增加或减少到一个极限值再反过来变化到另一个极限值，目的是消除盲距。其用于天线俯仰扫描时，保持固定的高度覆盖范围，仰角低时作用距离大，仰角高时作用距离小。最小 PRI 同最大 PRI 的比值等于最小作用距离同最大作用距离的比值。表征参数有 PRI 变化范围和扫描周期。

5. 周期性 PRI 调制信号

周期性 PRI 一般为正弦规律调制，调制量为 PRI 的百分之几，比 PRI 滑动的变化量小得多，用于导弹制导的圆锥扫描雷达时，PRI 变化的周期等于圆锥扫描雷达的周期。其表征参数有平均 PRI、调制量 ΔPRI 和调制周期。

6. 脉组变 PRI 信号

脉组变 PRI 是指多个固定的 PRI 每隔一定的脉冲数交替转换工作，一般具有周期性，例如，四组 PRI（T_1，T_2，T_3，T_4）中，每组 8 个脉冲，周期性重复。PRI 脉组变化的目的是解决距离模糊和速度模糊问题，消除盲距和盲速。如果 PRI 的组间变化没有周期性，则表示具有目标环境自适应处理功能，这种情况发生在计算机控制的电扫描雷达上，扫描和跟踪功能交错工作，转换工作的 PRI 数目取决于正在跟踪的目标和它们所处位置的数目，每种 PRI 连续发射的脉冲数取决于雷达照射一个被跟踪目标的时间。

7.群脉冲信号

群脉冲信号是指一群间隔较近的脉冲按一个大的时间周期重复发射,群脉冲数 N,群内的脉冲宽度 τ_u 和间隔 T_r 都是固定的,如图 4-1 所示。

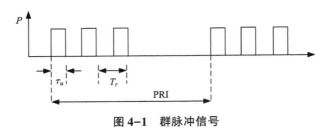

图 4-1 群脉冲信号

这种信号可用来提高距离分辨力和速度分辨力,其距离(时间)分辨力为 $T_d = \tau_u$,速度(频率)分辨力为 $F_d = 1/N\tau_u$。

8.脉冲编码信号

脉冲编码信号一般有稳定的骨架周期(也可抖动),每个骨架周期内有一个主脉冲和若干子脉冲。子脉冲的个数 N、宽度 τ_u 和间隔 T_r 都是可变的,类似于参差信号。一般编码间隔都比骨架周期要小得多($T_r < \mathrm{PRI}/10$),这类信号通常用来发送指令。

9.PRI 分集信号

PRI 分集信号是指同时发射两个以上不同的 PRI 的周期脉冲序列,可以按常规 PRI 脉冲序列同参差 PRI 脉冲序列或双脉冲序列等同时发射进行分集,每隔一个大的时间周期调整一次。

4.1.2 雷达信号频域特征

雷达信号的频域特征是雷达辐射源的稳定特征,对于雷达信号的分选、识别,以及雷达能力分析具有重要意义。根据雷达信号在频域的变化规律,可以将雷达信号频域特征分为脉间频率变化特征和脉内频率变化特征。

4.1.2.1 脉间频率变化特征

1.固定频率雷达信号

对于固定频率雷达,信号的频率变化模型为

$$f = f_0 + f(N) \tag{4.3}$$

式中:f_0 为中心频率;$f(N)$ 为随机噪声。

2.频率捷变雷达信号

频率捷变雷达有脉内捷变频、脉间捷变频、脉组捷变频三种类型。现代雷达多为脉间捷变频雷达,采用频率捷变技术使发射机的每个发射脉冲的载频在一个较宽的频段上按一定规律变化或随机变化,其变化量为中心频率的 5% ~ 15%。实现频率捷变的旋转调谐磁控管雷达发射机的频率变化可由式(4.4)决定

$$f(t) = f_0 + \frac{B}{2}\sin(2\pi k f_m T_r + \varphi_0) \qquad (4.4)$$

式中：f_0 为中心频率；k 为发射脉冲顺序号；f_m 为旋转调谐频率；T_r 为脉冲重复周期；B 为最大频率捷变带宽；φ_0 为初始相位。

3. 频率分集雷达信号

频率分集雷达信号是指在一部雷达中装有多部载频不同的发射机、接收机和处理器，用同一天线辐射，有以下几种方式。

（1）多波束多载频。不同频率的信号由不同的波束辐射，载频数通常有 5~6 个，在俯仰面形成多个波束，用于三坐标雷达测俯仰角。

（2）单波束同脉冲多载频。一个波束同时辐射 2~3 个载频，用同一脉冲调制。

（3）分时频率分集。每个脉冲由不同载频的相邻子脉冲组成。

（4）双脉冲频率分集。两个不同载频的脉冲为一组。

频率分集雷达信号具有抗瞄准干扰、增大作用距离、降低目标起伏噪声、克服 MTI 盲速的作用，频率分集雷达信号的表征参数为每一个辐射频率。

4.1.2.2　脉内频率变化特征

1. 脉内线性调频

脉内线性调频信号的复数表示式为

$$S(t) = U(t)\,\mathrm{e}^{\mathrm{j}2\pi f_0 t} = \frac{1}{\sqrt{\tau u}}\mathrm{rect}\!\left(\frac{t}{\tau u}\right)\mathrm{e}^{\mathrm{j}2\pi(f_0 + kt/2)t} \qquad (4.5)$$

式中：$k = B/\tau u$，为调频速率；B 为调频范围；τu 为脉宽。时间（距离）分辨力约等于 $\dfrac{1}{\pi B}$，频率（速度）分辨力约等于 $\dfrac{0.6}{\pi \tau u}$，频宽和时宽之积为 $B\tau u = 1$。为了能同时获得很好的距离分辨力和速度分辨力，可发射宽的脉冲，增加信号总能量，增大作用距离。

2. 相位编码

典型的相位编码是四相位伪随机编码，在脉冲宽度内可有几千个码元，其能量分布为 $\dfrac{\sin x}{x}$ 形状，如图 4-2 所示。

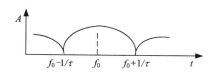

图 4-2　脉内相位编码信号能量分布

最常见的相位编码是二相位伪随机编码。设 τ 为码元之间的子脉冲宽度，N 为码长，编码脉冲宽度 $PW = N\tau$，距离（时间）分辨力 $T_{dd} \approx \tau$。二相位编码信号的表征参数应该是码元宽度 τ 和码元个数 N。

3. 脉内频率编码信号

设码元宽度为 τ，码元间的频率跳变间隔为 $1/\tau$，脉冲内的码元数为 n，带宽为 n/τ，压缩后的脉冲宽度为 τ/n。相位编码信号所需要的子脉冲数 $N = B\tau$，频率编码信号所需要的子脉冲数 $N = \sqrt{B\tau}$。该类信号适用于大压缩比、大带宽应用场景。

4.1.3 雷达信号模糊域特征

4.1.3.1 模糊函数

模糊函数(ambiguity function，AF)是对雷达信号进行分析研究和波形设计的有效工具，模糊函数完全取决于辐射源所发射的信号波形，因此其提供了对信号结构信息较为完整的描述。对于任意窄带雷达辐射源信号，其复解析形式可写为

$$s(t) = g(t)e^{j(2\pi f_0 t + \varphi_0)} \tag{4.6}$$

式中：f_0 为信号的载频；φ_0 为任意初始相位；$g(t)$ 为相应的复包络函数。$g(t)$ 通常可写为

$$g(t) = a(t)e^{j\theta(t)} \tag{4.7}$$

式中：$a(t)$ 和 $\theta(t)$ 分别为幅度和相位调制函数。信号的模糊函数最初是在研究多目标环境下分析雷达对邻近目标的分辨能力问题时提出的一种工具，信号 $s(t)$ 的模糊函数仅由其复包络函数 $g(t)$ 决定，对于信号 $s(t)$，其模糊函数通常定义为

$$\chi_s(\tau, \xi) = \int_{-\infty}^{+\infty} g(t)g \cdot (t + \tau)e^{j2\pi\xi t}dt \tag{4.8}$$

4.1.3.2 模糊函数主脊切面特征

对于模糊函数来说，模糊能量的最高点位于时频面的原点。因此过原点一般存在至少一条模糊能量的主要分布带，称为模糊函数主脊，模糊函数的分布特性在模糊能量主脊的分布信息中得以体现。由模糊函数的唯一性定理和模糊体积的不变特性可以推知，即使能量相同的两个信号，只要其具有不同的信号形式，它们模糊能量的分布情况将会显示出一定差异，其模糊函数主脊一般也将显示出不同的特征。因此，提取和描述信号模糊主脊的特征分布信息，将有助于分选和辨识各种复杂体制雷达辐射源信号。

设 AF 主脊所在的分数域为 $u_{\hat{\alpha}}$，相应的主脊切面为 $MRS(u_{\hat{\alpha}})$。考虑到 $MRS(u_{\hat{\alpha}})$ 的对称性，仅取 $u_{\hat{\alpha}} \leqslant 0$ 的半边，分别定义的主脊切面的一阶原点矩 $\overline{u_{\hat{\alpha}}}$、二阶原点矩 $\overline{u_{\hat{\alpha}}^2}$ 如下(角度为 $\hat{\alpha}$)

$$\overline{u_{\hat{\alpha}}} = \frac{\displaystyle\int_{-\infty}^{0} u_{\hat{\alpha}} |MRS(u_{\hat{\alpha}})|^2 du_{\hat{\alpha}}}{\displaystyle\int_{-\infty}^{0} |MRS(u_{\hat{\alpha}})|^2 du_{\hat{\alpha}}} \tag{4.9}$$

$$\overline{u_{\hat{\alpha}}^2} = \frac{\displaystyle\int_{-\infty}^{0} u_{\hat{\alpha}}^2 |MRS(u_{\hat{\alpha}})|^2 du_{\hat{\alpha}}}{\displaystyle\int_{-\infty}^{0} |MRS(u_{\hat{\alpha}})|^2 du_{\hat{\alpha}}} \tag{4.10}$$

同时，可定义主脊切面二阶中心矩为

$$U_{\hat{\alpha}}^2 = \frac{\int_{-\infty}^{0} (u_{\hat{\alpha}} - \overline{u_{\hat{\alpha}}})^2 \, |\, MRS(u_{\hat{\alpha}})\, |^2 \mathrm{d}u_{\hat{\alpha}}}{\int_{-\infty}^{0} |\, MRS(u_{\hat{\alpha}})\, |^2 \mathrm{d}u_{\hat{\alpha}}} = \overline{u_{\hat{\alpha}}^2} - (\overline{u_{\hat{\alpha}}})^2 \tag{4.11}$$

通过上述定义,可用一阶原点矩 $\overline{u_{\hat{\alpha}}}$ 描述 AF 主脊切面的模糊能量分布重心,同时用二阶中心矩的平方根 $U_{\hat{\alpha}}$ 描述模糊能量分布相对于该重心的惯性半径。AF 主脊切面特征提取算法步骤可描述如下。

步骤 1:以采样频率 f_s 对信号 $s(t)$ 进行常规采样,得到时域离散信号 $s(n)$, $n = 1$, 2, $\cdots$, N。

步骤 2:以有理分式 M 对 $s(n)$ 进行重采样,使各信号保持相同长度 M,为加快 AF 的计算,M 最好为 2 的幂次方,如 $M = 1024$。

步骤 3:设定搜索角数目 L,在 $|\alpha| < \pi/2$ 范围内搜索 $\hat{\alpha}$。

步骤 4:计算 $\hat{\alpha}$ 对应切面的 $\overline{u_{\hat{\alpha}}}$ 和 $U_{\hat{\alpha}}$。

步骤 5:当 $\hat{\alpha} \geq 0$ 时,转步骤 6;否则求 $|\hat{\alpha}|$ 对应切面的 $\overline{u_{|\hat{\alpha}|}}$ 和 $U_{|\hat{\alpha}|}$,当 $|RS(\hat{\alpha}) - RS(|\hat{\alpha}|)|/RS(\hat{\alpha})$, $|\overline{u_{\hat{\alpha}}} - \overline{u_{|\hat{\alpha}|}}|/\overline{u_{\hat{\alpha}}}$, $|U_{\hat{\alpha}} - U_{|\hat{\alpha}|}|/U_{\hat{\alpha}}$ 三者均小于给定的正数 ε(如 0.02)时,令 $\hat{\alpha} = |\hat{\alpha}|$,否则应保持 $\hat{\alpha}$ 不变。

步骤 6:构造 AF 主脊切面三维特征向量 $V = [\hat{\alpha}, \overline{u_{\hat{\alpha}}}, U_{\hat{\alpha}}]$。

4.1.4　雷达信号稀疏域特征

信号处理中,为了分辨信号的某些特征,了解它包含了哪些有用的信息,将一个实际的物理信号展开为有限或者无限个基本信号单元的组合,是信号分析和处理中常见的一种方法。对长度为 N 的时域离散信号 $f(n)$,可将其分解为 M 个基本函数 $b_k(n)$ 的线性组合形式,即

$$f(n) = \sum_{k=1}^{M} c_k b_k(n) \tag{4.12}$$

式中:c_k 为变换系数或展开系数;$b_1(n)$, $b_2(n)$, $\cdots$, $b_M(n)$ 为一组向量,这些向量可能是线性相关的,也可能是线性无关的。如果这些向量是线性无关的,则称该向量集合为空间中的一组基(basis),对应的展开式称为基展开。

基是一组线性无关的向量组合,由基向量构成的矩阵可逆。因此,对于空间中任意的时域离散信号式 $f(n)$,都可以表示为这组基的线性组合,且表示式是唯一的,其矩阵表示形式为

$$\begin{cases} f(n) = \sum_{k=1}^{M} c_k b_k(n) = CB \\ C = [c_1, c_2, \cdots, c_M] \\ B = [b_1, b_2, \cdots, b_M]^{\mathrm{T}} \end{cases} \tag{4.13}$$

基分解系数是一组离散的值,每个值表示了信号在某一个特定基向量上的投影。其值

的大小可以反映信号与该基向量的相似程度。由于基的可逆性,可以得到分解系数为

$$C = [c_1, c_2, \cdots, c_M] = \boldsymbol{B}^{-1}\boldsymbol{f} \tag{4.14}$$

在信号处理领域,常见的分解基有傅里叶变换(Fourier transform, FT)、短时傅里叶变换(short-time Fourier transform, STFT)和小波变换(wavelet transform, WT)等。若能够将信号展开成具有局部时频结构的分量波形,则仅需要数量很少的分量波形就可以表示原信号,进而对信号进行有效的特征分析。这种局部化的分量波形概念由 D. Gabor 引入信号处理,并将这种分量波形称为时频原子,基于时频原子的信号分析称为时频原子方法。

在对信号进行分析的过程中,如果待分析信号与选取的基函数主要结构相似,则仅需很少的基函数线性组合就可以精确表示原信号。反之,如果待分析信号与选取的基函数相去甚远,则需要无穷多的基函数才能精确表示原信号,信号的特征信息将被分散在多个基函数上。因此,要得到信号主要特征信息的简洁表示,首先必须建立一个超完备的展开函数集合,集合的超完备性决定了集合内各函数组成的空间要足够密集,此时的基已经不再是具有正交意义下的基函数,而改称为原子,该函数集合称为原子库。

将窗函数 $g(t)$ 进行伸缩、平移和调制变换,可以生成一般的过完备时频原子库 $D = \{g_\gamma\} \gamma \in \Gamma$。$g_\gamma$ 为由参数组 γ 定义的原子,原子长度与待分析信号的长度相同,Γ 为参数组 γ 的集合。由于原子库构造的不同,参数组 γ 包含的参数也不同。上述条件保证了窗函数具有时域局部特征,并具有较快的衰减速度。给定原子尺度 $s(s>0)$、平移参数 u 和频率调制 ξ,原子可表示为

$$g_r(t) = \frac{1}{\sqrt{s}} g\left(\frac{t-u}{s}\right) e^{i\xi t} \tag{4.15}$$

其中,窗函数 $g(t)$ 为

$$g(t) = 2^{\frac{1}{4}} e^{-\pi t^2} \tag{4.16}$$

式中:$r = (s, u, \xi)$ 为原子库的参数组。窗函数 $g(t)$ 满足 $\|g_\gamma(t)\| = 1$,若 $g(t)$ 为偶函数,则 $g_r(t)$ 以横轴为中心,信号的能量主要集中在原子中心 u 附近,大小与 s 成正比。

从前面的论述可知,在构建的完备的时频原子库上,可以实现原信号的简洁表示,但如何实现这种理想的表示(分解)还需要一种有效算法,以从冗余的原子库中找到最能表示信号特征的原子。对于任意给定的信号 f,在过完备库中找到由 m 个原子线性组合而成的信号 f',满足逼近误差 $\xi = \|f-f'\|^2$ 足够小,可表示如下。

$$f' = \sum_{k=1}^{m} c_k g_{\gamma k} \to f \tag{4.17}$$

目前,满足式(4.17)的时频原子分解方法已经发展了很多种,如匹配追踪算法、基追踪算法和 Knuth-Morris-Pratt 算法等。其中,匹配追踪算法为一种迭代的贪婪算法,在每一次迭代过程中,从过完备的时频原子库内搜索最能匹配信号整体与局部结构的原子,实现信号的最佳时频原子提取,具体描述为:

对于时频原子库 $D = \{g_\gamma(t)\}$ 且满足 $\|g_\gamma(t)\|^2 = 1$,算法在初始迭代时,令分解次数指示变量 $h=0$ 且 $\boldsymbol{R}_0 = s$。在过完备原子库 D 中选择与信号 $\boldsymbol{R}_0$ 最佳匹配的原子 g_{r0},则信号 $\boldsymbol{R}_0$ 可以分解为原子 g_{r0} 上的分量和残差信号 $\boldsymbol{R}_1$,即

$$\boldsymbol{R}_0 = \langle g_{\gamma_0}, \boldsymbol{R}_0 \rangle g_{\gamma_0} + \boldsymbol{R}_1 \tag{4.18}$$

$$g_{r0}$$ 满足关系

$$|\langle \boldsymbol{g}_{r0}, \boldsymbol{R}_0 \rangle| = \sup_{\boldsymbol{g}_\gamma \in D} |\langle \boldsymbol{g}_r, \boldsymbol{R}_0 \rangle| \quad (4.19)$$

反复对残差信号进行分解，若信号 s 分解 H 次，则 s 可以表示为

$$s = \sum_{h=0}^{H-1} \langle \boldsymbol{g}_{rh}, \boldsymbol{R}_h \rangle \boldsymbol{g}_{rh} + \boldsymbol{R}_H \quad (4.20)$$

$$g_{r0}$$ 满足关系

$$|\langle \boldsymbol{g}_{rh}, \boldsymbol{R}_h \rangle| = \sup_{\boldsymbol{g}_\gamma \in D} |\langle \boldsymbol{g}_r, \boldsymbol{R}_h \rangle| \quad (4.21)$$

信号分解 H 次后，信号能量满足关系

$$\|s\|^2 = \sum_{h=0}^{H-1} |\langle \boldsymbol{g}_{rh}, \boldsymbol{R}_h \rangle|^2 + \|\boldsymbol{R}_H\|^2 \quad (4.22)$$

对于有限长度信号，随着分解次数 H 的增大，残差信号能量 $\|\boldsymbol{R}_H\|^2$ 趋近于 0。

4.1.5 雷达信号时频域特征

一般在信号处理时认为信号是平稳信号，要么在时域对信号进行描述，要么对信号作 Fourier 变换在频域进行分析。但是实际中的信号往往是某个统计量随时间的函数，即非平稳信号，如雷达信号，需要对其局部统计特征进行分析。但 Fourier 变换是对信号作全局变换，而对信号的局部特征分析必须通过局部变换，为此时频分析的概念被提出。时频分析方法是指为表示和分析非平稳信号，建立时频联合函数，可反映信号的频谱或能量密度在时域和频域上的分布，是处理非平稳信号的有力工具。

常见的时频分布包括主要包括短时 Fourier 变换（STFT）、Wigner-Ville 分布（WVD）及其改进和 Choi-Williams 分布（CWD）。信号的时频分布特征一般有两种表示方法，一种是轮廓特征，另一种是区域特征。轮廓特征是从图像中提取的目标边缘，包括边缘方向直方图、傅里叶形状描述子和边缘曲线。区域特征利用区域内的灰度分布信息，如不变矩方法和小波系数法。

不变矩方法是指通过提取具有平移、旋转和比例不变性的矩特征实现对图像的区域特征的描述。1962 年，Hu 首先提出了矩的概念（Hu 矩），定义了连续函数矩及矩的基本性质，并提出了 7 个不变矩的算法。1979 年，M. K. Teague 基于正交多项式理论提出了 Zernike 矩，其在图像描述能力、降低信号冗余度和提高噪声灵敏度等方面表现突出。图像矩可以描述图像全局信息和细节信息，通常分为几何矩、正交矩、复数矩和旋转矩等。

4.1.5.1 中心矩特征

二维 $M \times N$ 二值图像 $f(x,y) \in \{1,0\}$ 的 $(p+q)$ 阶原点矩 m_{pq}、阶中心矩 u_{pq} 及归一化中心矩 η_{pq} 依次定义为

阶原点矩

$$m_{pq} = \sum_{x=0}^{M-1} \sum_{y=0}^{N-1} x^p y^q f(x,y) \quad (4.23)$$

阶中心矩

$$u_{pq} = \sum_{x=0}^{M-1} \sum_{y=0}^{N-1} (x - \overline{x})^p (y - \overline{y})^q f(x, y) \tag{4.24}$$

归一化中心矩

$$\eta_{pq} = \frac{u_{pq}}{u_{00}^r}, \quad r = \frac{(p+q)}{2} \quad p+q = 2, 3, \cdots \tag{4.25}$$

式中：$\overline{x} = m_{10}/m_{00}$，$\overline{y} = m_{01}/m_{00}$ 为重心坐标。

图像的不同阶数中心矩表征不同的物理意义，零阶矩 u_{00} 表示图像的面积，一阶矩 u_{01}、u_{10} 表示图像在水平和垂直方向上的重心，二阶矩又称惯性矩，用来确定目标的主轴，三阶矩表示图像投影的扭曲程度，用来衡量关于均值对称分布的偏差程度。u_{11} 表示倾斜程度，u_{20}、u_{30}、u_{21} 分别表示在水平方向上的伸展度、重心偏移度、均衡度，u_{02}、u_{03}、u_{12} 分别表示在垂直方向上的伸展度、重心偏移度、均衡度。

4.1.5.2 Hu 矩

Hu 矩利用归一化中心矩导出了 7 个不高于三阶函数式，同时具有平移、旋转和尺度不变性。这 7 个函数式称为 Hu 矩不变量

$$\begin{cases}
h_1 = \eta_{20} + \eta_{02} \\
h_2 = (\eta_{20} + \eta_{02})^2 + 4\eta_{11}^2 \\
h_3 = (\eta_{30} + 3\eta_{12})^2 + (\eta_{03} - 3\eta_{21})^2 \\
h_4 = (\eta_{30} + \eta_{12})^2 + (\eta_{03} + \eta_{21})^2 \\
h_5 = (\eta_{30} - 3\eta_{12})(\eta_{30} + \eta_{12}) + [(\eta_{03} + \eta_{12}) - 3(\eta_{03} + \eta_{21})^2] + \\
\qquad (\eta_{03} - 3\eta_{21})(\eta_{03} + \eta_{21})[(\eta_{03} + \eta_{21}) - 3(\eta_{30} + \eta_{12})^2] \\
h_6 = (\eta_{20} - \eta_{02})[(\eta_{03} + \eta_{12})^2 - (\eta_{03} + \eta_{21})^2] + 4\eta_{11}(\eta_{30} + \eta_{12})(\eta_{03} + \eta_{21}) \\
h_7 = (3\eta_{21} - 3\eta_{03})(\eta_{30} + \eta_{12})[(\eta_{30} + \eta_{12})^2 - 3(\eta_{03} + \eta_{21})^2] + \\
\qquad (3\eta_{12} - \eta_{30})(\eta_{03} + \eta_{21})[3(\eta_{30} + \eta_{12}) - (\eta_{03} + \eta_{21})^2]
\end{cases} \tag{4.26}$$

4.1.5.3 伪 Zernike 矩特征

根据正交性理论，当函数 $f(x)$ 满足能量有限条件时，可把它以 $p(x)$ 为权函数的归一化正交多项式 $\{P_n(x)\}$ 展开成广义傅里叶级数。这样，在笛卡儿坐标系或极坐标系中，对不同的正交多项式系 $P_n(x)$，系数 a_n 被定义成不同的正交矩。因为正交矩具有反变换且利用正交矩描述的图像具有最少的冗余信息，所以应用十分广泛。伪 Zernike 矩综合性能突出，具有较好的图像信息表达能力及较小的噪声敏感性。

伪 Zernike 矩是一种正交复数矩，利用在一个单位圆内的完备正交集进行展开。对于连续函数 $f(x, y)$，其 p 阶 q 重的复数伪 Zernike 矩定义为

$$P_{pq} = \frac{p+1}{\pi} \iint_{x^2+y^2 \leqslant 1} f(x, y) V_{pq}^*(x, y) \mathrm{d}x\mathrm{d}y \tag{4.27}$$

式中：p 为非负整数；q 为整数，且 $|q| \leqslant p$；上标 $*$ 表示复数共轭。$V_{pq}(x, y)$ 称为阶伪 Zernike 多项式，它满足

$$V_{pq}(x, y) = V_{pq}(\rho, \theta) = R_{pq}e^{jq\theta} \tag{4.28}$$

$$R_{pq}(\theta) = \sum^{p=|q|, s=0} \frac{(-1)^s[(2p+1-s)!]\rho^{p-s}}{s!(p-|q|-s)!(p+|q|+1-s)!} \tag{4.29}$$

4.1.6　雷达信号统计特征

4.1.6.1　熵特征

在信息学中，熵表示信源的平均不确定度。雷达辐射源信号可看作是有用信号(确定的)和噪声(随机的)的叠加，具有一定程度的不确定性。这种不确定性与事件发生的概率有关，也与判断事件具有某种特性的程度有关，可用熵对其进行测量。熵特征包括近似熵(apporximate entropy，ApEn)特征和范数熵(norm entropy，NoEn)特征，以下主要介绍近似熵。

ApEn 是定量描述时间序列不规则性的统计学参数，其特点在于只需用较少的数据即可统计出具有不同复杂性的信号序列产生新模式的概率大小，具有较好的噪声抑制能力。ApEn 相当于某种条件概率，而不仅仅是一种非线性动力学参数，所以，ApEn 既可用于随机信号、确定性信号，又可用于同时含有随机成分和确定性成分的混合信号。下面给出计算雷达辐射源信号 ApEn 的详细算法。

信号预处理：用傅里叶变换将接收机截获的辐射源信号 $\{f(i), i=1, 2, \cdots, M_1\}$ (M_1 为信号序列的长度)从时域变换到频域；将信号 $\{f(i)\}$ 进行能量归一化处理；求出信号 $\{f(i)\}$ 的中心频率和有效带宽，对带宽进行归一化处理；得到经预处理后的信号 $\{f(i), i=1, 2, \cdots, M_2\}$。

信号重采样：为了消除信号长度对计算 ApEn 的影响，需要对预处理后的雷达辐射源信号 $\{f_p(i), i=1, 2, \cdots, M_2\}$ 进行重采样，重采样后得到的信号为 $\{R(j), j=1, 2, \cdots, N\}$。

选定矢量维数 m 和噪声容限 r，并按下面的步骤计算 ApEn：

(1)将信号序列 $\{R(j)\}$ 按顺序组成一组 m 维矢量域 $X(j)$，即
$$X(j) = [R(j), R(j+1), \cdots, R(j+m+1)] \quad j=1, 2, \cdots, N-m+1 \tag{4.30}$$

(2)对每一个 j 值计算矢量 $X(j)$ 与其余矢量 $X(i)$ ($i=1, 2, \cdots, N-m+1$，且 $i \neq j$)之间的距离
$$d[X(j), X(i)] = \max_{k=0-m-1}\{|R(j+k)-R(i+k)|\} \tag{4.31}$$

(3)按照给定的闭值 $r(r>0)$，对每一个 j 值统计 $d[X(j), X(i)]<r(i=1, 2, \cdots, N-m+l$，且 $i\neq j$)的数目，记为 $C_N^m(j)$。计算它与矢量总数 $N-m+1$ 的比值
$$C_j^m(r) = \frac{1}{N-m+1}C_N^m(j) \quad j=1, 2, \cdots, N-m+1 \tag{4.32}$$

(4)先将 $C_j^m(r)$ 取自然对数，再求其对所有 $j(j=1, 2, \cdots, N-m+1)$ 的平均值，记作 $\Phi^m(r)$
$$\Phi^m(r) = \frac{1}{N-m+1}\sum_{j=1}^{N-m+1}\ln[C_j^m(r)] \tag{4.33}$$

(5)将矢量维数 m 增加1，变成 $m+1$。再按步骤(1)~(4)计算出 $C_j^{m+1}(r)$ 和 $\Phi^{m+1}(r)$。

(6)计算信号的 ApEn 的值

$$\mathrm{ApEn}(m, r) = \Phi^m(r) - \Phi^{m+1}(r) \tag{4.34}$$

ApEn 与参数 m 和 r 的选择有关，根据经验，通常取 $m=2$，$r=(0.1\sim0.25)P_{\mathrm{STD}}$。$P_{\mathrm{STD}}$ 为信号序列 $\{R(j)\}$ 的标准差，此时近似熵具有较为合理的统计特性。

4.1.6.2 复杂度特征

雷达辐射源信号的脉内特征主要表现在频率、相位和幅度的变化与分布上。脉内有无调制、采用何种调制模式，将在信号的波形上直接反映。因而，通过度量信号波形的复杂度可以识别信号的脉内调制模式。通常采用的复杂度特征为关联维数、盒维数、信息维数和 Lempel-Ziv 复杂度(LZC)。

(1)关联维数。在多种分形维数中，关联维数计算简单，容易从试验数据中直接测定，因而得到广泛应用。

(2)盒维数。雷达辐射源信号作为一种时间序列，分形能对它进行有效刻画，在实际应用中，通常用盒维数来描述分形信号的复杂度和不规则度。

设 (x, d) 是一个度量空间，H 是 x 的非空紧集族，ε 是一个非负实数，$B(x, \varepsilon)$ 表示一个中心在 x、半径是 ε 的闭球，A 是 X 中的一个非空紧集。对于每个正数 ε，令 $N(A, \varepsilon)$ 表示覆盖 A 的最小闭球的数目，闭球的半径为 ε，即

$$N(A, \varepsilon) = \{M: A \subset \bigcup_{i=1}^{M} N(x_i, \varepsilon)\} \tag{4.35}$$

式中：$x_1, x_2, \cdots, x_M$ 为 X 的不同的点。设 A 是一个紧集，是非负实数，若存在

$$D_b = \lim_{\varepsilon \to 0} \frac{\ln N(A, \varepsilon)}{\ln(1/\varepsilon)} \tag{4.36}$$

则称 D_b 是集合 A 的分形维数，记为 $D_b = D_b(A)$，并称 A 具有分形维数 D_b，这种维数称为盒维数。

(3)信息维数。在盒维数定义中，分形 F 的维数与覆盖 F 的盒子有关，未考虑每个盒子中包含了多少个 F 的点，分形盒维数只能反映分形的几何尺度情况。为了使其能反映分形集在区域空间上的分布信息，可通过引入信息维数来反映分形集在区域空间上的分布疏密。设 X 是 R^n 的集合，$\{A(i)\}$ $(i=1, 2, \cdots, N)$ 是 X 的一个有限覆盖，令 P_i 表示集合 X 的元素落在集合 A_i 的概率，其值为

$$P_i = \frac{N(X)_i}{N(X \cap A_i)} \quad i = 1, 2, \cdots, N \tag{4.37}$$

式中：$N(X)_i$ 与 $N(X \cap A_i)$ 分别为元素的个数。令信息熵

$$S = -\sum_{i=1}^{N} P_i \lg P_i \tag{4.38}$$

作为 X 的位形熵。如果信息熵满足下面关系

$$S(\delta) \propto \lg \delta^{Dt} \tag{4.39}$$

则 x 的信息维数定义为

$$D = -\lim_{\delta \to 0} \frac{S(\delta)}{\lg \delta} \tag{4.40}$$

（4）Lempel-Ziv 复杂度（LZC）。LZC 主要用于信号及图像数据压缩、信息编码等方面，也有将它用于信号特征提取的研究。LZC 只需通过两种简单操作（复制和添加）的计算模型来描述信号序列，并将所需的添加操作次数作为序列的复杂性度量。

4.1.7　雷达辐射源特征应用举例

雷达的 PRI 调制模式信息可用于推断雷达的工作任务和所处的工作状态，是电子支援措施中进行辐射源识别的重要依据，也是威胁态势感知和干扰方式决策的重要参考。现有雷达信号分选技术不足以识别具有多种 PRI 调制模式的新型雷达信号，因此建立新的复杂体制雷达 PRI 调制模式识别算法的需求日益迫切。图 4-3 是某复杂体制雷达的 PRI 序列，其中 Δt 为基本 PRI 调制周期，（a）～（e）分别对应的调制模式为：（a）恒参、（b）抖动、（c）正弦、（d）驻留与切换、（e）滑变。

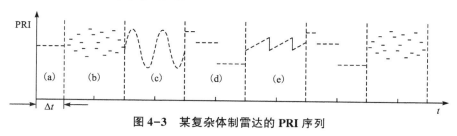

图 4-3　某复杂体制雷达的 PRI 序列

为有效分选并识别脉冲信号的 PRI 调制模式，下面基于 PRI 序列及其极值序列选取特征，构建极值序列特征集。

（1）恒参特征。

$$f_1(i) = F(i + 1) - F(i) \tag{4.41}$$

$$C_1 = \begin{cases} 1 & f_1(i) \leqslant \varepsilon_1 \\ 0 & f_1(i) > \varepsilon_1 \end{cases} \tag{4.42}$$

恒参特征用于判断 PRI 调制模式是否为固定 PRI 调制。

（2）类正弦特征。

$$f_2(i) = [t_{\max}(i + 1) - t_{\max}(i)] - [t_{\min}(i + 1) - t_{\min}(i)] \tag{4.43}$$

$$C_2 = \begin{cases} 1 & f_2(i) \leqslant \varepsilon_2 \\ 0 & f_2(i) > \varepsilon_2 \end{cases} \tag{4.44}$$

类正弦特征用于判断 PRI 调制模式是否为滑变 PRI 调制模式或者正弦 PRI 调制模式。对于类正弦 PRI 调制模式，由图 4-3 可知其相邻极大值之间的时间差等于相邻极小值之间的时间差，其他 PRI 调制模式则不能严格满足此准则。因此，若 $f_2(i)$ 小于误差范围，C_1 取值为 1，判定为类正弦 PRI 调制。

（3）正弦特征。

$$f_3(i) = [t_{\max}(i + 1) - t_{\max}(i)] - 2 \times |t_{\max}(i + 1) - t_{\min}(i + 1)| \tag{4.45}$$

$$C_3 = \begin{cases} 1 & f_3(i) \leqslant \varepsilon_3 \\ 0 & f_3(i) > \varepsilon_3 \end{cases} \tag{4.46}$$

正弦特征用于对已判定为类正弦 PRI 调制的 PRI 序列，以进一步判定是否为正弦 PRI 调制或滑变 PRI 调制。对于正弦 PRI 调制，由图4-3可知某一极大值与相邻极大值的时间差为其与相邻极小值之间的时间差的 2 倍，滑变 PRI 调制模式的极值序列则不满足此准则。因此，若 $f_3(i)$ 小于误差范围，则判定为正弦 PRI 调制，反之，判定为滑变 PRI 调制。

（4）抖动特征。

$$f_4 = \frac{N(F'(i))}{N(F(i))} \tag{4.47}$$

$$C_4 = \begin{cases} 1 & f_4 \geq \alpha \\ 0 & f_4 < \alpha \end{cases} \tag{4.48}$$

抖动特征用于对已判定为非类正弦 PRI 调制（包括抖动 PRI 调制和驻留与切换 PRI 调制）的 PRI 序列，以进一步判定是否为抖动 PRI 调制或驻留与切换 PRI 调制。其中，$N(F'(i))$ 和 $N(F(i))$ 分别表示极值序列和 PRI 序列元素个数。对于抖动 PRI 调制，其 PRI 值随机抖动，故极值个数远大于其他调制模式。因此，定义抖动比 f_4 为极值序列元素个数与 PRI 序列元素个数之比，当抖动比大于设定阈值 α 时，判定该 PRI 序列调制模式为抖动 PRI 调制，反之，判为驻留与切换 PRI 调制模式。

根据定义的四种特征，建立极值序列特征集 $f = \{f_1, f_2, f_3, f_4\}$，可以用该特征集表征五种 PRI 调制信号的调制特征。

恒参 PRI 调制可以通过恒参特征快速识别，因此只考虑特征 f_2, f_3, f_4。建立三维特征空间，如图 4-4 所示，该图模拟了四种 PRI 调制模式的特征分布，每一种调制模式设置有 1000 个信号样本。可以看到，PRI 调制模式被较好地区分开来（其中滑变 PRI 调制样本的 f_2, f_3, f_4 值相同，样本重合点较多）。

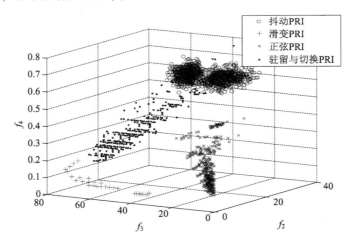

图 4-4   三维特征空间中的 PRI 调制样本分布

根据五种 PRI 调制模式的极值序列特征，可将调制模式分为三层：恒参 PRI 调制的 PRI 值保持不变，可定义为恒参层；正弦 PRI 调制和滑变 PRI 调制的 PRI 序列具有类似正弦函数的形态，可定义为类正弦层；抖动 PRI 调制和驻留与切换 PRI 调制的 PRI 序列常出现 PRI 值的较大变化，可定义为跳变层。五种 PRI 调制模式的分层如图4-5所示。

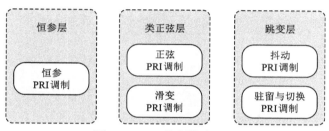

图 4-5　PRI 调制模式分层

在进行 PRI 调制识别之前，先对到达时间测量得到的 PRI 序列数据进行预处理。预处理方法为：首先对丢失的脉冲进行补偿，然后对 PRI 序列进行去直流处理。对 PRI 序列的调制模式分层识别算法流程如图 4-6 所示。

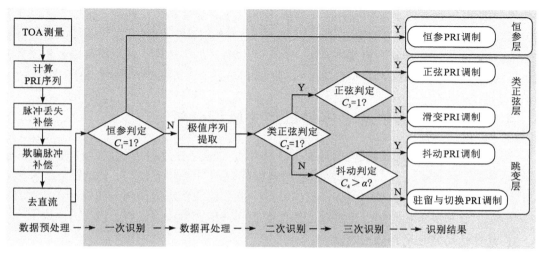

图 4-6　识别算法流程

步骤 1 恒参判定：对 PRI 序列判定其恒参特征，若 f_1 小于误差范围，C_1 取值为 1，判定为恒参 PRI 调制。反之，执行步骤 1。

步骤 2 极值序列提取：按式(4.41)~式(4.48)提取 PRI 序列极值 $f = \{f_1, f_2, f_3, f_4\}$。

步骤 3 类正弦判定：对 PRI 极值序列进行周期特征判定，若 f_2 小于误差范围，C_2 取值为 1，判定为类正弦 PRI 调制，执行步骤 4。反之，执行步骤 5。

步骤 4 正弦判定：对 PRI 极值序列进行正弦特征判定，若 f_3 小于误差范围，C_3 取值为 1，判定为正弦 PRI 调制。反之，执行判定为滑变 PRI 调制。

步骤 5 抖动判定：计算 PRI 序列的抖动比，当抖动比大于设定阈值 α 时，判定该 PRI 序列调制模式为抖动 PRI 调制。反之，判定为驻留与切换 PRI 调制模式。

根据识别流程步骤 3 可估计类正弦 PRI 调制周期。调制周期可通过式(4.49)估计

$$T_m = \frac{\sum_{i=1}^{N_0-1} [t_{\max}(i+1) - t_{\max}(i)]}{N_0 - 1} \tag{4.49}$$

式中：N_0 为极大值序列元素数。

4.2　雷达辐射源个体特征

传统的基于五参数的分选算法在雷达对抗电磁环境比较简单、雷达数量少、雷达信号流密度低，以及信号形式简单、信号参数固定等情况下是有效的。随着雷达技术的迅速发展和大量应用，信号环境日趋密集复杂，新体制雷达不断出现，雷达参数以各种规律变化，采用脉间参数特征进行分选和估计源数目已远远不能满足现代电子战的要求，因此，雷达必须具有提取和分析辐射源信号细微特征的能力。从雷达发射机的原理可知，辐射源信号的细微特征(又称指纹特征)是相对于基本特征而言的，是附加在雷达信号上的无意调制特征，如幅度起伏、频率漂移等，是一部雷达所特有的信号属性。因此，提取雷达辐射源信号的个体特征，可对辐射源进行唯一识别，尤其是对体制、调制模式和信号载频均相同的雷达辐射源信号分选具有重要的意义。由于个体特征的细微性，以及侦察接收机工作环境的日益恶劣，如果采取 4.1 节中的时域、频域和时频分析方法很难提取出有效特征。

4.2.1　雷达辐射源个体特征产生原因分析

雷达辐射源个体特征是雷达信号本身所具有的，能够精确反映雷达信号个体特征。针对雷达体制、调制模式、信号频率均相同的辐射源识别，个体特征实际上是辐射源在制造过程中的各种随机因素造成的差异。这些差异一般会体现在辐射源输出的信号上，并且有一定的稳定性和各不相同的变化规律。辐射源个体特征产生原因主要有以下几点。

1. 雷达信号载频的精确度差异

产生雷达信号的实体(发射机)中总是有载频存在，已调信号是基带信号对载频进行调制产生的。由于产生载波频率的频率源制作工艺存在偏差，每个频率源的输出频率与其标称频率存在或大或小的偏差。对于不同的雷达，采用不同的频率源，其载频的相对频率偏差和绝对频率偏差不同。对于体制相同、信号强度相当的雷达信号，其载频的差异可考虑作为个体征参数。

2. 雷达信号调制参数的个体差异

雷达信号都是经过各种调制的，对于相同型号的雷达，采用的器件和电路上的差异，必将导致调制参数差异。即使是相同型号的雷达，调制器采用的物理器件的分散性，也会引起信号调制参数的差异。如信号的脉宽、包络起伏、前后沿变化等，这些差异也可以作为雷达辐射源的个体特征之一。

3. 雷达发射机的杂散输出差异

任何发射机在发射有用信号的同时，总是伴随发射不需要的杂散频率，杂散频率从成分上可分为互调频率、谐波频率、电源滤波不良引起的寄生调制等。对于不同的雷达，由于电路参数及电特性的差异，其杂散输出成分和大小也各不相同，这些杂散输出更多地表现为不规则的非平稳、非线性、非高斯特性，一般的一阶、二阶分析方法难以更深入地揭示其本质。

综上所述，定义的雷达个体特征包括频域特征（载频均值与方差）、时域特征（脉宽、包络顶降、包络前后沿）、变换域特征（高阶谱特征）。

4.2.2　雷达辐射源频域个体特征分析

载频均值和方差可以作为雷达信号的个体特征，要想获得精确的载频估计，必须有精确的载频估计算法，当前可查到的频率估计算法有很多种，大体可以归为两大类：一类是参量估计法，另一类是非参量估计法。

参量估计法主要包括 Pisarenko 分解、MUSIC 算法和 ESPRIT 算法等。这些方法都可以得到很高的频率估计精度，每种方法的统计特性稍有不同。这些方法的缺点是估计质量与模型阶数有关，运算量较大。非参量估计法主要是基于 FFT 算法，具有较小的运算量和较高的执行效率的优点，缺点是频率估计精度受 FFT 频谱分辨率限制，往往无法分辨很接近的频率间隔。

现在主流的个体特征提取方法可描述如下。

设正弦波信号模型为

$$s(t) = a \cdot \mathrm{e}^{\mathrm{j}(2\pi f_c t + \varphi_0)} \qquad 0 \le t \le T \tag{4.50}$$

式中：a，f_c，φ_0 分别为振幅、频率、初相。对 $s(t)$ 进行离散采样，得到

$$s(n \cdot \Delta t) = a \cdot \mathrm{e}^{\mathrm{j}(2\pi f_c n \cdot \Delta t + \varphi_0)} \qquad 0 \le t \le T \tag{4.51}$$

式中：Δt 为采样间隔。设 $T = N \times \Delta t$，则 $\{s_n\}$，$n = 1, 2, \cdots, N-1$ 是 $s(t)$ 的一个离散采样序列，它的离散傅里叶变换（DFT）系数为

$$S_k = \sum_{n=0}^{N-1} s_n \cdot \mathrm{e}^{\mathrm{j}2\pi nk/N} \qquad 0 \le t \le T \tag{4.52}$$

如果 S_{k_0} 是 $\{s_n\}$ 的 DFT 的最大值谱线，则正弦波频率的估计值可表示为

$$\hat{f}_{c_0} = \frac{1}{T}\left(k_0 + \frac{r \cdot |S_{k_0+r}|}{|S_{k_0+r}| + |S_{k_0}|}\right) \tag{4.53}$$

式中：$r = \pm 1$，当 $|S_{k_0+1}| \le |S_{k_0-1}|$ 时，$r = -1$，当 $|S_{k_0+1}| \ge |S_{k_0-1}|$，$r = 1$。

对信号 $s(t)$ 取两个不同长度的序列，$\{s_n\}$，$n = 0, 1, \cdots, N-1$ 和 $\{s_m\}$，$m = 0, 1, \cdots, M-1$，$M < N$。采样间隔都等于 Δt，对 $\{s_n\}$ 和 $\{s_m\}$ 分别做 DFT，$_0X_{k_0}$、$_tX_{k_1}$ 分别是上述 DFT 系数最大的两个幅值。令

$$\alpha_0 = -\mathrm{Im}(_0X_{k_0})/\mathrm{Re}(_0X_{k_0}) \tag{4.54}$$

$$\alpha_1 = -\mathrm{Im}(_1X_{k_1})/\mathrm{Re}(_1X_{k_1}) \tag{4.55}$$

式中：$\mathrm{Re}(\cdot)$、$\mathrm{Im}(\cdot)$ 分别为取实部、虚部运算。记

$$\beta = \arctan(\alpha_0) - \arctan(\alpha_1) \tag{4.56}$$

$tg^{-1}(\cdot)$ 为三角函数中反正切运算，正弦波 f_c 的估计值 $\hat{f}_{c_1}$ 为

$$\hat{f}_{c_1} = \frac{1}{(N-M)\Delta t}\left(\frac{N-1}{N}k_0 - \frac{M-1}{M}k_1 - \frac{\beta}{\pi}\right) \tag{4.57}$$

由式（4.57）定义的频率估计算法为单线相位法，当被估计频率 f_c 位于某一个离散频率附

近时，该算法精度相当高，当 f_c 位于两个离散频率的中心区域时，其相位模糊误差非常大。

现作如下定义：

（1）$\hat{f}_{00}=\dfrac{k_0}{N}f_s$ 粗估计。

（2）$\hat{f}_{01}=(k_0+\dfrac{r\cdot|S_{k_0+r}|}{|S_{k_0+r}|+|S_{k_0}|})\dfrac{f_s}{N}$，$r=\pm1$ 为双线幅度法估计频率。

（3）$\hat{f}_{02}=\dfrac{f_s}{(N-M)}(\dfrac{N-1}{N}k_0-\dfrac{M-1}{M}k_1-\dfrac{\beta}{\pi})$ 为单线相位法估计频率。

（4）$\hat{f}_{0e}$ 为综合算法的最终估计。

（5）$f_s=1/\Delta t$ 为采样频率。

辐射源个体识别算法过程可描述如下：

如果 $|\hat{f}_{00}-\hat{f}_{02}|\leqslant f_s/10N$，则认为 f_0 接近 k_0f_s/N，取 $\hat{f}_{0e}=\hat{f}_{02}$。

如果 $\dfrac{4f_s}{10N}<\hat{f}_{00}-\hat{f}_{02}\leqslant\dfrac{f_s}{N-M}$，则认为 f_0 充分接近 $(k_0+1/2)f_s/N$，取 $\hat{f}_{0e}=\hat{f}_{01}$。

如果 $\dfrac{f_s}{10N}<|\hat{f}_{00}-\hat{f}_{02}|\leqslant\dfrac{4f_s}{10N}$，则取 $\hat{f}_{0e}=(\hat{f}_{01}-\hat{f}_{02})/2$。

如果 $|\hat{f}_{00}-\hat{f}_{02}|>f_s/(N-M)$，则认为发生相位模糊，显然 $\hat{f}_{02}$ 不能再被使用，如果 $\dfrac{f_s}{10N}<|\hat{f}_{00}-\hat{f}_{01}|$，则取 $\hat{f}_{0e}=\hat{f}_{01}$。

如果 $|\hat{f}_{00}-\hat{f}_{01}|<\dfrac{f_s}{10N}$ 且 $|\hat{f}_{00}-\hat{f}_{02}|>\dfrac{f_s}{N-M}$，当 $\hat{f}_{00}>\hat{f}_{02}$，则 $\hat{f}_{0e}=\hat{f}_{02}+2f_s/(N-M)$，否则 $\hat{f}_{0e}=\hat{f}_{02}-2f_s/(N-M)$。

4.2.3　雷达辐射源时域个体特征分析

信号包络在时间上呈现不同的瞬态信息，这些瞬态信息可以被用来作为雷达信号的识别依据，如信号前沿、后沿的变化，以及顶部起伏、每个尖峰的位置、尖峰的相对幅度、尖峰数、脉宽等。雷达发射机相位噪声在信号包络上也有明显的体现，包络变化特性也是雷达个体特征之一。

设接收机接收到的雷达信号模型为

$$s(t)=a(t)\cdot e^{j(2\pi f_0t+\varphi_0)}\qquad 0\leqslant t\leqslant T \tag{4.58}$$

式中：$a(t)$，f_0，φ_0 分别为信号的包络、频率、相位。当信号的调制类型不同时，$\varphi(t)$ 也有所不同。对 $s(t)$ 进行离散采样，得到

$$s(n\cdot\Delta t)=a(n\cdot\Delta t)\cdot e^{j[2\pi f_0n\cdot\Delta t+\varphi(n\cdot\Delta t)]}\qquad 0\leqslant t\leqslant T \tag{4.59}$$

式中：Δt 为采样间隔。设 $T=N\cdot\Delta t$，则 $\{s_n\}$，$n=1,2,\cdots,N-1$，为 $s(t)$ 的一个离散采样序列。

对于离散信号，常用的包络方法主要有复调制法、全波整流法、检波滤波法、希尔伯特变换法等。复调制法是对信号乘以 $e^{-j2\pi ft}$ 得到信号的两个正交分量，取模得到调制信号

的包络；全波整流法对信号取绝对值，然后滤掉取绝对值引起的高次谐波成分，得到信号的包络成分，这种方法的结果与复调制法类似；检波滤波法是先去掉信号负值部分，然后设计一个窄带滤波器，通过滤波提取低频信号，滤掉载频信号，即可得到窄带滤波器频窗所确定成分的包络，这种方法的缺点是需要设计滤波器；希尔伯特变换法是通过将信号 $x(t)$ 与 $1/\pi t$ 进行卷积，得到相移为 $-\pi/2$ 的信号 $H[x(t)]$，包络为解析信号 $x(t)+iH[x(t)]$ 的模 $\sqrt{x^2(t)+H^2[x(t)]}$，该方法须配有滤波环节，才能提取出感兴趣频率成分的包络，这种方法的缺点是存在一些不需要的频带成分和随机噪声的干扰。

在信号时频特征提取方法中，小波变换是一种新的时频分析方法，并且具有多分辨分析的分层特性和时、频域局部化的特性，可用于噪声环境下非平稳信号的分析。基于包络分析的思想和小波分析的特点，把小波变换和包络分析结合起来，即形成小波包络分析方法。

4.2.4　雷达辐射源变换域个体特征分析

随着高阶累积量在信号处理中的成功应用，基于高阶谱的特征提取方法研究方兴未艾，越来越引起各行科研工作者的浓厚兴趣和足够重视。因此，将高阶谱引入个体特征的提取中，可抑制高斯噪声干扰，保留信号的幅度和相位信息，衡量随机序列偏离正态的程度，有效地反映信号的非高斯、非线性特性。

4.2.4.1　雷达辐射源信号双谱分析

信号的自相关函数及其傅里叶变换是表征随机信号的有力工具，但不包含相位信息是它的明显局限性。高于二阶的累积量称为高阶累积量，它们的多维傅里叶变换称为多谱。多谱可以弥补二阶统计量的不足，其中三阶相关函数及其傅里叶变换（即双谱）应用最多，不但可以通过它来恢复、提取信号的相位信息，而且可以利用它表现系统的非线性特性。此外，零均值高斯变量的三阶矩为零，因此双谱可以抑制高斯白噪声的影响。为了实现对雷达辐射源的个体识别，从辐射源信号中提取出的特征应该能够反映不同雷达辐射源引起的无意相位调制差异，双谱具备这样的能力。

假设高阶累积量 $C_{kx}(\tau_1, \cdots, \tau_{k-1})$ 是绝对可和的，即

$$\sum_{\tau_1=-\infty}^{\infty} \cdots \sum_{\tau_{k-1}=-\infty}^{\infty} |C_{kx}(\tau_1, \tau_2, \cdots, \tau_{k-1})| < \infty \tag{4.60}$$

则 k 阶谱定义为 k 阶累积量的 $(k-1)$ 维离散傅里叶变换，即

$$S_{kx}(w_1, w_2, \cdots, w_{k-1}) = \sum_{\tau_1=-\infty}^{\infty} \cdots \sum_{\tau_{k-1}=-\infty}^{\infty} C_{kx}(\tau_1, \tau_2, \cdots, \tau_{k-1}) \mathrm{e}^{-\mathrm{j}(w_1\tau_1+\cdots+w_{k-1}\tau_{k-1})} \tag{4.61}$$

因此，双谱即三阶谱，定义为

$$B_x(w_1, w_2) = \sum_{\tau_1=-\infty}^{\infty} \sum_{\tau_2=-\infty}^{\infty} C_{3x}(\tau_1, \tau_2) \mathrm{e}^{-\mathrm{j}(w_1\tau_1+w_2\tau_2)} \tag{4.62}$$

设 $\{x(n), n=0, 1, 2, \cdots, N\}$ 为一个有限能量的离散确定性信号，则其傅里叶变换及双谱分别定义为

$$X(w) = \sum_n x(n) \mathrm{e}^{-\mathrm{j}wn} \tag{4.63}$$

$$B_x(w_1, w_2) = X(w_1)X(w_2)X^*(w_1 + w_2) \tag{4.64}$$

与功率谱相比,双谱具有如下特性。

(1)功率谱和自相关函数是一实数,不包含相位信息。双谱为一复值,具有幅值和相位信息。

(2)能够抑制高斯噪声。均值为零的高斯过程,其三阶累积量为零,则其双谱也为零。

(3)双谱有助于说明系统的特性是否具有非线性。若系统是线性的,其响应的时间序列具有高斯分布的平稳随机过程,其双谱为零。因此,用双谱可以判别系统中是否存在非线性,及非线性程度的大小。

在进行双谱估计时,对估计功率谱的直接法进行推广,即可得到双谱估计的非参数化方法,具体步骤如下。

(1)将离散信号$\{x(n), n=1, 2, \cdots, N\}$分成 K 段,每段含 M 个观测样本,记作 $x^k(0)$, $x^k(l)$, $\cdots$, $x^k(M-l)$,其中 $k=0, 1, \cdots, K$; $N=KM$,这里允许两段相邻数据间有重叠。

(2)计算离散傅里叶变换(DFT)系数

$$X^{(k)}(\lambda) = \frac{1}{M}\sum_{n=0}^{M-1} x^{(k)} e^{-j2\pi n\lambda/M} \tag{4.65}$$

式中:$\lambda = 0, 1, \cdots, M/2$; $k = 1, 2, \cdots, K$。

(3)计算 DFT 系数的三重相关

$$\hat{b}_k(\lambda_1, \lambda_2) = \frac{1}{\Delta_0^2}\sum_{i_1=-L_1}^{L_1}\sum_{i_2=-L_2}^{L_2} X^{(k)}(\lambda_1 + i_1)X^{(k)}(\lambda_2 + i_2)X^{(k)}(-\lambda_1 - i_1 - \lambda_2 - i_2) \tag{4.66}$$

$$k = 1, 2, \cdots, K, 0 \leqslant \lambda_2 \leqslant \lambda_1, \lambda_1 + \lambda_2 \leqslant f_s/2$$

式中:$\Delta_0 = f_s/N_0$,而 N_0 和 L_l 应选择为满足 $M=(2L_1+l)N_0$ 的值。

(4)所给数据 $x(0)$, $x(l)$, $\cdots$, $x(N-1)$ 的双谱估计由 K 段双谱估计的平均值给出,即

$$\hat{B}_D(w_1, w_2) = \frac{1}{K}\sum_{K=1}^{K} \hat{b}_k(w_1, w_2) \tag{4.67}$$

式中:$w_1 = \frac{2\pi f_s}{N_0}\lambda_1$; $w_2 = \frac{2\pi f_s}{N_0}\lambda_2$。

4.2.4.2 相位噪声的双谱分析

侦察机接收到的离散含噪信号可以表示为 $x(n)=v(n)+w(n)$,其中,$w(n)$ 是高斯白噪声信号,$v(n)$ 是发射机输出的含有相位噪声的信号,且 $w(n)$ 和 $v(n)$ 相互独立。对 $x(n)$ 求三阶累积量,则有

$$c_{3x}(k_1, k_2) = E\{[v(n) + w(n)][v(n + k_1) + w(n + k_1)][v(n + k_2) + w(n + k_2)]\} \tag{4.68}$$

表达式可合并为

$$\begin{aligned} c_{3x}(k_1, k_2) &= c_{3v}(k_1, k_2) + c_{3w}(k_1, k_2) \\ &+ E[v(n)][c_{2v}(k_1) + c_{2v}(k_2) + c_{2v}(k_2 - k_1)] \\ &+ E[w(n)][c_{2w}(k_1) + c_{2w}(k_2) + c_{2w}(k_2 - k_1)] \end{aligned} \tag{4.69}$$

信号和噪声的均值为零，则

$$c_{3x}(k_1, k_2) = c_{3v}(k_1, k_2) + c_{3w}(k_1, k_2) \tag{4.70}$$

由于 $w(n)$ 是高斯白噪声信号，$c_{3w}(k_1, k_2)$ 可以忽略不计，可见信号的三阶累积量可以消除白噪声的影响，其双谱由 $c_{3v}(k_1, k_2)$ 确定。因此，含有相位噪声的雷达信号是包含不同频率的正弦波的组合。而正弦波 $\sin(w_0 t)$ 的频谱是两个 δ 函数，可表示为

$$X(w) = j\pi[\delta(w + w_0) - \delta(w - w_0)] \tag{4.71}$$

因此，可得到信号的频谱，表示为

$$X_V(w) = j\pi A[\delta(w + w_0) - \delta(w - w_0)]$$
$$+ \frac{j\pi A}{2} \sum_{n=1}^{\infty} M_n[\delta(w + w_n) - \delta(w - w_n)] \tag{4.72}$$
$$- \frac{j\pi A}{2} \sum_{n=1}^{\infty} M_n[\delta(w + \varphi_n) - \delta(w - \varphi_n)]$$

式中：$w_0 = 2\pi f_0$；$w_n = 2\pi(f_0 + f_n)$；$\varphi_n = 2\pi(f_0 - f_n)$。由于式（4.72）包含 3 个不同频率的单一正弦波，则其频谱含有 6 个冲击函数，正弦波的频谱为

$$j\pi A[\delta(w + w_0) - \delta(w - w_0)], \quad w_0 = 2\pi f_0 \tag{4.73}$$

其余 4 个分别为

$$\frac{j\pi MA}{2}[\delta(w + w_{01}) - \delta(w - w_{01})], \quad w_{01} = 2\pi(f_0 + f_m) \tag{4.74}$$

$$-\frac{j\pi MA}{2}[\delta(w + w_{02}) - \delta(w - w_{02})], \quad w_{02} = 2\pi(f_0 - f_m) \tag{4.75}$$

假设式（4.73）~式（4.75）中各频率有如下特殊关系：$w_0 = 2w_{02}$、$w_{01} = 3w_{02}$。则双谱将在图 4-7 所示的三组直线共同交点处存在非零值，其中每组包含 6 条直线。同样，如果信号只是单一的正弦波，则其双谱为零。

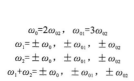
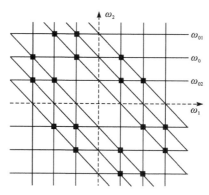

图 4-7　含有相位噪声的双谱图

从以上分析可以看出，调制频率的不同将导致信号的双谱具有不同位置的非零值，即双谱不同。因此，利用双谱来检测辐射源信号受相位噪声影响而产生的个体差异是可行的。

4.2.5 辐射源个体识别

4.2.5.1 基于频域特征的辐射源个体识别

实验数据来自两部实验型雷达的实测信号,各辐射源信号形式均为单一正弦波脉冲。辐射源的功能相同,并具有相同的标称频率和脉宽。辐射源中频信号标称频率为 70 MHz,脉宽 0.45 μs,数字接收机采样率为 250 MHz,带宽 50 MHz。每部辐射源分别取 100 个脉冲作为实验数据。

分别提取两部辐射源数据每个脉冲的频率均值和频率方差,然后再统计平均,得到两部辐射源的频率均值和频率方差见表 4-1。

表 4-1 两部辐射源频率均值与方差

参数	频率均值/MHz	频率方差/kHz
辐射源 1	70.1105877	1772.8114
辐射源 2	71.1066189	357.2676

由表 4-1 可以看出,尽管两部辐射源的常规参数标称值相同,但是实际频率与标称频率有差异。每部辐射源的频率和抖动都是不同的,如前所述,这些差异是发射机采用的器件不同造成的,是辐射源个体特征的体现。

4.2.5.2 基于时域特征的辐射源个体识别

实验设置与 4.2.5.1 相同,两部辐射源的单脉冲小波分解层数为 4 层。首先对各层包络幅度归一化,同时采用中值滤波进行整形,然后提取整形,将每层包络的包络顶降、上升沿、下降沿和脉宽作为特征,最后对各层特征分别求统计平均。对两部辐射源的 100 个信号进行统计平均,结果见表 4-2。

表 4-2 两部辐射源时域个体特征

参数	分解层数	包络顶降/%	上升沿/ns	下降沿/ns	脉宽/μs
辐射源 1	1	0.0525	23.6	25.3	93.4
	2	0.1010	17.2	16.3	138.6
	3	0.0985	11.8	15.7	105.8
	4	0.1283	4.1	12.9	50.3
辐射源 2	1	0.0941	25.1	26.7	91.7
	2	0.1753	6.9	16.5	157.3
	3	0.1476	6.3	25.4	105.2
	4	0.1306	4.3	9.7	37.6

从表 4-2 可以看出,两部辐射源的每一层小波包络特征都有区别。这些区别是发射机器件不同引起的,是辐射源的固有特性。

4.2.5.3　基于双谱特征的辐射源个体识别

首先用双谱分析法提取信号的双谱对角切片；然后利用主成分分析法（PCA）从大量训练样本特征中挑选低维、低复杂度的特征矢量，并融合对分类具有显著贡献的辐射源属性参数作为识别特征矢量；最后采用势函数分类法实现雷达辐射源识别。

假设待分类对象为相同型号、相同批次的 P 部雷达，记作 $\{S_i, i=1, 2, \cdots, P\}$。对第 1 个雷达发射信号的第 k 个侦察数据记为 $x_k^{(l)}(1)$，$x_k^{(l)}(2)$，$x_k^{(l)}(3)$，$\cdots$，$x_k^{(l)}(N)$。其中，$l=1, 2, \cdots, M$；P 为要识别的雷达类别数。$K=1, 2, \cdots, M$ 为对雷达进行侦察得到的数据组数，识别步骤如下。

（1）计算雷达辐射源信号双谱 $B_k^{(l)}(w)$

$$B_k^{(l)}(w) = B_k^{(l)}(w_1) B_k^{(l)}(w_2) B_k^{(l)}(w_1 + w_2) \tag{4.76}$$

（2）取双谱对角线元素得到对角切片 $C_{3x}(\tau, \tau)$

$$C_{3x}(\tau, \tau) = E[x(n)x(n+\tau)x(n+\tau)] \tag{4.77}$$

（3）利用主成分分析对 $C_{3x}(\tau, \tau)$ 降维提取低维特征向量。

（4）完成特征向量融合。选择雷达的载频稳定度和重复频率稳定度与低维双谱特征融合作为分类的特征向量，进行训练和识别。假定融合后每部雷达的特征向量为 N 维向量，第 1 个雷达的特征向量表示为

$$S_l = \{s_i\} \quad i = lN + 1, lN + 2, \cdots, lN + N, l \in \{1, 2, \cdots, P\} \tag{4.78}$$

（5）采用势函数分类法，利用融合后的特征向量调整判别函数；迭代进行直到输入所有的样本，无须调整即得到每一类雷达的判别函数。

（6）令 $\overline{x} = [s(1), s(2), \cdots, s(N)]^T$ 是从一组侦察样本按照前述方法提取并融合后的特征向量。将该向量代入各类判别函数，判别函数最大值的类别即待测雷达的类别。

4.3　雷达型谱

当前，雷达技术飞速发展，雷达信号的调制方式也越来越变幻莫测，给电子战中对抗的一方带来巨大挑战。例如，机载雷达型号频繁更换，对其侦察难上加难，单纯地依靠脉冲描述字等简单参数很难区分雷达辐射源的状态和威胁等级，也难以实现对空中态势的准确判断和快速反应。

4.3.1　雷达型谱结构

雷达型谱的基本结构分为三个层次，如图 4-8 所示，通过从上至下的平台、状态、信号层次结构组成雷达型谱，完整描述了雷达装备同信号参数之间的关系。

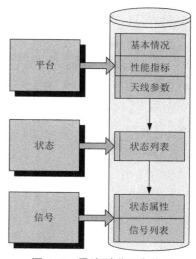

图 4-8　雷达型谱层次关系

平台层主要包括性能指标、基本情况、天线参数等，是对该型雷达的简要介绍。

状态层主要反映各工作状态之间的区别及各状态下的典型特点，完整呈现雷达所有的工作状态。以机载雷达为例，根据作用区域不同，可分为空-空、空-面两大类。其中空-空状态指探测空中目标，空-面状态指探测地面或海面目标。

信号层通过建立的基于脉冲样本图的信号表征体系[体系核心是脉冲群描述字（pulse group discreption word，PGDW）]，表述信号各参数的变化规律以及信号之间的组合规律，力求完整反映雷达各工作状态信号样式。

雷达型谱结构如图4-9所示，包括平台属性单元、工作状态单元、状态属性单元、脉冲群描述字单元，各个单元组成雷达型谱作为电子情报的汇总标准。

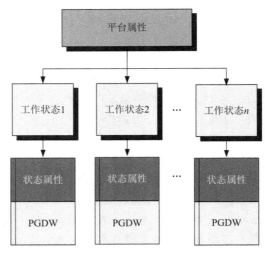

图4-9　雷达型谱结构

4.3.2　雷达型谱基本单元样式

1. 平台属性单元

雷达平台属性单元主要包括平台基本情况、性能指标、天线参数三类基本属性。基本情况主要包括雷达体制、频段、装备时间、制造厂商等，性能指标主要包括体积、质量、输入功率等，天线参数主要包括天线形式、天线尺寸、主瓣增益等参数，具体如图4-10所示。

2. 工作状态单元

雷达工作状态列表主要根据雷达类型列举其主要工作模式，雷达类型不同则工作模式不同。以机载脉冲多普勒（pulse doppler，PD）雷达为例，其工作模式依据作战任务的不同可分为空-空（A-A）模式、空-面（A-S）模式。其中，空-面模式包括空-地、空-海模式。除此之外，机载雷达还具有导航等其他模式，典型的机载PD雷达工作状态单元如图4-11所示。

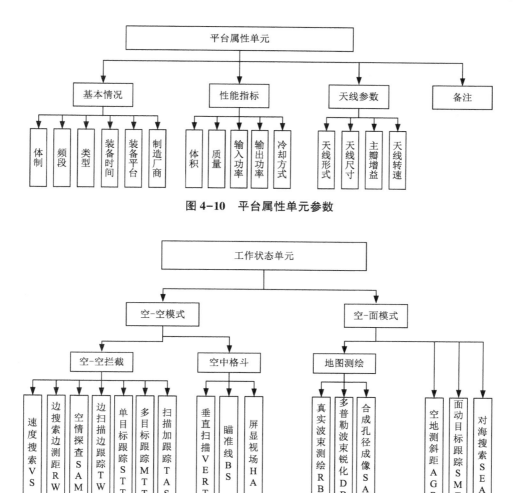

图 4-10　平台属性单元参数

图 4-11　机载 PD 雷达工作状态单元

3. 状态属性单元与脉冲群描述字单元

雷达状态属性单元包括探测信息、探测目标数量、引导导弹攻击能力、扫描方式、波束宽度、数据率范围、波形类型、极化类型等参数。探测信息主要是指雷达在该工作状态下探测的物理信息，包括距离、速度、角度、高度等。引导导弹攻击能力主要说明雷达在该状态下是否具有火控能力，状态属性单元内参数可根据雷达功能进行修改。

传统脉冲描述字（PDW）主要包含了五类参数，分别为：频率（RF）、脉宽（PW）、到达角度（AOA）、幅度（PA）、到达时间（TOA）。PDW 对应脉冲描述字中的一个脉冲特征矢量，局限于描述单个脉冲特征，不能反映脉冲之间的变化情况。故需要对 PDW 特征参数进行扩展，形成扩展脉冲描述字（extend pulse discreption word，EPDW）

$$P_{EPDW} = (P_{RF}、P_{PRI}、P_{PW}、P_{AOA}、P_{PA}、P_{TOAstart}、P_{TOAend}、P_N)$$

P_{EPDW} 包含了八维脉冲特征参数，扩展的参数为到达时间开始（$P_{TOAstart}$）、到达时间结束（P_{TOAend}）、脉冲个数（N）。从脉冲特征矢量 P_{EPDW} 构成的集合 S 中选取一组矢量 S' 能够完整表示雷达某个状态下的信号变化规律及信号时序关系，定义 S' 为脉冲群描述字（pulse group discretion word，PGDW）

$$P_{\text{PGDW}} = \left[P_{\text{EPDW}_1}, P_{\text{EPDW}_2}, \cdots, P_{\text{EPDW}_n} \right]^{\text{T}}$$

脉冲群描述字 $\boldsymbol{P}_{\text{PGDW}}$ 是由特征矢量组成的矩阵，$\boldsymbol{P}_{\text{PGDW}}$ 矩阵各列反映了特征参数变化情况，可以全面反映出雷达某个状态下的变化情况。

$$\boldsymbol{P}_{\text{PGDW}} = \begin{bmatrix} P_{\text{RF}_1} & P_{\text{PRI}_1} & P_{\text{PW}_1} & P_{\text{AOA}_1} & P_{\text{PA}_1} & P_{\text{TOAstart}_1} & P_{\text{TOAend}_1} & P_{\text{N}_1} \\ P_{\text{RF}_2} & P_{\text{PRI}_2} & P_{\text{PW}_2} & P_{\text{AOA}_2} & P_{\text{PA}_2} & P_{\text{TOAstart}_2} & P_{\text{TOAend}_2} & P_{\text{N}_2} \\ \vdots & \vdots & \vdots & \vdots & \vdots & \vdots & \vdots & \vdots \\ P_{\text{RF}_n} & P_{\text{PRI}_n} & P_{\text{PW}_n} & P_{\text{AOA}_n} & P_{\text{PA}_n} & P_{\text{TOAstart}_n} & P_{\text{TOAend}_n} & P_{\text{N}_n} \end{bmatrix}_{n \times 8} \tag{4.79}$$

电子侦察是长期积累过程，对同一部雷达可以在不同的时间或不同的空间实施侦察。考虑雷达天线扫描特性，当雷达对某一区域实施探测时，侦察设备将在某一时间单位内持续获得该雷达的 PGDW，依据不同的时间单位，PGDW 有不同的组织形式。该时间单位最小为一帧，对应的帧周期脉冲描述字（frame period pulse discretion word，FPPDW）为

$$P_{\text{FPPDW}} = \left\{ \bigcup_{i=1}^{m} \left(P_{\text{PGDW}_i}, t_i \right) \right\} \tag{4.80}$$

基于脉冲样本图的信号表征体系作为电子情报汇总标准的核心部分，其整体结构如图 4-12 所示。多层级的信号表征体系能够完整地表述辐射源的信号样式、参数变化，以及信号组合规律。

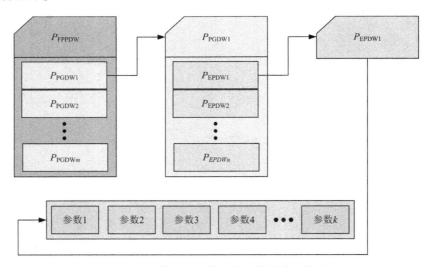

图 4-12　基于脉冲样本图的信号表征体系

基于脉冲样本图的信号表征体系均按照时间单元进行组织，扩展脉冲描述字（EPDW）包含重复周期、持续时间；脉冲群描述字（PGDW）包含信号变化的转换时间、信号循环的驻留时间；帧周期脉冲描述字（FPPDW）包含辐射源辐射的帧周期。按照时间单元进行组织能够反映辐射源的变化规律。脉冲群描述字（PGDW）作为信号表征体系的核心，其内部包含的时间单元组成了不同的时间尺度，时间尺度的层次性结构构成了时间基线；雷达不同工作状态下信号的时序则与时间基线密切相关，例如脉冲多普勒雷达、相控

阵雷达等先进体制雷达均按照不同的时间尺度工作。

以脉冲多普勒雷达为例，雷达时间基线的定义从底层到顶层分别为：

（1）脉冲重复周期（pulse repetition interval，PRI）：相参脉冲串中脉冲之间的时间间隔，脉冲重复频率（pulse repetition frequency，PRF）的倒数。

（2）相参处理间隔（coherent processing interval，CPI）：一串相参脉冲串的持续时间。

（3）一视：PRF 相同的多个 CPI 组成的集合构成一视，一视处理时进行距离−多普勒二维检测。

（4）驻留：多视的组合构成驻留，一个驻留对应天线波束在空间中的驻留时间。

（5）一线：天线仰角固定时，波束沿方位扫过的一根扫描线对应的扫描时间。

（6）一帧：天线对指定空域进行多线扫描称为一帧，对应的扫描时间为帧周期。

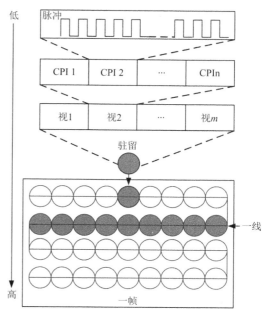

图 4−13 雷达时间基线

PGDW 中行向量 P_{EPDW} 参数同样支持扩展，扩展向量主要用于表征雷达信号脉内特征。状态属性单元与脉冲群描述字单元构成的信号级单元列表，如图 4−14 所示。

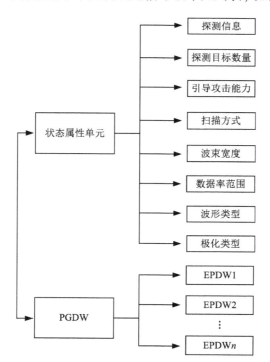

图 4−14 状态属性单元、PGDW 构成的信号级单元列表

4.3.3　基于雷达型谱的机载电子对抗链路

雷达型谱比传统辐射源数据库结构紧凑，层级清晰。基于雷达型谱的机载电子对抗链路如图4-15所示。基于脉冲群描述字（PGDW）的信号分选、辐射源识别与雷达型谱互为支撑，同时雷达型谱中的脉冲群描述字（PGDW）又作为信号分选、辐射源识别的样本数据。雷达型谱完整地反映了雷达从宏观的平台属性到微观的信号属性，缩短了电子支援措施（electronic support measurement，ESM）引导电子对抗（electronic counter measurement，ECM）的时间，提高了机载电子对抗系统工作效率。通过雷达型谱，可以更加精细地感知电磁态势，在精细化的态势感知基础上，进而实现快速的威胁评估与智能告警。根据威胁信息结合雷达型谱中的辐射源平台属性、工作状态、PGDW及干扰先验信息，启动相应的射频隐身和综合干扰方案。

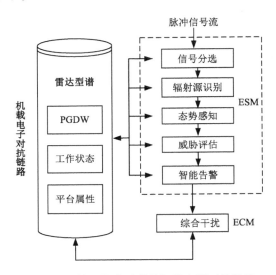

图4-15　基于雷达型谱的机载电子对抗链路

4.3.3.1　基于雷达型谱的分频段辐射源识别

完备的辐射源数据库是精细化态势感知的基础。随着机载综合电子对抗处理能力和存储能力的提升，辐射源数据库样本容量增加，而大样本情况下的线性匹配算法效率低下，与雷达告警接收机（radar warning receiver，RWR）/电子支援措施（electronic support measurement，ESM）要求实时、快速识别形成矛盾。通过结合机载RWR/ESM前端分频段接收处理体制，对后端辐射源数据库采用分频段组织，可以避免模板匹配过程中不相关样本的计算，减少匹配计算量，辐射源数据库组织如图4-16所示。

采用雷达型谱作为辐射源数据库，只需要对信号层的脉冲群描述字（PGDW）进行分频段划分，构成子数据库。平台层及状态层信息作为辐射源属性信息，本身不参与模板匹配识别，仅提供了对该辐射源的完整描述，因此对信号层分频段即可满足识别需求。根据雷达型谱的结构关系可知，经过分选输出的辐射源信号特征流（待识别PGDW）与雷达型谱信号层中 PGDW 匹配后, 可向上索引查找其状态信息与平台属性。

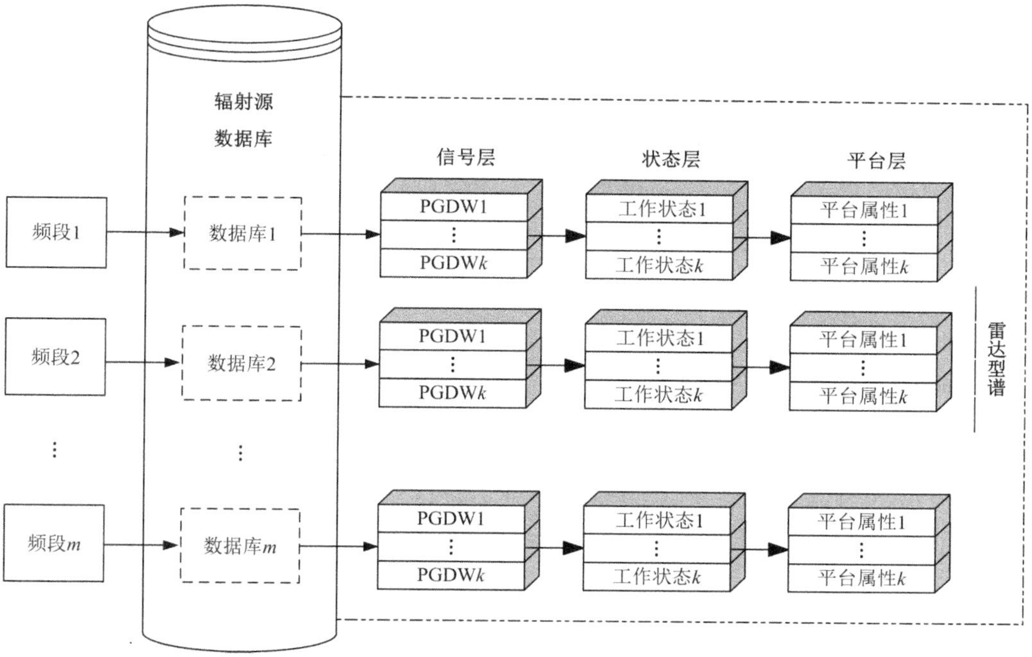

图 4-16　辐射源数据库组织

为了满足综合电子对抗系统中 RWR/ESM 对实时性的要求, 在辐射源数据库分频段划分的基础上, 可在库内采取最近邻快速算法以提高辐射源识别速度。最近邻快速算法包括及时终止法、超球搜索法、KD-tree 搜索法等。其中, KD-tree 搜索法通过构建树形结构, 父子节点之间继承关系明确, 无须全局比较, 判别规则简单, 因此机载 RWR/ESM 系统适合采用 KD-tree 搜索法。在辐射源数据库分频段的基础上, 优先对雷达型谱信号级 PGDW 样本库按照频率进行划分, 可实现对样本库的预组织, 该过程在离线情况下即可完成, 无须占用机载 RWR/ESM 的系统资源。

改进的分频段最近邻快速算法分为两步: 第一步离线组织 PGDW 样本库, 第二步在线使用 KD-tree 最近邻快速搜索。

首先对雷达样本库 $\{D_k\}_{k=1}^{n}$ 进行预组织, 对雷达型谱信号层 PGDW 样本库分频段划分的同时进行样本库预组织, 形成以频率为索引的 PGDW 样本子库; 然后对子库中的 KD-tree 快速搜索。

设 PGDW 特征维数为 8, 分频段数 $m=2$ 或 4。雷达样本库个数 N 取 $1 \sim 100$ 的整数, 图 4-17 给出了线性扫描和最近邻扫描方法搜索识别目标的复杂度与样本库个数关系。

从图 4-17 可以看出, 采用线性扫描方法时, 2 分频段和 4 分频段在计算复杂度方面与全库线性扫描相比呈线性减小, 采用最近邻扫描方法时, 2 分频段和 4 分频段的计算复杂度呈对数级减小。在同样的分频段条件下, 2 分频、4 分频的线性扫描方法复杂度在小样本情况下优于 2 分频、4 分频的最近邻扫描方法。但随着样本数的增大, 线性扫描复杂度高于分频段最近邻扫描的复杂度。在样本个数较多情况下, 最近邻扫描复杂度相比线性扫

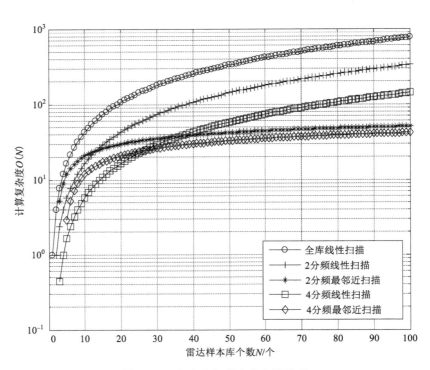

图 4-17　复杂度与样本库个数关系

描具有明显优势。因此，对于机载综合电子对抗系统而言，RWR/ESM 中辐射源数据库样本规模大，分频段的最近邻扫描方法可以减少计算复杂度，适用于机载 RWR/ESM 辐射源识别。

1. 线性扫描与分频段最近邻扫描方法识别率比较

雷达样本库在 RWR/ESM 工作频段 2~18 GHz 随机产生 100 个 PGDW 样本。样本包含 EPDW 内特征参数，不考虑脉内特征，参照典型机载 RWR 输出脉冲特征参数范围，均匀生成样本库数据。载频(CF)包含固定、捷变，重复间隔(PRI)包含固定、参差、抖动，组合后共 6 种类别的 PGDW 样本库。PDW 特征选取载频(CF)、重复周期(PRI)、脉宽(PW)、幅度(PA)、到达角(AOA)、脉冲个数、到达时间开始(TOA_{start})、到达时间结束(TOA_{end})。仿真时，随机抽取样本库中样本并分别叠加 2%、5%、10%、15%的正态分布噪声，作为特征参数的测量误差，仿真结果如图 4-18 所示。

从图 4-18 中可以看出，采用同样的样本库，相同噪声环境条件下分频段最近邻扫描方法的识别率高于线性扫描的识别率，但随着噪声的增加，识别率均有所下降。4 分频最近邻扫描与 2 分频最近邻扫描的识别率低于全库最近邻扫描方法，同样的噪声环境下，4 分频最近邻扫描的识别率略优于全库线性扫描的识别率。

2. 线性扫描与分频段最近邻扫描方法的时效性比较

时效性仿真中保持样本库不变，在叠加 2%正态分布噪声条件下，随机抽取样本库中某样本作为待测样本。然后进行 200 次蒙特卡罗仿真，分别对比全库线性扫描、2 分频线性扫描、4 分频线性扫描；2 分频最近邻扫描、4 分频最近邻扫描的算法执行时间。

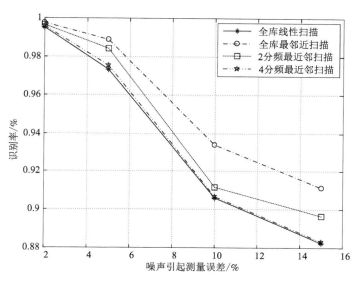

图 4-18 噪声环境下不同算法识别率

图 4-19 表明了分频段的线性扫描能够节省执行时间,且执行时间基本稳定,无较大波动,证明了分频段组织样本进行识别的有效性。图 4-20 对比了 2 分频与 4 分频的线性扫描和最近邻扫描的执行时间。结果表明,采用最近邻算法节省时间的同时,不会引起执行时间的大范围波动。图 4-21 表明,4 分频最近邻扫描方法执行时间少于 2 分频最近邻扫描方法,证明分频段能够提高时效性。图 4-22 表明,分频段最近邻方法的样本离线组织时间与分频数有关,4 分频最近邻扫描比 2 分频最近邻扫描的辐射源样本库离线组织时间平均减少约 50%,最近邻方法的样本组织时间在毫秒量级,运用 PC 机进行辐射源数据库离线样本预组织是可行的。图 4-23 显示了不同算法仿真时间的最大值、最小值及平均值。结果表明,分频段最近邻扫描方法时效性优于线性扫描方法。

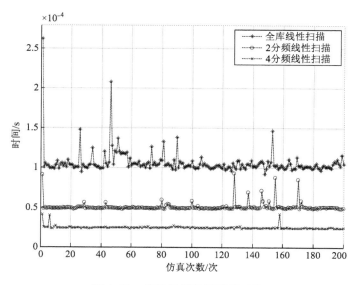

图 4-19 线性扫描仿真时间对比

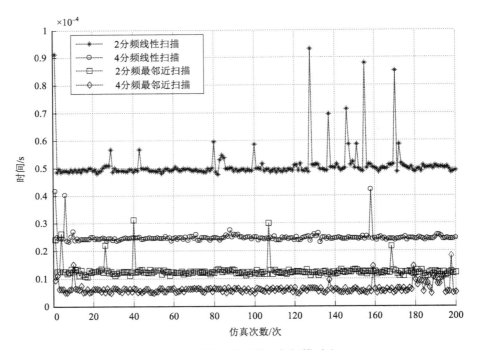

图 4-20 线性扫描与最近邻扫描对比

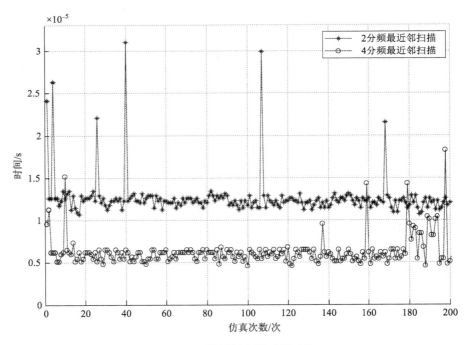

图 4-21 最近邻扫描时间对比

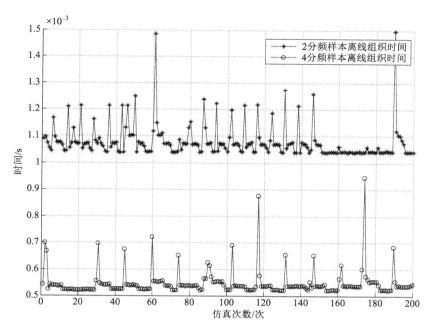

图 4-22　最近邻扫描样本离线组织时间对比

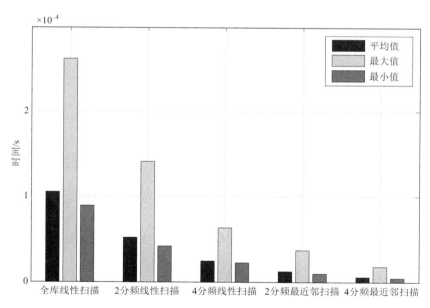

图 4-23　时间综合统计

各算法的执行时间统计见表 4-3。结果表明，在 100 个雷达样本库仿真条件下，m 分频线性扫描执行时间约为全库线性扫描时间的 $1/m$，证明算法执行时间是随着分频段数目线性减少。

表 4-3　各算法执行时间统计

算法类型	平均执行时间/μs	离线执行时间/ms	执行时间范围/μs	执行时间比/%
全库线性扫描	105.30	0	89.40~262.6	100
2 分频线性扫描	52.10	0	41.90~140.8	49.48
4 分频线性扫描	24.70	0	22.30~63.40	23.46
2 分频最近邻扫描	12.50	1.10	9.50~37.40	11.87
4 分频最近邻扫描	6.00	0.54	4.47~18.16	5.70

采用分频段方法配合最近邻扫描方法能够将计算时间减少一个量级，对于采用雷达型谱等大规模辐射源数据库的机载综合电子对抗系统而言，能够提高其 RWR/ESM 辐射源识别的时效性。同时雷达型谱数据库中样本的分频段预组织可以离线完成，并不占用机载 RWR/ESM 在线计算资源。仿真分析也证明了分频段最近邻扫描方法的识别率优于线性扫描方法。

4.3.3.2　基于雷达型谱的辐射源威胁评估

辐射源威胁评估是机载综合电子战系统的重要能力之一。结合机载综合电子战系统威胁评估需要及 RWR/ESM 系统工作流程，可以建立基于雷达型谱的辐射源威胁评估系统。基于雷达威力评估模型，确定评估指标并给出评估指标计算方法，可有效解决传统评估方法评估指标不全面、难以获取等问题。

在雷达型谱及基于雷达型谱的辐射源识别基础上，结合机载综合电子对抗系统的工作流程，建立基于雷达型谱的机载 RWR/ESM 威胁评估专家系统，如图 4-24 所示，该威胁评估专家系统包括评估模型、评估指标、评估算法。

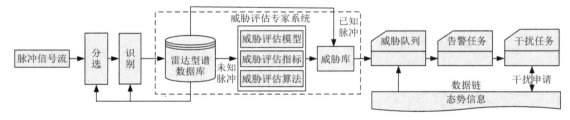

图 4-24　基于雷达型谱的机载 RWR/ESM 威胁评估专家系统

雷达型谱作为 RWR/ESM 系统的辐射源样本库及威胁评估专家系统的输入，经过分选识别后形成已知脉冲和未知脉冲。已知脉冲在雷达型谱数据装订时，已经通过威胁评估系统完成初步评估。接收到已知脉冲后，结合该时刻载机参数，形成该时刻已知脉冲的威胁评估结果，进入威胁队列。未知脉冲依据雷达型谱中脉冲群描述字(PGDW)或扩展脉冲描述字(EPDW)格式输入威胁评估专家系统，如与已知脉冲一致，结合本机参数得出评估结果，刷新威胁库，进入威胁队列。威胁队列内威胁信息结合数据链态势信息形成告警任务并生成干扰任务。

空战条件下辐射源威胁评估需要考虑众多因素，例如雷达平台属性、雷达平台状态、雷达工作状态、雷达对我方企图等。战场中各型雷达对飞机平台造成威胁的根本原因是雷达与火力杀伤之间的关系，雷达系统通过探测目标并提取目标的物理信息，进而引导火力系统对目标进行打击。因此，以辐射源信号对我方飞机的探测定位能力为切入点，在雷达型谱基础上，以脉冲群描述字（PGDW）或扩展脉冲描述字（EPDW）为输入，构建雷达威力评估模型。

雷达威力评估模型主要包括能量模型、检测模型、测距模型、测速模型、平台能力指数模型，如图 4-25 所示。

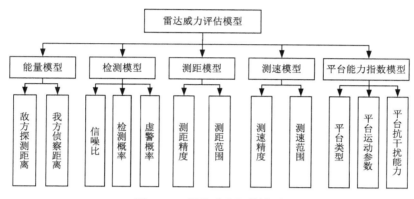

图 4-25　雷达威力评估模型

能量模型包括敌方探测距离、我方侦察距离，检测模型包括信噪比、虚警概率、检测概率，测距模型包括脉冲延迟测距的测距精度、测距范围，测速模型包括测速精度、测速范围，平台能力指数模型包括平台类型、平台抗干扰能力、平台运动参数。通过雷达威力评估模型，可全面地描述雷达对我方探测定位能力及作战企图，有效解决评估模型不全面，模型中指标难以获取及计算的问题。

通过雷达威力评估模型对待评估目标进行描述，形成的威胁评估指标构成威胁评估矩阵 T。对于 m 个待评估辐射源，基于 n 个评估指标的威胁评估矩阵为

$$T = \begin{bmatrix} v_{11} & v_{12} & \cdots & v_{1n} \\ v_{21} & v_{22} & \cdots & v_{2n} \\ \vdots & \vdots & & \vdots \\ v_{m1} & v_{m2} & \cdots & v_{mn} \end{bmatrix} m \times n \tag{4.81}$$

电子对抗中辐射源威胁评估属于多属性决策问题（multiple attribute decision making，MADM）。威胁评估矩阵中，$v_{ij}(i=1, 2, \cdots, m; j=1, 2, \cdots, n)$ 表示辐射源 i 的第 j 个评估指标。雷达威力评估模型的输入参数，共分为三大类。第一类：PGDW 特征矢量；第二类：I 为辐射源本身的属性参数，例如雷达发射功率；第三类：L 为机载航电系统或数据链给出的态势参数，包括目标参数及本机参数。

机载综合电子对抗系统中的辐射源威胁评估是典型的多属性决策问题，且决策过程以 RWR/ESM 工作流程为基础，如图 4-26 所示。RWR/ESM 系统分选、识别后形成的脉冲群描述字（PGDW）特征矢量与辐射源特征参数、态势信息输入雷达威力评估模型，根据雷达

威力评估模型计算出该辐射源的威胁评估指标,利用 TOPSIS 评估算法进行威胁等级判定。

(1)根据 PGDW、辐射源特征属性、态势信息输入,通过雷达威力评估模型形成目标属性决策矩阵 $\boldsymbol{T} = (v_{ij})_{m \times n}$。其中,$v_{ij}$ 表示第 i 个样本关于第 j 个属性的评估指标。

(2)依据评估指标类别,对定性指标进行量化,对成本型及效益型定量指标进行规范化,构造规范化评估矩阵 $\boldsymbol{V} = (\tilde{v}_{ij})_{m \times n}$。

(3)确定理想解 V^+ 与负理想解 V^-,理想解为每个评估指标下各个样本中威胁值最大的解,负理想解则为威胁值最小的解。

(4)计算各个样本到正、负理想解的距离 S_i^+、S_i^-。

(5)计算各个目标相对于 V^+ 的相对贴近度 CL_i。

(6)相对贴近度即该辐射源的威胁等级,形成辐射源威胁队列矢量 $\boldsymbol{T}_e$。根据威胁等级数值大小,对威胁队列 $\boldsymbol{T}_e$ 进行降序排列,则得到威胁评估结果 $\boldsymbol{T}_e'$。

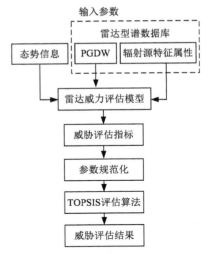

图 4-26 威胁评估流程

4.4 本章小结

围绕雷达辐射源信号特征参数的分析与提取,本章以雷达辐射源信号的新型特征、个体特征及雷达型谱为研究对象。首先以模糊函数、稀疏表示、熵理论等为理论工具,提出雷达辐射源信号模糊主脊切面特征、时频原子特征、熵特征等新型特征。然后针对雷达信号个体特征,从时域、频域、变换域三个角度进行分析,运用三类特征进行辐射源识别。最后介绍了一种完备的机载雷达信号编译标准与模板——雷达型谱,为雷达信号分析提供了新的方法。

第 5 章

传感器信息融合技术

多传感器的数据融合已成为目标识别的重要手段。在对目标进行识别时，单个传感器提取的特征往往因自身的探测特点不能获得对目标的完全描述。利用多个传感器提取的独立、互补的特征向量，可以获得对目标较为完全的描述，从而有利于提高识别的正确概率，降低错误概率。本章将从信息融合的概念、融合模型、典型方法及典型应用几个方面介绍综合电子战中的信息融合技术。

5.1 传感器信息融合的概念

5.1.1 信息融合的定义

多源信息融合又称多传感器信息融合，是人类和其他生物系统中普遍存在的一种基本能力。人类本能地具有将身体上的各种功能器官(眼、耳、鼻、皮肤)所探测的信息(图像、声音、气味、触觉)与先验知识进行综合的能力，以便对周围的环境和正在发生的事件作出估计。人类的感官具有不同度量特征，可测出不同空间范围内发生的各种物理现象，并通过对不同特征的融合处理转化成对环境的有价值解释。

多源信息融合实际上是对人脑综合处理复杂问题的一种功能模拟。在多传感器(或多源)系统中，各信源提供的信息可能具有不同的特征，有时变的或者非时变的、实时的或者非实时的、快变的或者缓变的、模糊的或者精确的、可靠的或者非可靠的等。多源信息融合的基本原理与人脑综合处理信息的过程一样，即充分地利用多个信息资源，通过对各种信源及其观测信息的合理支配与使用，依据某种优化准则将各种信息源在空间和时间上的互补与冗余信息组合起来，产生对观测环境的一致性解释和描述。

多源信息融合于 20 世纪 70 年代提出，当时人们希望通过机器模仿由感知到认知的过程，利用多维信息的处理提高系统处理的效能。早期的融合方法研究针对数据处理，故信息融合又称数据融合。本章所讲的传感器也是广义的，不仅包括物理意义上的各种传感器系统，也包括与观测环境匹配的各种信息获取系统，甚至包括人或动物的感知系统。

虽然已经过了半个多世纪，但信息融合至今仍然没有一个被普遍接受的定义。因为其应用面非常广泛，各行各业都按自己的理解给出不同的定义。目前能被大多数研究者接受的有关信息融合的定义，是由美国的实验室理事联合会从军事应用角度给出的定义。

定义1：信息融合是一种多层次、多方面的处理过程，包括对多源数据进行检测、相关、组合和估计，提高状态和身份估计的精度，以及对战场态势和威胁的重要程度进行适时完整的评估。

从该定义可以看出，信息融合是在几个层次上完成对多源信息处理的过程，其中每一个层次反映了对原始观测数据不同级别的抽象。

也有专家认为，信息融合应该按如下的方式定义。

定义2：信息融合是由多种信息源，如传感器、数据库、知识库和人类本身来获取有关信息，并进行滤波、相关和集成，形成一个表示构架。这种表示构架适用于获得有关决策、对信息的解释、达到系统目标（如识别或跟踪运动目标）、传感器管理和系统控制等。

目前研究的多源信息融合用下面的定义可能具有更大的包含度。

定义3：多源信息融合，主要是指利用计算机进行多源信息处理，从而得到可综合利用信息的理论和方法，其中包含对人和动物大脑进行多传感信息融合机理的探索。

信息融合研究的关键问题是提出理论和方法，对具有相似或不同特征模式的多源信息进行处理，以获得具有相关和集成特性的融合信息。研究的重点是特征识别和算法，这些算法使得多传感信息互补集成，优化不确定环境中的决策过程，同时解决把数据用于确定共用时间和空间框架的信息理论问题，以及模糊的和矛盾的问题。

机载雷达可以对目标的运动信息进行高精确测量，然而雷达常采用针状波束以保证测量的精确性，从而限制其搜索范围。机载ESM系统可以对全方位的信号侦收，但信号侦收的精确度有待进一步提高。机载数据链可以实现对战场态势的感知，但实时性尚无法满足现代空战的要求。如果将三者得到的信息进行融合处理，必然会兼顾范围、精度与实时性三个主要方面，从而提升战机的综合生存力与执行任务的能力。

当前，制约信息融合向深入发展的因素有三：①信息类型的高度相异性和内容的模糊属性；②多源信息和多任务引入的固有复杂性；③目前尚没有数学工具用来统一描述和处理此类复杂的问题。

所以，寻求深层次的有效数学工具对多源信息融合问题进行描述和处理势在必行。

5.1.2 信息融合的系统结构

5.1.2.1 信息融合的级别

按照融合系统中数据抽象的层次，信息融合可划分为三个级别：数据级融合、特征级融合及决策级融合。各个级别的融合处理结构分别如图5-1～图5-3所示。

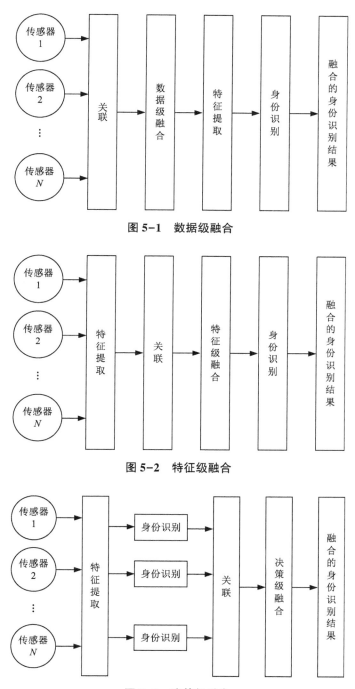

图 5-1　数据级融合

图 5-2　特征级融合

图 5-3　决策级融合

1. 数据级融合

数据级融合是最低层次的融合，其直接对传感器的观测数据进行融合处理，然后基于融合后的结果进行特征提取和判断决策。这种融合处理方法的主要优点是只有较少数据量的损失，并能提供其他融合层次所不能提供的其他细微信息，所以精度最高。它的局限性包括：

（1）所要处理的传感器数据量大，故处理代价高，处理时间长，实时性差。

（2）这种融合是在信息的最底层进行的，传感器信息的不确定性、不完全性和不稳定性要求在融合时有较强的纠错处理能力。

（3）它要求传感器是同类的，即提供对同一观测对象的同类观测数据。

（4）数据通信量大，抗干扰能力差。

数据级融合主要用于多源图像复合、图像分析和理解，以及同类雷达波形的直接合成等。

2. 特征级融合

特征级融合属于中间层次的融合，每个传感器抽象出自己的特征向量，融合中心完成特征向量的融合处理。一般来说，提取的特征信息应是数据信息的充分表示量或充分统计量。其优点在于实现了可观的数据压缩，降低了对通信带宽的要求，有利于实时处理。但其损失了一部分有用信息，使得融合性能有所降低。

特征级融合可划分为目标状态信息融合和目标特征信息融合两大类。其中，目标状态信息融合主要用于多传感器目标跟踪领域，融合处理方式为：首先对多传感数据进行数据处理，以完成数据校准，然后进行数据相关和状态估计。其具体数学方法包括卡尔曼滤波理论、联合概率数据关联、交互式多模型法等。目标特征信息融合实际上属于模式识别问题，常见的数学方法有参量模板法、特征压缩和聚类方法、人工神经网络、K 阶最近邻法等。

3. 决策级融合

决策级融合是一种高层次的融合，每个传感器基于自身的数据作出决策，然后在融合中心完成局部决策的融合处理。决策级融合是三级融合的最终结果，是直接针对具体决策目标的，融合结果直接影响决策水平。这种处理方法的数据损失量最大，相对来说精度最低，但其具有通信量小，抗干扰能力强，对传感器依赖小，不要求是同质传感器，以及融合中心处理代价低等优点。其常见算法有贝叶斯推断、专家系统、D-S 证据理论、模糊集合理论等。

特征级融合和决策级融合不要求多传感器为同类型，不同融合级别的融合算法各有利弊，为了提高信息融合技术的速度和精度，需要开发高效的局部传感器处理策略及优化融合中心的融合规则。

5.1.2.2　通用处理结构

在整个融合处理流程中，依照实现融合处理的场合不同，研究人员提出了通用处理结构的概念。Heistrand 描述了三种处理结构，分别是集中式融合系统结构、分布式融合系统结构及混合式融合系统结构，如图 5-4~图 5-6 所示。不同处理结构针对不同对象，集中式融合系统结构加工的是传感器的原始数据，分布式融合系统结构加工的是经过预处理的局部数据，而混合式融合系统结构加工的既有原始数据，又有预处理过的数据。

在集中式融合系统结构中，各传感器录取的检测报告直接被送到融合中心，以进行数据对准、点迹相关、数据互联、航迹滤波、预测与综合跟踪等处理。这种结构的特点是信息损失小，系统通信要求较高，融合中心计算负担重，系统的生存能力也较差。

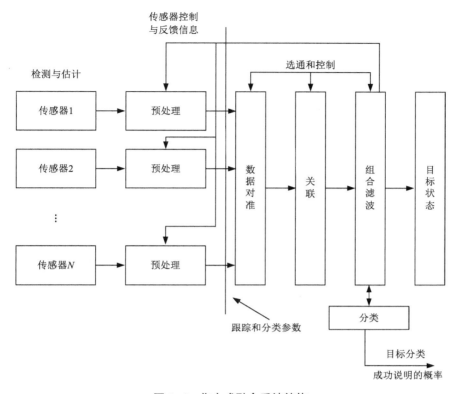

图 5-4 集中式融合系统结构

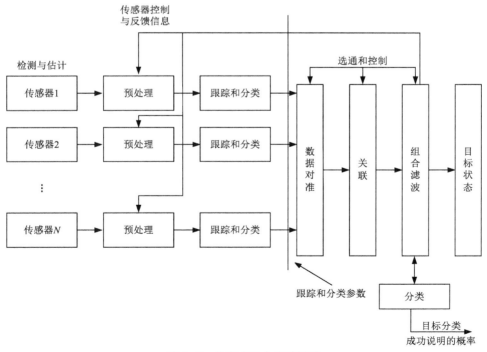

图 5-5 分布式融合系统结构

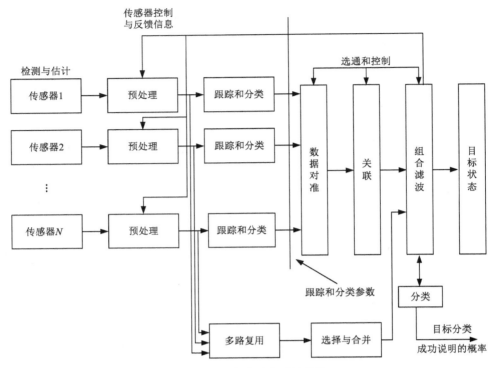

图 5-6　混合式融合系统结构

分布式融合系统结构与集中式融合系统结构的区别在于分布式融合系统结构的每个传感器的检测报告在进入融合中心以前，先由它自己的数据处理器产生局部多目标跟踪航迹，然后把处理后的信息送至融合中心，融合中心根据各节点的航迹数据完成航迹关联和航迹融合，形成全局估计。相对于集中式融合系统，此类系统具有造价低、可靠性高、通信量小等特点。

混合式融合系统结构可同时传输检测报告和经过局部节点处理后的航迹信息，它保留了上述两类结构的优点，但在通信和计算上要付出较昂贵的代价。实际使用时，此类结构有上述两类结构难以比拟的优势，故往往采用此类结构。

5.1.3　信息融合的优势

信息融合是一个在多个级别上对多源信息进行综合处理的过程，每个处理级别都反映了对原始信息的不同程度的抽象。它包括从检测到威胁估计、武器分配和通道组织的完整过程。其结果表现为在较低层次对状态和属性的评估和在较高层次对整个态势、威胁的估计。信息融合的核心是综合利用多种类型传感器的不同特点，以及时空信息，多方位全面获取目标不同属性信息，在性能方面带来许多裨益，概括起来主要有以下九个方面。

（1）增加了系统的生存能力。在有若干信息源不能利用或受到干扰，或某个目标不在覆盖范围时，总还会有一部分信息源可以提供信息，这样，系统能够不受干扰地连续运行、弱化故障，增加检测概率。

（2）扩展了空间覆盖范围。通过多个交叠覆盖的传感器或信息源作用区域，扩大了空间覆盖范围。一些传感器可以探测其他传感器无法探测的地方，扩大了系统的时间监视范围和增加了其检测概率。

（3）扩大了时间覆盖范围。当某些传感器不能探测时，另一些传感器可以检测、测量目标或事件，即多个传感器的协同作用可扩大系统的时间监视范围和增加了其检测概率。

（4）增加了可信度。一个或多个信息源能确认同一目标或事件。

（5）减少了信息的模糊性。多源联合信息降低了目标或事件的不确定性。

（6）改善了探测性能。对目标的多种测量的有效融合，提高了探测的有效性。

（7）提高了空间分辨力。多传感器孔径可以获得比任何单一传感器更高的分辨力，并用改善的目标位置数据支持防御反应能力和攻击方向的选择。

（8）改善了系统的可靠性。多源信息相互配合使用具有内在的冗余度。

（9）增加了测量空间的维数。使用不同的传感器来测量电磁频谱的各个频段的系统，不易受到敌方行动或自然现象的破坏。

信息融合大有裨益，但与单源信息系统相比，多源信息的复杂性大大增加，并产生了一些不利因素，如成本提高，设备的尺寸、重量、功耗等物理因素增大，对通信的要求增加等。因此，在执行每项具体任务时，必须权衡多源信息融合的性能优势与由此带来的不利因素。

5.2　传感器信息融合模型

现阶段对于信息融合的过程包括多传感器监测目标(信息采集)、信息分析、信息预处理、信息融合中心(特征提取、诊断识别)、结果输出等环节。目前，其已在图像处理、故障诊断和自动目标识别等多领域获得广泛应用。采取的信息处理技术手段以多层次、多手段为特点，如基于统计理论的信息融合、基于知识规则的信息融合和基于信息理论的信息融合等。

5.2.1　基于统计理论的信息融合模型

测量系统中的干扰具有广泛存在性，使得测量结果成为随机变量，这对统计理论提出了新的要求。高等统计理论与传感器信号分析、模式识别、信息融合、人工神经网络的交叉应用研究已经取得了显著成果。

设某系统有 n 个测量用的传感器，它们对某参数 x 进行测量的输出分别记作 x_i, $i=1$, 2, $\cdots$, n。由于 n 个传感器品质可能存在差异，且受干扰大小各不相同。就干扰的性质和特点而言，假设干扰的统计特性服从正态分布合理，则令各传感器的测量值 x_i 的分布函数为 $N(\mu_i, \sigma^{2i})$。其中，μ_i, σ^{2i}, σ_i 分别为 x_i 的数学期望、方差、标准差，σ_i 越小，在正态分布的合理假设下表示的测量准确度越高。

将 n 个传感器的测量输出 x_i, $i=1$, 2, $\cdots$, n，采用加权算法进行信息融合算法表示为

$$x^+ = \sum_{i=1}^{n} \alpha_i x_i, \ \text{且} \sum_{i=1}^{n} \alpha_i = 1 \tag{5.1}$$

定义测量向量 $X = [x_1, x_2, \cdots x_n]$，融合系数向量 $A = [\alpha_1, \alpha_2, \cdots \alpha_n]$，测量数学期望向量 $U = [u_1, u_2, \cdots, u_n]$，测量标准差向量 P 为

$$P = \begin{bmatrix} \sigma_1 & 0 & \cdots & 0 \\ 0 & \sigma_2 & 0 & \vdots \\ \vdots & 0 & \ddots & 0 \\ 0 & \cdots & 0 & \sigma_n \end{bmatrix} = \mathrm{diag}(\sigma_1, \sigma_2, \cdots, \sigma_n) \tag{5.2}$$

可得信息融合算法的向量表示为 $x^+ = XA^T$，变换变量 $M = [m_1, m_2, \cdots, m_n]$，$m_i = \dfrac{x_i - u_i}{\sigma_i}$，$m_i$ 服从标准正态分布 $N(0, 1)$，即 $M = P^{-1}(X-U)^T$ 为标准正态分布，可得

$$P^{-1} = \begin{bmatrix} \dfrac{1}{\sigma_1} & 0 & \cdots & 0 \\ 0 & \dfrac{1}{\sigma_2} & 0 & \vdots \\ \vdots & 0 & \ddots & 0 \\ 0 & \cdots & 0 & \dfrac{1}{\sigma_n} \end{bmatrix} \tag{5.3}$$

$X = M^T P^T + U$，于是 $x^+ = (M^T P^T + U)A^T$，且服从正态分布 $N(\sum_{i=1}^{n}\alpha_i u_i, \sum_{i=1}^{n}\alpha_i^2 \sigma_i^2)$。这表明信息融合算法结果的数学期望为各传感器测量数学期望的加权平均，方差为

$$\sigma_{x^+}^2 = \sum_{i=1}^{n} \alpha_i^2 \sigma_i^2 \tag{5.4}$$

由统计理论知识可知，在各传感器无系统误差时，各传感器测量的数学期望与被测量相等，于是信息融合算法的数学期望 $E(x^+) = \sum_{i=1}^{n}\alpha_i u_i = x$（即无系统误差）。为了提高信息融合算法的准确度，$\sigma_{x^+}^2 = \sum_{i=1}^{n}\alpha_i^2 \sigma_i^2$ 必须使方差尽可能小。显然，这是多变量条件极值问题，即在传感器测量标准差向量 $P = \mathrm{diag}(\sigma_1, \sigma_2, \cdots, \sigma_n)$ 已知条件下，求 α_i，使式（5.5）成立

$$\min_{\sum_{i=1}^{n}\alpha_i = 1} \sigma_{x^+}^2 = \min_{\sum_{i=1}^{n}\alpha_i = 1} \sum_{i=1}^{n} \alpha_i^2 \sigma_i^2 \tag{5.5}$$

对于传感器测量标准差向量 P，统计理论的方法是通过各传感器测量输出信息进行估计。利用高等数学的方法解上述多变量条件极值问题，可得到融合算法系数为

$$\alpha_i = \frac{1}{\sigma_i^2 \sum_{j=1}^{n} \dfrac{1}{\sigma_j^2}} \tag{5.6}$$

信息融合算法结果的方差为

$$\sigma_x^{2+} = \frac{1}{\sum\limits_{i=1}^{n} \frac{1}{\sigma_i^2}} \tag{5.7}$$

在多传感器测量系统中，当各传感器一致时，即 $\sigma_{21}=\sigma_{22}=\cdots=\sigma_{2n}=\sigma_2$，信息融合算法结果的方差 $\sigma_x^{2+}=\frac{1}{n}\sigma^2$，准确度提高了 $\sqrt{n}$ 倍。在各传感器不一致，特别是存在准确度差或受干扰严重的传感器时，由

$$\sigma_x^{2+} = \frac{1}{\sum\limits_{i=1}^{n} \frac{1}{\sigma_i^2}} = \frac{1}{\frac{1}{\sigma_{\max}^2} + \sum\limits_{j=1}^{n-1} \frac{1}{\sigma_j^2}} \tag{5.8}$$

可得 $\frac{1}{\sigma_{\max}^2}$ 虽有作用，但影响较单个传感器小得多。因此，可以提高系统的抗干扰能力，并以此提高系统的测量准确度。

综上所述，在对干扰具有正态分布特性的合理假设下，通过求取具有多变量约束条件的极值问题，解出的方差最小，即提高了测量准确度和抗干扰能力。

5.2.2　基于知识规则的信息融合模型

5.2.2.1　D-S 证据理论基本概念

为了纪念 A. P. Dempster 和 G. Shafer 对证据理论的贡献，证据理论又称为 D-S（Dempster-Shafer）理论。

1. 识别框架

设有一判决问题，对于该问题所能认识的所有可能结果的集合用 Θ 表示，则所关心的任一命题都对应于 Θ 的一个子集，Θ 称为识别框架。

2. 基本可信度分配

设 Θ 为识别框架，如果集函数 $m:2^\Theta\to[0,2]$（2^Θ 为 Θ 的幂集）满足

$$m(\varnothing) = 0, \quad \sum_{A\subset\Theta} m(A) = 1 \tag{5.9}$$

则称 m 为框架 Θ 上的基本可信度分配，$\forall A\in\Theta$，$m(A)$ 称为 A 的基本可信度分配值。

3. 信任函数

$m(A)$ 表示的仅是提供给 A 的基本可信度分配值，而不是 A 的总信度。要获得 A 的总信度，必须将 A 的所有子集 B 的基本可信度分配值相加，可用信任函数表示。设 Θ 是一个识别框架，集函数 $B_{el}:2^\Theta\to[0,1]$ 是信任函数，满足

$$B_{el}(\varnothing) = 0, \quad B_{el}(\Theta) = 1 \tag{5.10}$$

式中：n 为任意自然数。对于 $A_1,A_2,\cdots,A_n\subset\Theta$，由式（5.10）可得

$$B_{el}\Big[\bigvee_{i=1}^{n} A_i\Big] \geqslant \sum_{i=1}^{n} B_{el}(A_i) - \sum_{i<j}^{n} B_{el}(A_i/A_j) - B_{el}\Big[\bigvee_{j=1}^{i}(A_j)\Big] \tag{5.11}$$

从式（5.11）可以看出，证据理论将不确定的信任程度分配给了整个识别框架。

4. 似然函数

似然函数是从另一个侧面对信度进行描述。设 $B_{el}: 2^{\Theta} \rightarrow [0,1]$ 是 Θ 上的一个信任函数，定义 $D_{ou}: 2^{\Theta} \rightarrow [0,1]$ 和 $P_l: 2\Theta \rightarrow [0,1]$ 如下

$$\forall A \subset \Theta, D_{ou}(A) = B_{el}(A), P_l(A) = 1 - B_{el}(A) \tag{5.12}$$

式中：D_{ou} 为 B_{el} 的怀疑函数；P_l 为似然函数；$\forall A \in \Theta$；$D_{ou}(A)$ 为 A 的怀疑度；$P_l(A)$ 为 A 的似真度，即不否定 A 的程度或者说 A 可靠或似真的程度。信任函数与似然函数有如下关系：对所有的 $A \subseteq \Theta$，$P_l(A) \geqslant B_{el}(A)$。

5. Dempster 规则

Dempster 规则是反映证据的联合作用的一个规则，可概括如下：设 B_{el1} 和 B_{el2} 是同一识别框架 Θ 上的 2 个信度函数，m_1 和 m_2 分别是其对应的基本可信度分配，命题元素分别为 $A_1, A_2, \cdots, A_k$ 和 $B_1, B_2, \cdots, B_l$。设

$$\sum_{A_i B_j = \Phi} m_1(A_i) m_2(B_j) < 1 \tag{5.13}$$

由式(5.13)定义的函数 $m: 2\Theta \rightarrow [0,1]$ 是基本可信度分配

$$m(A) = \begin{cases} 0 & A = \Phi \\ \dfrac{\sum\limits_{A_i B_j = \Phi} m_1(A_i) m_2(B_j)}{1 - \sum\limits_{A_i B_j = \Phi} m_1(A_i) m_2(B_j)} & A \neq \Phi \end{cases} \tag{5.14}$$

对于多个信任函数的合成，设 $B_{el1}, B_{el2}, \cdots, B_{eln}$ 是同一识别框架 Θ 上的信任函数，$m_1, m_2, \cdots, m_n$ 是对应的基本可信度分配。如果 $B_{el1} \wedge B_{eln}$ 存在，且基本可信度分配为 m，则 $\forall A \subset \Theta, A \neq \Phi$，即

$$m(A) = k \sum m_1(A_i) \wedge m_n(A_n) \tag{5.15}$$

其中

$$k = \left[\sum m_1(A_i) \wedge m_n(A_n) \right]^{-1} \tag{5.16}$$

利用 Dempster 规则进行证据组合时，需要注意：①构成框架 Θ 的元素必须独立。②证据组合的最终结果为各证据综合作用的结果，多个证据的结合与次序无关；多个证据结合的计算可以用 2 个证据结合的计算递推得到，不受组合次序的影响。③规则的计算随着识别框架中元素个数的增加而呈指数增长，计算量增大。

5.2.2.2 信息融合 D-S 方法

1. D-S 方法的信息融合过程

对于多源信息融合的事件检测来说，判断是否发生事件（事件状态与无事件状态）就是命题，不同的事件信息经过事件检测算法处理、人员的分析、处理等方法对事件进行判断，所给出的结果就是证据。在事件检测信息融合中，首先初始化一次各个证据的基本可信度分配。然后每收到一则事件信息，就进行一次基本可信度分配，并用 Dempster 规则得到新的基本可信度的分配。当不断有信息传回时，这种对基本可信度的分配得以继续。最后依照事件类型的信任函数和似然函数等指标，用决策规则进行决策，判断事件是否发

生，得到最终决策结果。

图 5-7 给出了 D-S 方法用于 3 类事件检测信息源融合过程的框图。类似地，可以将信息源扩展到 n 种，即 $m_1(A_j)$，$m_2(A_j)$，$\cdots$，$m_n(A_j)$，$j=1$，2，$\cdots n$。$m(A_j)$ 为经过 Dempster 规则得到的联合基本可信度分配。

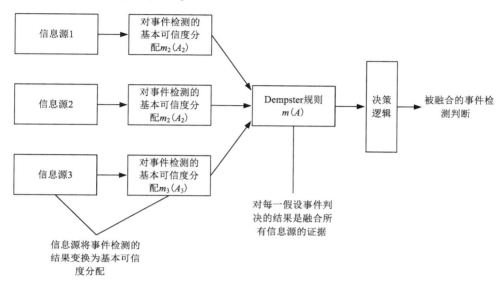

图 5-7　D-S 方法事件检测信息融合过程

2. 事件检测信息源的 D-S 融合结构

多个证据结合的计算可以用 2 个证据结合的计算递推得到。图 5-8 是用 2 个证据结合的计算递推得到的多个证据结合的等效形式。多事件信息融合中的信息量很大，所以，采用由 2 个证据结合的计算递推得到的结构等效形式可以降低系统复杂度。

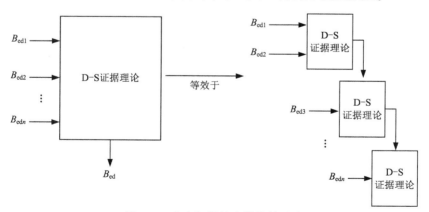

图 5-8　多个证据结合的等效形式

3. D-S 方法事件检测的决策规则

由 D-S 方法得到合并的基本可信度分配后，如何得到最后的决策结果是一个与应用密切相关的问题。在实际应用中通常没有统一的方法，必须具体问题具体分析，基于证据理论的常用决策方法有以下几种。

（1）基于信任函数的决策。

（2）基于基本可信度赋值的决策。

（3）基于最小风险的决策。

其中，基于信任函数的决策方法表达如下。

设 $\forall A_1, A_2 \subset \Theta$，满足

$$\begin{cases} m(A_1) = \max\{m(A_i), A_i \subset \Theta\} \\ m(A_2) = \max\{m(A_i), A_i \subset \Theta, A_i \neq A_1\} \end{cases} \tag{5.17}$$

若式（5.17）中的参数满足（5.18）式

$$\begin{cases} m(A_1) - m(A_1) > \varepsilon_1 \\ m(\Theta) > \varepsilon_2 \\ m(A_1) > m(\Theta) \end{cases} \tag{5.18}$$

则 A_1 为判决结果。其中，ε_1，ε_2 为预先设定的门限值。由此，可总结为四条决策规则：

（1）事件检测类型应具有最大的信任函数。

（2）事件检测类型的信任函数与其他类别的信任函数的差必须大于某一阈值。

（3）不确定性区间长度必须小于某一阈值。

（4）事件检测类型的信任函数必须大于不确定性区间长度。

5.2.3 基于信息理论的信息融合模型

在多传感器信息融合系统中，各传感器提供的信息一般是不完整、不精确、模糊的，甚至可能是矛盾的，即包含着大量的不确定性。融合中心不得不依据这些不确定的信息进行推理，从而实现目标身份识别和属性判决。

香农的熵理论是一种很好的用来解决信息不确定性的方法。首先可以从目标识别角度出发，利用信息论中的有关交互信息与条件熵的概念来解决多传感器信息融合中的信息冗余性与互补性问题，然后利用最小条件熵融合模型，使融合系统能够获得最佳有效信息，将所需的传感器数目减至最少。

5.2.3.1 信息的冗余性与互补性描述

信息冗余性与互补性问题是信息融合技术的基本问题之一。冗余性是指多传感器提供的信息之间高度相关，以确保系统在劣势状态下（如某一传感器失效时）仍有较好的结果。互补性是指某一传感器所提供的信息是该传感器特有的，在目标识别问题中，信息的互补性提高了对目标的认识程度。

给定输入为 X 和输出为 Y 的融合系统，如图5-9所示。

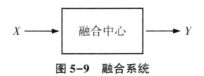

图5-9 融合系统

X 表示 S 个传感器的输入信息集 $X = \{X_1, X_2, \cdots, X_s\}$，$Y$ 表示融合后输出的信息。$H(X)$，$H(Y)$ 分别表示输入与输出的信息熵。$H(X, Y)$ 为 X 与 Y 的共熵，表示 X 经融合中心输出后，融合中心两端同时出现 X 和 Y 的后验平均不确定性。交互信息 $I(X, Y)$ 可以理解为在 X、Y 间传递的信息量，即融合系统从输入 X 获得的信息量(输入 X 前后对 Y 的不确定消除)，$I(X, Y)$ 越大越好。$H(Y/X)$ 为 Y 相对于 X 的条件熵，表示收到信息 X 后，对 Y 仍存在的不确定性大小，称为"疑义度"。它表示了 Y 中与 X 不同的特别信息，即表征了 X 与 Y 的互补信息，当 X、Y 统计独立时，有如下等式成立

$$\begin{cases} I(X, Y) = H(X) + H(Y) - H(X, Y) \\ H(Y/X) = H(Y) - H(X) \end{cases} \tag{5.19}$$

由式(5.19)可得

$$I(X, Y) + H(Y/X) = H(Y) = C \tag{5.20}$$

式中：C 为常数。从式(5.20)可以看出，信息 Y 由表征与 X 共有的交互信息 $I(X, Y)$ 和表征 Y 所特有的条件熵 $H(Y/X)$ 两部分构成，如图 5-10 所示。

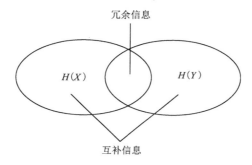

图 5-10　冗余信息与互补信息的关系

由此可见，多传感器信息融合系统的目的是通过多个传感器获得足够多的信息，最大化输入与输出间的冗余信息，即最大化交互信息 $I(X, Y)$，获得其一致性的解释或描述。$I(X, Y)$ 意味着融合系统获得了输入的多个传感器的所有有效信息，此时输入的各个传感器间的冗余信息最小，互补信息最大。在目标识别问题中要获得关于未知目标的尽可能多的全方位信息，可通过对目标的深层次理解来达到身份识别和属性判决的目的。类似地，通过最大化交互信息 $I(X, Y)$，即最小化条件熵 $H(Y/X)$ 的方法使融合系统的输入达到最优

$$X^* = \arg \min \{H(Y/X)\} \tag{5.21}$$

式中：X^* 为最佳的传感器输入集合。

5.2.3.2　基于最小条件熵的融合模型

设有一个 $\Omega = \{H_1, H_2, \cdots, H_k\}$ 的基本假设目标集，每个假设 H_k 又由 m 个特征属性 $Z_1, Z_2, \cdots, Z_m$ 构成。模型构建的目的是利用多个传感器的测量值 $D = \{d_1, d_2, \cdots, d_s\}$ 及其先验概率和条件概率分布完成对目标假设类型的识别。

1. 基于熵的融合

假设所有的测量值概率 $P(d^{sk})$ 和特征值概率 $P(z^{km})$ 已知，且条件概率分布 $P(z^{km}/d^{sk})$

可由计算获得。基于最小条件熵的输入值的融合方法为

$$\forall H_k \in \Omega, \quad d_k^* = \arg \min \{ H(H_k/d_k) \} \tag{5.22}$$

式中：d_k^* 为满足最小条件熵标准的测量值集合。在该准则下的融合系统可获得最佳的融合信息，既保证了最大可能地获得系统所需的各个传感器的互补信息，又适当地滤去一些不必要的传感器冗余信息

$$
\begin{aligned}
H(H_k/d_k) &= H(d_k, H_k) - H(d_k) \\
&= \sum_{s=1}^{s} P(d_k = d_k^s) \times H(H_k/d_k = d_k^s) \\
&= -\sum_{s=1}^{S} \sum_{m=1}^{M} P(d_k^s, z_m^k) \lg P(z_m^k/d_k^s)
\end{aligned} \tag{5.23}
$$

式中：$P(d_k^s, z_m^k)$ 为测量值与特征值间的联合概率分布，可由最大熵法求出。

2. 基于熵的决策

决策时，目标在给出测量集合信息（满足最小条件熵）的条件下，找到对应的最可能假设类型，即找到不确定最小的假设类型，记为

$$H_k^* = \arg \min \{ H(H_k/d_k^*) \} \tag{5.24}$$

为了提高决策的模糊性，引入一个品质因子来表示决策质量的好坏，定义为

$$q(H_k/d_k^*) = \frac{I(d_k^*, H_k)}{\sum_{k=1}^{n} I(d_k^*, H_k)} \tag{5.25}$$

式(5.25)表示假设 H_k 的冗余率，即 H_k 与 d_k^* 间的冲突大小。当 $q=0$ 时，H_k 与 d_k^* 无冲突，即输入的测量值集合可以完全对目标作出识别，无须改善。当 $q=1$ 时，H_k 与 d_k^* 存在严重冲突，此时须重新选择输入测量值集合，以改善决策品质。

综上所述，基于最小条件熵的决策规则可定义如下

$$u = \{ H_k^*, d_k^* \} \tag{5.26}$$

式(5.26)须满足式(5.27)所示的条件，即

$$
\begin{cases}
H(H_k^*/d_k^*) = \min_k \{ H(H_k/d_k^*) \} \\
q(H_k^*/d_k^*) = \max_k \{ q(H_k/d_k^*) \}
\end{cases} \tag{5.27}
$$

3. 模型求解

基于最小条件熵的融合策略就是逐次融合能使 $H(H_k/d_k^*)$ 不断减小的测量值，直至信息增量在某一阈值门限内，同时由品质因子判断此时决策质量的好坏，若大于门限值则可以依此给出决策，否则重新融合测量值直至满足结束条件，输出融合结果，具体步骤如下：

（1）设定阈值门限 ε 和 η，输入实验数据。

（2）融合测量值并验证 $|H_n+1(H_K/d_k^*) - H_n(H_k/d_k^*)| < \eta$，是则转至（3），否则继续执行（2），直到为是。

（3）更新 $H(H_k/d_k^*)$ 值，并计算此时对应的品质因子 μ。若 μ 大于 ε，给出判决，同时给出所对应的传感器，否则继续执行（2）。

（4）输出融合结果。

5.3 多传感器信息融合的典型方法

5.3.1 基于估计理论的信息融合方法

5.3.1.1 线性最优融合估计

1. 线性最优融合估计定理

设随机矢量 $x \in R^n$ 服从高斯分布，且 $\mathrm{var}[x] = P$。若 $y = Hx$，$H \in R^{m \times n}$ 为线性映射，则 y 服从高斯分布，且 $\mathrm{var}[y] = HPH^{\mathrm{T}}$。

设关于被估计量 $x \in R^n$ 的各种信息均可用统一量测模型表示为

$$\hat{y}_i = H_i x + v_i \quad i = 1 \sim N \tag{5.28}$$

式中：$\hat{y}_i \in R^{m_i}$ 为量测数据；$H_i \in R^{m_i \times n}$ 为量测矩阵；$v_i \in R^{m_i}$ 为量测误差，且 $E[v_i] = \mathbf{0}$，$E[v_i v_j^{\mathrm{T}}] = \begin{cases} C_i & i = j \\ 0 & i \neq j \end{cases}$。若 $\sum_{i=1}^{N} H_i^{\mathrm{T}} C_i^{-1} H_i$ 为非奇异，则 $\hat{x}$ 是基于 $\hat{y}_i = H_i x + v_i$，$i = 1 \sim N$ 的最优融合估计，且

$$\begin{cases} \mathrm{var}[\hat{x}] = P = (\sum_{i=1}^{N} H_i^{\mathrm{T}} C_i^{-1} H_i) - \mathbf{1} \\ \hat{x} = P \sum_{i=1}^{N} H_i^{\mathrm{T}} C_i^{-1} \hat{y}_i \end{cases} \tag{5.29}$$

若 $I[\hat{y}_i]$ 表示量测 $\hat{y}_i$ 关于自身的信息量，$I[\hat{y}_i \mid x]$ 表示量测 $\hat{y}_i$ 关于被估计量 x 的信息量，$I[\hat{x}]$ 表示最优融合估计 $\hat{x}$ 关于自身的信息量，则有

$$I[\hat{x}] = \sum_{i=1}^{N} I[\hat{y}_i \mid x] = \sum_{i=1}^{N} H_i^{\mathrm{T}} I[\hat{y}_i] H_i = \sum_{i=1}^{N} H_i^{\mathrm{T}} C_i^{-1} H_i \tag{5.30}$$

可见，线性最优融合估计关于自身的信息量等于所有量测关于被估计量的信息量之和。通常情况下，信息的信息量和信息的方差互为倒数。当信息量为零时，该信息无用；当信息量为无穷大时，该信息为确定性信息。

2. 从决策的角度分析

估计是一种决策，引入投影矩阵概念，可将量测信息空间转换到决策信息空间，完成决策过程，具体描述如下。

在等式 $y_i = H_i x$ 两边同时左乘信息投影矩阵 $H_i^{\mathrm{T}} C_i^{-1}$，则有

$$H_i^{\mathrm{T}} C_i^{-1} \hat{y}_i = H_i^{\mathrm{T}} C_i^{-1} H_i x \tag{5.31}$$

由于客观真实值 y_i 和 x 不能确知，所以分别用量测值 $\hat{y}_i$ 和最优估计值 $\hat{x}$ 替代，并对 N 个量测信息进行求和，有

$$\sum_{i=1}^{N} H_i^{\mathrm{T}} C_i^{-1} \hat{y}_i = (\sum_{i=1}^{N} H_i^{\mathrm{T}} C_i^{-1} H_i) \hat{x} \tag{5.32}$$

此时，信息空间的维数等于决策空间的维数，使信息可被直接利用，且决策信息为

$$z = \sum_{i=1}^{N} \boldsymbol{H}_i^{\mathrm{T}} \boldsymbol{C}_i^{-1} \hat{\boldsymbol{y}}_i \tag{5.33}$$

决策矩阵为

$$\boldsymbol{K} = \sum_{i=1}^{N} \boldsymbol{H}_i^{\mathrm{T}} \boldsymbol{C}_i^{-1} \boldsymbol{H}_i \tag{5.34}$$

得出被决策量为

$$\hat{\boldsymbol{x}} = \boldsymbol{K}^{-1} \boldsymbol{z} = \left(\sum_{i=1}^{N} \boldsymbol{H}_i^{\mathrm{T}} \boldsymbol{C}_i^{-1} \boldsymbol{H}_i \right)^{-1} \sum_{i=1}^{N} \boldsymbol{H}_i^{\mathrm{T}} \boldsymbol{C}_i^{-1} \hat{\boldsymbol{y}}_i \tag{5.35}$$

5.3.1.2 非线性最优融合估计

1. 非线性最优融合估计定理

设随机矢量 $\boldsymbol{x} \in R^n$ 服从高斯分布，且 $\mathrm{var}[\boldsymbol{x}] = \boldsymbol{P}$。若 $\boldsymbol{y} = h(\boldsymbol{x})$，$h(\cdot)$ 为 $R^n \rightarrow R^m$ 上的光滑单调映射，则 $\boldsymbol{y}$ 也服从高斯分布，且 $\mathrm{var}[\boldsymbol{y}] = h_x(\boldsymbol{x}) \boldsymbol{P} h_x^{\mathrm{T}}(\boldsymbol{x})$，其中 $h_x(\boldsymbol{x}) = \dfrac{\partial h(\cdot)}{\partial x}$。

当 $h(\cdot)$ 为线性映射时，随机矢量函数的方差只与随机矢量的方差有关，与随机矢量本身无关。当 $h(\cdot)$ 为非线性映射时，随机矢量函数的方差除了与随机矢量的方差有关外，还与随机矢量本身有关。所以，计算随机矢量的非线性函数的方差还需要用到随机矢量自身的最优估计信息。

设关于被估计量 $\boldsymbol{x}$ 的各种非线性信息均可用统一量测模型表示为

$$\hat{\boldsymbol{y}}_i = h_i(\boldsymbol{x}) + \boldsymbol{v}_i, \ i = 1 \sim N \tag{5.36}$$

式中：$\hat{\boldsymbol{y}}_i \in R^{m_i}$ 为量测数据；$h_i(\cdot)$ 为 R^n 上的 m_i 维光滑单调映射；$\boldsymbol{v}_i \in R^{m_i}$ 为量测误差，且 $E[\boldsymbol{v}_i] = 0$，$E[\boldsymbol{v}_i \boldsymbol{v}_j^{\mathrm{T}}] = \begin{cases} \boldsymbol{C}_i & i = j \\ 0 & i \neq j \end{cases}$。若 $\hat{\boldsymbol{x}}$ 是 $\boldsymbol{x}$ 的最优融合估计，$\sum_{i=1}^{N} \boldsymbol{H}_i^{\mathrm{T}} \boldsymbol{C}_i^{-1} \boldsymbol{H}_i$ 非奇异，$h_{i,x}(\boldsymbol{x}) = \dfrac{\partial h(\cdot)}{\partial x}\big|_{x=\hat{x}}$，则有

$$\begin{cases} \sum_{i=1}^{N} h_{i,x}^{\mathrm{T}}(\hat{\boldsymbol{x}}) \boldsymbol{C}_i^{-1} h_i(\hat{\boldsymbol{x}}) = \sum_{i=1}^{N} h_{i,x}^{\mathrm{T}}(\hat{\boldsymbol{x}}) \boldsymbol{C}_i^{-1} \hat{\boldsymbol{y}}_i \\ I[\hat{\boldsymbol{x}}] = \boldsymbol{P}^{-1} = \sum_{i=1}^{N} h_{i,x}^{\mathrm{T}}(\hat{\boldsymbol{x}}) \boldsymbol{C}_i^{-1} h^{i,x}(\hat{\boldsymbol{x}}) \end{cases} \tag{5.37}$$

2. 从决策的角度分析

信息融合估计问题属于决策问题，它将线性决策过程进一步推广应用到非线性信息融合估计算法。将信息的量测模型 $\hat{\boldsymbol{y}}_i = h_i(\boldsymbol{x}) + \boldsymbol{v}_i$ 转换为信息的决策模型，则决策信息为

$$z = \sum_{i=1}^{N} h_{i,x}^{\mathrm{T}}(\hat{\boldsymbol{x}}) \boldsymbol{C}_i^{-1} \hat{\boldsymbol{y}}_i \tag{5.38}$$

决策映射为

$$k(\boldsymbol{x}) = \sum_{i=1}^{N} h_{i,x}^{\mathrm{T}}(\hat{\boldsymbol{x}}) \boldsymbol{C}_i^{-1} h_i(\hat{\boldsymbol{x}}) \tag{5.39}$$

3. 非线性信息融合估计算法

非线性信息最优融合估计 $\hat{x}$ 隐含在非线性表达式中，且与最优融合估计 $\hat{x}$ 关于自身的信息量 P^{-1} 是相互耦合的，给实际求解最优融合估计带来很大困难。解决该问题的方法通常有两种。

方法 1：在所有非线性量测映射函数中，若存在某一 $h_j(\cdot)$ 为单位映射，即 $\hat{y}_j = x + v_j$，$j \in [1, N]$，且 $E(v_j v_j^{\mathrm{T}}) = C_j$。根据非线性信息融合估计的封闭表达式有

$$C_j^{-1}\hat{x} + \sum_{i=1,\,i \neq j}^{N} h_{i,\,x}^{\mathrm{T}}(\hat{x}) C_i^{-1} h_i(\hat{x}) = C_j^{-1}\hat{y}_j + \sum_{i=1,\,i \neq j}^{N} h_{i,\,x}^{\mathrm{T}}(\hat{x}) C_i^{-1}\hat{y}_i \tag{5.40}$$

引入迭代操作，进一步转化为

$$\hat{x}^{(g+1)} = \hat{y}_j + C_j \sum_{i=1,\,i \neq j}^{N} h_{i,\,x}^{\mathrm{T}}(\hat{x}^{(g)}) R_i^{-1}\left[\hat{y}_i - h_i(\hat{x}^{(g)})\right] \tag{5.41}$$

则融合估计 $\hat{x}(g+1)$ 关于自身的信息量为

$$I[\hat{x}^{(g+1)}] = P^{-1(g+1)} = C_j^{-1} + \sum_{i=1,\,i \neq j}^{N} h_{i,\,x}^{\mathrm{T}}(\hat{x}^{(g)}) C_i^{-1} h^{i,\,x}(\hat{x}^{(g)}) \tag{5.42}$$

式中：$g = 0 \sim G$，G 为最大迭代次数，迭代初值取为 $\hat{x}(0) = \hat{y}$，即可得到一种便于递推计算的最优融合估计算法。

方法 2：若存在关于 x 的先验信息或计算假定 $\hat{x}$，则令

$$f(x) = \sum_{i=1}^{N} h_{i,\,x}^{\mathrm{T}}(\hat{x}) C_i^{-1} h_i(x) - \sum_{i=1}^{N} h_{i,\,x}^{\mathrm{T}}(x) C_i^{-1}\hat{y}_i \tag{5.43}$$

式中：$f(x)$ 在 $x = \hat{x}$ 处存在极小值为零；$\hat{x}$ 为最优融合估计值。因此，采用如下迭代法求解极小点 $\hat{x}$，有

$$\begin{cases} \hat{x}^{(g+1)} = \hat{x}^{(g)} - [f(\hat{x}^{(g)})]^{-1} f(\hat{x}^{(g)}) \\ I[\hat{x}^{(g+1)}] = \sum_{i=1}^{N} h_{i,\,x}^{\mathrm{T}}(\hat{x}^{(g)}) C_i^{-1} h_{i,\,x}(\hat{x}^{(g)}) \end{cases} \tag{5.44}$$

式中：$g = 0 \sim G$，G 为最大迭代次数，迭代初值选为 $\hat{x}(0) = \hat{x}$。

5.3.2　基于不确定性推理的信息融合方法

不确定性推理方法是一种建立在非经典逻辑基础上的基于不确定性知识的推理，它从不确定性的初始证据出发，通过运用不确定性知识，推出近乎合理的结论。由于现实问题中不确定性普遍存在，不确定性推理越来越引起人们的重视。

5.3.2.1　主观贝叶斯方法推理过程

主观贝叶斯方法的不精确推理过程将先验概率更新为后验概率 $P(B|A)$ 的过程。设事件 B_1，B_2，$\cdots$，B_n 是样本空间 S 的一个划分，且 $P(A) > 0$，$P(B_i) > 0$，$i = 1, 2, \cdots, n$，则

$$P(B_i \mid A) = \frac{P(A \mid B_i)}{\sum_{j=1}^{n} P(A \mid B_j)} \tag{5.45}$$

主观贝叶斯公式是在贝叶斯公式基础上提出的不确定性推理模型。其引入了两个数值 LS 与 LN，其中

$$LS = \frac{P(A \mid B)}{P(A \mid \bar{B})} \tag{5.46}$$

式(5.46)表示 A 为真时对 B 的影响，LS 越大，A 对 B 的支持越强，称为充分性因子。

$$LN = \frac{P(\bar{a} \mid B)}{P(\bar{a} \mid \bar{B})} \tag{5.47}$$

式(5.47)表示 A 为假时对 B 的影响，LN 越大，$\bar{a}$ 对 B 的支持越强，称为必要性因子。

定义事件 B 的先验概率函数定义为

$$O(B) = \frac{P(B)}{1 - P(B)} \tag{5.48}$$

后验概率函数定义为

$$O(B \mid A) = \frac{P(B \mid A)}{P(\bar{B} \mid A)} \tag{5.49}$$

概率函数实际上表示了 B 的不确定性，即

$$O(B \mid A) = \frac{P(B \mid A)}{P(\bar{B} \mid A)} = LS \times O(B) \tag{5.50}$$

可以得到

$$P(B \mid A) = \frac{O(B \mid A)}{1 + O(B \mid A)} \tag{5.51}$$

5.3.2.2 更新可能性函数、先验概率的递推算法

根据概率函数定义

$$O(B) = \frac{P(B \mid A)}{1 - P(B)}, \quad O(B \mid A) = \frac{P(B \mid A)}{P(\bar{B} \mid A)} \tag{5.52}$$

$$O(B \mid A_1) = \frac{P(B \mid A_1)}{P(\bar{B} \mid A_1)} = \frac{P(A_1 \mid B)P(B)}{P(A_1)} \times \frac{P(A_1)}{P(A_1 \mid \bar{B})P(\bar{B})}$$

$$= \frac{P(A_1 \mid B)}{P(A_1 \mid \bar{B})} \times \frac{P(B)}{1 - P(B)} = LS_1 \times O(B) \tag{5.53}$$

再由

$$O(B \mid A) = \frac{P(B \mid A_1)}{P(\bar{B} \mid A_1)} = \frac{P(B \mid A_1)}{1 - P(B \mid A_1)} \tag{5.54}$$

可得

$$P(B \mid A_1) = \frac{O(B \mid A_1)}{1 + O(B \mid A_1)} = \frac{LS_1 \times O(B)}{1 + LS_1 \times O(B)} = \frac{LS_1 \times P(B)}{(LS_1 - 1)P(B) + 1} \tag{5.55}$$

以此类推，得到递推公式如下

$$P(B \mid A_1) = \frac{O(B \mid A_1)}{1 + O(B \mid A_1)} = \frac{LS_1 \times P(B)}{(LS_1 - 1)P(B) + 1}$$

$$P(B \mid A_1 A_2) = \frac{LS_2 \times P(B \mid A_1)}{(LS_2 - 1)P(B \mid A_1) + 1} = \frac{LS_1 \times LS_2 \times P(B)}{(LS_1 \times LS_2 - 1)P(B) + 1}$$

$$P(B \mid A_1 A_2 \cdots A_n) = \frac{LS_n \times P(B \mid A_1 A_2 \cdots A_{n-1})}{(LS_n - 1)P(B \mid A_1 A_2 \cdots A_{n-1}) + 1}$$

$$= \frac{LS_1 \times LS_2 \times \cdots \times LS_n \times P(B)}{(LS_1 \times LS_2 \times \cdots \times LS_n - 1)P(B) + 1}$$

(5.56)

5.3.3　基于智能计算的信息融合方法

粗糙集理论作为智能信息处理技术的一个新工具，已在不完整数据及不精确知识的表达、机器学习、推理，以及知识发现等领域得到成功应用。本节讨论了基于粗糙集理论的信息融合算法。

5.3.3.1　建立关系数据模型

假设共有 r 个类，每个目标由若干个特征参数描述。将特征参数视为条件属性，则条件属性 $C = \{c_1, c_2, \cdots, c_m\}$，将目标的类别视为决策属性，则决策属性集合 $D = \{d_1, d_2, \cdots, d_r\}$。对模板库中某样本 u_i 的一条信息，可定义 $u_i = \{c_{1,r}, c_{2,r}, \cdots, c_{m,r}, d_r\}$，从而论域 $U = \{u_1, u_2, \cdots, u_n\}$ 也成为样本集合。这时研究对象 u_i 的属性值为 $c_i(u_i) = c_{1,r}(i = 1, 2, \cdots, n)$，$d(u_i) \in D$。由 $u_i(i = 1, 2, \cdots, n)$ 构成的二维信息表就是关于目标识别模型的关系数据模型。

5.3.3.2　建立知识系统

为了从样本中分析出知识间的依赖性和属性的重要性，需要利用属性对论域进行分类，建立论域上的知识系统。分类的基础是属性值离散化，即对每个属性的属性值按特征分割为若干离散值，然后将属性值用离散值替代。离散化后便可建立知识系统，假设 U 中每个对象已经离散化，$C' \subseteq C$ 定义下列二元关系

$$R_C = \{(u, v) \in U \times U \mid c_i(u) = c_i(v), \forall c_i \in C'\} \tag{5.57}$$

$$R_D = \{(u, v) \in U \times U \mid d(u) = d(v)\} \tag{5.58}$$

显然，R_C、R_D 在 U 上都是等价的关系，因此它们都可以用来确定 U 上的知识系统。粗糙集理论只能处理离散的属性值，实际应用中大量存在的连续属性值必须经过离散化后才能用粗糙集方法进行处理。较为简单适用的离散化算法有等距离划分算法、等频率划分算法、Naive Scaler 算法及 Semi Naive Scaler 算法等。

5.3.3.3　基于决策表的分类规则

样本在离散化后且经过粗糙集属性约简，形成了一个简化的决策表。在此基础上，可采用如下分类规则。

设条件属性集合 $C = \{c_1, c_2, \cdots, c_m\}$，首先根据离散化后的属性值将样本分类，得到 U/C 中的各等价类。然后通过待测数据的值取出与其相对应的 m 个集合，构造相应的 m 个矩阵，记为 $A_1, A_2, \cdots, A_m$。将取出的 m 个集合中包含该元素的值赋为 1，否则将对应的值赋为 0。

依次循环计算 $A_1^{\mathrm{T}} A_2$，$A_2^{\mathrm{T}} A_3$，$\cdots$，$A_n^{\mathrm{T}} A_{m+1}$，若主对角线上的元素值有一个为 1，则该元素所对应的序号就是可能的归类，若那一类中不止一个值为 1，则利用对角上的值构造出一维矩阵，与另一组没用过的矩阵按上面的方法运算。同样只关心主对角线上的元素值，若只有一个值为 1，则该元素的位置号码就是待测数据所属的样本序号；若值全部为 0，则判别待识别目标信号不在已知样本库之中，即为一个新目标类型；若不止一个值为 1，即待测数据满足两个以上的决策规则，则可以进一步计算规则的符合度

$$\mu(X_i) = \frac{\mathrm{card}(X_i \cap F_x)}{\mathrm{card}(F_x)} \tag{5.59}$$

式中：F_x 为未知信号的特征参数集合；X_i 为决策表中某类的条件属性的集合，$X_i \cap F_x$ 为 F_x 中符合 X_i 中特征条件的特征的集合，通过式（5.59）选择可信度大的规则来判别待识别数据的所属类别。

5.3.4 基于神经网络的信息融合方法

5.3.4.1 神经网络识别模型

基于神经网络多传感器信息融合方法是特征级状态属性融合，也就是特征级联合识别方法。多传感器检测系统为识别提供了比单传感器更多的有关目标（状态）的特征信息，增大了特征空间维数。图 5-11 是应用神经网络的多传感器信息融合进行识别的智能模型。

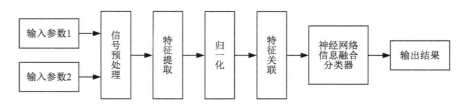

图 5-11 神经网络信息融合智能模型

5.3.4.2 归一化处理

作为特征的各种参数，其物理意义各不相同，且幅值大小很不一致。为了能够应用神经网络对各种参数进行分类识别，需要除去各特征参数物理单位的干扰，通常采用以下归一化方法

$$x_i^0 = 1 - x_i - \overline{x} / (x_{\max} - x_{\min}) \tag{5.60}$$

其中

$$x_{\max} = \max\{x_i\}, \ x_{\min} = \min(x_i), \ \overline{x} = (\sum_{i=1}^{n} x_i)/N \qquad (5.61)$$

经过归一化处理后的特征参数，可作为神经网络的输入特征矢量。

5.3.4.3　特征关联

用神经网络融合中心对多传感器特征信息进行融合处理前，必须先对各种传感器的特征矢量进行关联处理，形成有意义的组合。例如，在某些经典目标识别实验中，如果简单地将两者合并，经融合中心处理后，识别率为 85%；将两者各 10 维特征矢量间隔交叉合并成 20 维联合特征矢量，作为融合中心的输入模式，则识别率达 95%，识别性能可明显提高。

5.3.4.4　神经网络融合中心的构造

常用的神经网络是前馈网络，其学习算法通常为误差反向传播（back propagation，BP）算法。BP 算法虽然应用广泛，但也存在局部极小值、算法收敛速度慢、选取隐单元的数目尚无一般的指导原则等问题。针对这些问题，各种改进算法应运而生，尺度共轭梯度算法就是其中的代表性算法之一，它使网络的训练和运算速度都有很大提高。

设融合中心采用三层前馈神经网络，其结构如图 5-12 所示，由输入层、隐藏层和输出层构成。神经元（节点）的作用函数为非线性的 Sigmoid 函数。

$$f(x) = 1/(1 - e^{-x}) \qquad (5.62)$$

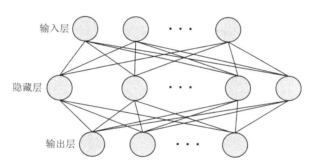

图 5-12　前馈神经网络基本结构

网络的输入层节点数对应信号预处理与特征提取后的特征维数 d。隐藏层节点数取值需要根据具体问题设置，隐藏层节点数太少，势必将输入层传输的信息进行过分压缩，网络不能充分学习，导致映射逼近精度下降；隐藏层节点数过多，网络的非线性可能过于复杂，所需计算时间加长，产生过剩学习。通常，在应用前确定隐藏层节点数为 $2d+1$，然后在此基础上再反复试凑，寻求合适的隐藏层节点数。

在确定了网络的输入特征及结构后，用样本对网络进行训练，使网络认知来自多传感器的特征信息所代表的设备状态。训练学习结束后，对网络输入新样本时，网络就会产生对应新样本属性，实现识别的目的。

5.4 多传感器信息融合的典型应用

5.4.1 信息融合实现目标识别

5.4.1.1 目标识别问题介绍

目标识别的主要困难在于提取稳健的、能分离的目标特征。而特征既是目标尺寸、传感器设计参数的函数,又与传感器所处的工作环境特性有关。为得到稳健的目标识别,有效途径之一就是使用多传感器系统,实现多传感器目标识别融合。

目标识别信息可从传感器信号级、属性信息级和身份说明级提供,因而多传感器目标识别可分别在数据级、特征级和决策级 3 个级别上进行。这里讨论的多传感器目标识别问题在决策级上。假定有 K 个传感器,它们可以是相同类型传感器,也可以是不同类型传感器。被识别目标属于由 n 个已知目标类型组成的集合,每个传感器都基于自己观测来估计,将此估计送往目标识别融合中心,用 K 个传感器局部估计作出目标识别的全局估计。

5.4.1.2 目标识别融合模型

根据目标识别子集的潜在概率分布与目标置信度之间的对应关系,多传感器目标识别融合时可将传感器正确识别概率、目标识别先验概率分别用传感器识别置信度 α、工作可信度 β 替代,形成如下目标识别融合问题的数学描述。

多传感器融合系统配置 K 个传感器,第 k 个传感器初步判决相对于目标识别子集 $r(j)$ 的置信度 $\alpha_k(j)$,$\alpha_k(j) \in [0, 1]$,$j=1, 2, \cdots, m$,传感器工作可信度 $\beta_k \in [0, 1]$,$k= 1, 2, \cdots, K$,则融合中心目标识别问题可归结为如何从传感器初步判决矩阵中融合出最优的判决结果

$$\begin{bmatrix} \alpha_1(1) & \alpha_1(2) & \cdots & \alpha_1(m) \\ \alpha_2(1) & \alpha_2(2) & \cdots & \alpha_2(m) \\ \vdots & & \vdots & \\ \alpha_K(1) & \alpha_K(2) & \cdots & \alpha_K(m) \end{bmatrix} \qquad (5.63)$$

上述问题实质上对应决策级融合问题,各传感器独自或联合产生初步识别判决结论,通过数据网在融合中心形成战场空间联合判决。采用目标隶属于目标识别子集的置信度替代了正确识别概率,为问题求解带来了便利。

5.4.1.3 模型求解

设各传感器正常工作时独自作出的判决应具有一致性,定义传感器识别一致性距离测度函数 $S(A, B)$ 为

$$S(A, B) = 1 - (\| A - B \|_P \times 2^{-0.5})^p \tag{5.64}$$

$$\| A - B \|_P = \left[\sum_{j=1}^{m} |\alpha_k(j) - \alpha_l(j)|^p \right]^{1/p} \tag{5.65}$$

式中：k 为传感器初步识别判决的 l_p 范数；$l = 1, 2, \cdots, K$，且 $k \neq l$；$A = (\alpha_k(1), \alpha_k(2), \cdots, \alpha_k(m))$；$B = (\alpha_l(1), \alpha_l(2), \cdots, \alpha_l(m))$。

目标识别的最优融合结果与各传感器初步识别的非相似性最小。各传感器初步识别的非相似性可定义为 $c - S(A, B)$，其中 $c > 1$。设 $R = (\alpha(1), \alpha(2), \cdots, \alpha(m))$ 为各传感器初步识别的最终融合结果，则对应的最优融合数学表达式为

$$\min Z_{c,d}(W, R) = \sum_{k=1}^{K} (\beta_k)^d (c - S(R, A)) \tag{5.66}$$

式中：A 为第 k 个传感器初步识别判决；β_k 为第 k 个传感器工作可信度；d 为传感器工作可信度指数且为常数。

$$\beta_k \geqslant 0, \quad \sum_{k=1}^{K} \beta_k = 1, \quad c > 1 \tag{5.67}$$

如果选择的距离范数为 l_2 范数，则式（5.67）可转换为

$$h_{c,d}(R) = \sum_{k=1}^{K} (\beta_k)^d \left(c - 1 + \frac{1}{2} (\| R - A \|_2)^2 \right) \tag{5.68}$$

为了使 $h_{c,d}$ 取得最小值，R 须满足 $h_{c,d} = 0$，即

$$\frac{\partial h_{c,d}}{\partial \alpha(j)} = \frac{1}{2} \sum_{k=1}^{K} (\beta_k)^d 2 (\alpha(j) - \alpha_k(j)) = 0 \quad j = 1, 2, \cdots, m \tag{5.69}$$

通过求解式（5.69）得到

$$\alpha(j) = \frac{\displaystyle\sum_{k=1}^{K} (\beta_k)^d \alpha_k(j)}{\displaystyle\sum_{k=1}^{K} (\beta_k)^d} \tag{5.70}$$

5.4.2　信息融合实现目标跟踪

5.4.2.1　有源无源数据融合预处理

数据链在现代作战中的地位与日俱增，虽然目前采用数据链传输数据的实时性与准确性与战场的实际需求还有差距，但随着现代战争样式的深入变化，未来战场对数据链的需求也日益迫切，尤其是数据链参与下的多源信息融合技术的作用在日益凸显。数据链可传输包括目标基本位置坐标信息的各种数据信息，本节聚焦双/多基地雷达的目标定位跟踪问题，只考虑目标位置的相关信息。假设双/多基地雷达提供的测量信息为

$$Z(k_r) = [x(k_r), y(k_r), z(k_r), \dot{r}(k_r)] \tag{5.71}$$

ESM 传感器可获取辐射源目标的角度信息，是信息融合跟踪中十分重要的信息来源。ESM 传感器的测量信息为

$$Z(k_o) = [\theta(k_o), \varphi(k_o)] \tag{5.72}$$

数据链提供的位置信息为

$$Z(k_d) = [x(k_d), y(k_d), z(k_d)] \tag{5.73}$$

采用集中式扩维融合算法来对多传感器探测的信息进行融合，通过对各数据获取的信息源进行分析，得到融合的信息后，将这些信息仿照数据链与 ESM 传感器的融合方式，实现对信息的融合。集中式数据融合处理结构如图 5-13 所示。

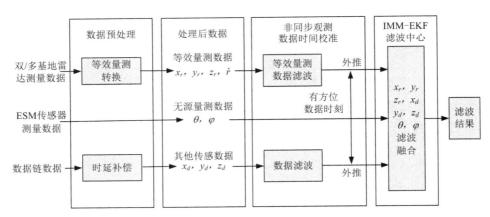

图 5-13 集中式数据融合处理结构

双/多基地雷达、ESM 传感器与数据链分三路将各自测量得到数据通过预处理单元的等效量测转换和时延补偿方式对数据进行预处理。采用 ESM 传感器系统得到的具有时间信息的测量数据，对其他两路数据进行时间校准，并与其他两路经过滤波的数据融合，进行外推解算。将三路得到的信息送入 IMM-EKF 滤波中心进行融合滤波，得到滤波结果。

将多传感器的数据信息进行融合是发挥组网作战效能的关键步骤。数据的时间与空间同步是先决条件，为此需要将不同来源的数据信息进行空间与时间校准，为数据融合做好准备。数据预处理的过程主要为解决空间与时间校准的问题，如通过坐标转换与时延补偿实现校准。

1. 测量目标位置的坐标转换

在目标跟踪系统中，目标的机动模型一般在笛卡儿坐标系中分析解算，而雷达/ESM 传感器的测量却是在极/球坐标系中获得的。这就需要转换量测 Kalman 滤波来解决不同坐标系下的计算问题，即先将雷达或者 ESM 传感器在极/球坐标系中的测量数据通过坐标转换，以直角坐标系的形式来对目标位置信息进行描述，然后再对转换测量误差的二阶矩进行估计。

2. 多传感器数据融合的时延补偿

滤波外推算法通常用来解决多传感器数据融合带来的时延问题，等价于以当前时刻为基准，对各传感器的测量数据进行滤波估计，在当前滤波估计基础上进行外推拟合。考虑飞行器的机动性能，机动目标加速度的大小肯定在上一时刻加速度值附近的一定范围内，通过对目标下一时刻加速度的合理估计，可实现对机动目标的高精度跟踪。

假设传感器数据测量的新周期为 T_{DL}，目标状态向量为

$$\boldsymbol{X}(k_d) = [x(k_d), v_x(k_d), a_x(k_d), y(k_d), v_y(k_d), a_y(k_d), z(k_d), v_z(k_d), a_z(k_d)] \tag{5.74}$$

状态方程为

$$\boldsymbol{X}(k_d + 1) = \boldsymbol{F}_{\mathrm{CSM}}(k_d) \times \boldsymbol{X}(k_d) + \boldsymbol{G}(k_d)\overline{a}(k_d) + \boldsymbol{\omega}(k_d) \tag{5.75}$$

式中：$\boldsymbol{F}_{\mathrm{CSM}}(k_d)$ 为目标状态转移矩阵；$\boldsymbol{G}(k_d)$ 为输入控制矩阵。时延补偿算法的步骤如下。

(1) 初始化。

假设机动目标有 N 个机动模型，且对每个机动模型都设定一个常见的机动频率、合理的加速度取值和各机动模型之间的转移概率 $\Pi_{N\times N}$。

(2) 模型输入交互。

交互多模型 i 的状态估计和协方差阵为

$$\hat{x}_{oi}(k_d \mid k_d) = \sum_{j=1}^{N} \hat{x}_j(k_d \mid k_d)\boldsymbol{\mu}_{ij}(k_d) \tag{5.76}$$

$$P_{oi}(k_d \mid k_d) = \sum_{j=1}^{N} [P_j(k_d \mid k_d) + \hat{x}_{ij}(k_d \mid k_d) \cdot \hat{x}_{ij}(k_d \mid k_d)'] \boldsymbol{\mu}_{ij}(k_d) \tag{5.77}$$

式中：$\boldsymbol{\mu}_{ij}(k_d) = \boldsymbol{\pi}_{ij}\boldsymbol{\mu}_j(k_d)/C_i$；$C_i = \sum_{j=1}^{N} \boldsymbol{\pi}_{ij}\boldsymbol{\mu}_j(k_d)$；$\hat{x}_{ij}(k_d \mid k_d) = \hat{x}_{oi}(k_d \mid k_d) - \hat{x}_j(k_d \mid k_d)$；$\boldsymbol{\pi}_{ij}$ 为模型 j 到模型 i 的转移概率。

(3) 滤波。

一步预测方程为

$$\hat{x}_i(k_d + 1 \mid k_d) = F_{\mathrm{CSF},i}(k_d)\hat{x}_{oi}(k_d \mid k_d) + G_i(k_d)\overline{a}_i(k_d) \tag{5.78}$$

$$P_i(k_d + 1 \mid k_d) = F_{\mathrm{CSF},i}(k_d)P_{oi}(k_d \mid k_d)F_{\mathrm{CSF},i}(k_d)' + Q(k_d) \tag{5.79}$$

雷达传感器、ESM 传感器等更新信息为目标位置信息，即量测方程

$$\boldsymbol{Z}(k_d) = [x(k_d), y(k_d), z(k_d)] \tag{5.80}$$

式 (5.80) 是线性的，所以可直接由 Kalman 滤波递推公式得出 $k_d + 1$ 时刻模型 i 的状态估计 $\hat{x}_i(k_d+1 \mid k_d+1)$ 和状态协方差 $P_i(k_d+1 \mid k_d+1)$。

(4) 模型 i 概率更新为

$$\boldsymbol{\mu}_i(k_d + 1) = \frac{\Lambda_i C_i}{\sum\limits_{j=1}^{N} \Lambda_i C_i} \tag{5.81}$$

其中

$$\Lambda_i = \frac{1}{\sqrt{|2\pi S_i(k_d + 1)|}} \cdot \exp\left[-\frac{1}{2}v_i(k_d + 1)'S_i(k_d + 1)^{-1}v_i(k_d + 1)\right] \tag{5.82}$$

$$\begin{cases} v_i(k_d + 1) = Z(k_d + 1) - H_i(k_d + 1)\hat{x}_i(k_d + 1 \mid k_d) \\ S_i(k_d + 1) = H_i(k_d + 1)'P_i(k_d + 1 \mid k_d)H_i(k_d + 1) + R(k_d + 1) \end{cases} \tag{5.83}$$

式中：$v_i(k_d+1)$ 为 k_d+1 时刻的信息；$S_i(k_d+1)$ 为信息协方差。

(5) 输出交互。

$$\hat{x}(k_d + 1 \mid k_d + 1) = \sum_{i=1}^{N} \hat{x}_i(k_d + 1 \mid k_d + 1)\boldsymbol{\mu}_i(k_d + 1) \tag{5.84}$$

$$P(k_d + 1 \mid k_d + 1) = \sum_{i=1}^{N} [P_i(k_d + 1 \mid k_d + 1) +$$
$$\hat{x}_{ie}(k_d + 1 \mid k_d + 1)\hat{x}_{ie}(k_d + 1 \mid k_d + 1)']\mu_i(k_d + 1) \tag{5.85}$$

其中

$$\hat{x}_{ie}(k_d + 1 \mid k_d + 1) = \hat{x}_i(k_d + 1 \mid k_d + 1) - \hat{x}(k_d + 1 \mid k_d + 1) \tag{5.86}$$

当延迟时间给定，在上述时延算法得出目标状态的基础上，进行外推拟合可得到补偿后的运动状态。设延迟时间为 t'，则将 $\boldsymbol{F}_{\text{CSM}}(k_d)$ 和 $\boldsymbol{G}(k_d)$ 中的周期参数 T_{DL} 替换为给定的延迟时间 t' 就可完成时延补偿。

5.4.2.2 基于 IMM-EKF 算法的目标融合跟踪

根据 EKF 算法及其改进算法，采用 IMM-EKF 算法可实现对目标的序贯融合跟踪。其算法流程为：首先用双/多基地雷达传感器的测量数据信息对滤波进行初始化，得到初始状态估计 $\hat{x}(2|2)$ 与协方差估计 $\hat{P}(2|2)$；然后按照时间顺序对数据链和各传感器的测量数据进行序贯滤波处理，即先到先处理的原则。这样的处理方式可不考虑数据融合过程中对时间同步的处理，又可提高对航迹推算的连续性。基于 IMM-EKF 算法对双/多基地雷达、ESM 传感器和数据链测量数据信息的序贯滤波流程如下。

（1）测量模型有三种类型，首先对三个模型的系统状态和协方差进行协方差估计

$$X_{2|2}^1 = \hat{x}(2 \mid 2), \quad X_{2|2}^2 = \hat{x}(2 \mid 2), \quad X_{2|2}^3 = \hat{x}(2 \mid 2)$$
$$P_{2|2}^1 = \hat{P}(2 \mid 2), \quad P_{2|2}^2 = \hat{P}(2 \mid 2), \quad P_{2|2}^3 = \hat{P}(2 \mid 2)$$

（2）采用序贯滤波处理的目标融合跟踪。模型 $j(j=1, 2, 3)$ 在 k 时刻对目标跟踪的状态估计为

$$X_{k-1|k-1}^{0j} = \sum_{i=1}^{3} \mu_{k-1|k-1}^{i|j} X_{k-1|k-1}^i \tag{5.87}$$

式中：$\mu_{k-1|k-1}^{i|j} = \dfrac{1}{\bar{c}_j} P_{ij}\mu_{k-1}^i$；$\bar{c}_j = \sum_{i=1}^{N} P_{ij}\mu_{k-1}^i$；$P_{ij}$ 为模型之间的转移概率。

目标跟踪的协方差为

$$P_{k-1|k-1}^{0j} = \sum_{i=1}^{3} \mu_{k-1|k-1}^{i|j} [P_{k|k-1}^i + (X_{k-1|k-1}^i - X_{k-1|k-1}^{0j}) \cdot (X_{k-1|k-1}^i - X_{k-1|k-1}^{0j})^{\text{T}}] \tag{5.88}$$

采用 EKF 算法对各个模型进行滤波更新

$$\begin{cases} \boldsymbol{X}_{k|k}^i = \boldsymbol{X}_{k|k-1}^i + \boldsymbol{K}_k^i[\tilde{\boldsymbol{Z}}_k^i], & i=1, 2, 3 \\ \boldsymbol{P}_{k|k}^i = [\boldsymbol{I} - \boldsymbol{K}_k^i\boldsymbol{H}_k^i]\boldsymbol{P}_{k|k-1}^i, & i=1, 2, 3 \end{cases} \tag{5.89}$$

式中：$i=1$ 时为雷达传感器对目标信息的量测；$i=2$ 时为 ESM 传感器对目标信息的量测；$i=3$ 时为数据链提供的目标位置信息。

$$\begin{cases} \tilde{\boldsymbol{Z}}_k^{(i)} = \boldsymbol{Z}_k^{(i)} - \boldsymbol{H}_k^i\boldsymbol{X}_{k|k-1}^i \\ \boldsymbol{K}_k^{(i)} = \boldsymbol{P}_{k|k-1}^i(\boldsymbol{H}_k^i)^{\text{T}}(\boldsymbol{S}_k^{(i)})^{-1} \\ \boldsymbol{S}_k^{(i)} = \boldsymbol{H}_k^i\boldsymbol{P}_{k|k-1}^i(\boldsymbol{H}_k^i)^{\text{T}} + \boldsymbol{R}_k^{(i)} \end{cases} \tag{5.90}$$

当数据来源为雷达传感器量测时

$$\boldsymbol{R}_k^{(1)} = \begin{bmatrix} \partial_{\rho_{\text{radar}}}^2 & 0 & 0 \\ 0 & \partial_{\theta_{\text{radar}}}^2 & 0 \\ 0 & 0 & \partial_{\varepsilon_{\text{radar}}}^2 \end{bmatrix} \tag{5.91}$$

$$\boldsymbol{Z}_k^{(1)} = [\rho_{\text{radar}}(k),\ \theta_{\text{radar}}(k),\ \varepsilon_{\text{radar}}(k)]^{\text{T}} \tag{5.92}$$

$$\boldsymbol{H}_k^{(1)} = \begin{bmatrix} \dfrac{\hat{x}(k\mid k-1)}{\hat{r}} & 0 & \dfrac{\hat{y}(k\mid k-1)}{\hat{r}} & 0 & \dfrac{\hat{z}(k\mid k-1)}{\hat{r}^2} & 0 \\ -\dfrac{\hat{y}(k\mid k-1)}{\hat{r}^2} & 0 & \dfrac{\hat{x}(k\mid k-1)}{\hat{r}^2} & 0 & 0 & 0 \\ -\dfrac{\hat{x}(k\mid k-1)\hat{z}(k\mid k-1)}{\hat{r}\hat{R}^2} & 0 & -\dfrac{\hat{y}(k\mid k-1)\hat{z}(k\mid k-1)}{\hat{r}\hat{R}^2} & 0 & \dfrac{\hat{r}}{\hat{R}^2} & 0 \end{bmatrix} \tag{5.93}$$

当数据来源为 ESM 传感器量测时

$$\boldsymbol{R}_k^{(2)} = \begin{bmatrix} \partial_{\theta_{\text{ESM}}}^2 & 0 \\ 0 & \partial_{\varepsilon_{\text{ESM}}}^2 \end{bmatrix} \tag{5.94}$$

$$\boldsymbol{Z}_k^{(2)} = [\theta_{\text{ESM}}(k),\ \varepsilon_{\text{ESM}}(k)]^{\text{T}} \tag{5.95}$$

$$\boldsymbol{H}_k^{(2)} = \begin{bmatrix} -\dfrac{\hat{y}(k\mid k-1)}{\hat{r}^2} & 0 & \dfrac{\hat{x}(k\mid k-1)}{\hat{r}^2} & 0 & 0 & 0 \\ -\dfrac{\hat{x}(k\mid k-1)\hat{z}(k\mid k-1)}{\hat{r}\hat{R}^2} & 0 & -\dfrac{\hat{y}(k\mid k-1)\hat{z}(k\mid k-1)}{\hat{r}\hat{R}^2} & 0 & \dfrac{\hat{r}^2}{\hat{R}^2} & 0 \end{bmatrix} \tag{5.96}$$

当数据来源为数据链时

$$\boldsymbol{R}_k^{(3)} = \begin{bmatrix} \partial_{\rho_{\text{link}}}^2 & 0 & 0 \\ 0 & \partial_{\theta_{\text{link}}}^2 & 0 \\ 0 & 0 & \partial_{\varepsilon_{\text{link}}}^2 \end{bmatrix} \tag{5.97}$$

$$\boldsymbol{Z}_k^{(3)} = [\rho_{\text{link}}(k),\ \theta_{\text{link}}(k),\ \varepsilon_{\text{link}}(k)]^{\text{T}} \tag{5.98}$$

$$\boldsymbol{H}_k^{(3)} = \begin{bmatrix} \dfrac{\hat{x}(k\mid k-1)}{\hat{r}} & 0 & \dfrac{\hat{y}(k\mid k-1)}{\hat{r}} & 0 & \dfrac{\hat{z}(k\mid k-1)}{\hat{r}^2} & 0 \\ -\dfrac{\hat{y}(k\mid k-1)}{\hat{r}^2} & 0 & \dfrac{\hat{x}(k\mid k-1)}{\hat{r}^2} & 0 & 0 & 0 \\ -\dfrac{\hat{x}(k\mid k-1)\hat{z}(k\mid k-1)}{\hat{r}\hat{R}^2} & 0 & -\dfrac{\hat{y}(k\mid k-1)\hat{z}(k\mid k-1)}{\hat{r}\hat{R}^2} & 0 & \dfrac{\hat{r}^2}{\hat{R}^2} & 0 \end{bmatrix} \tag{5.99}$$

其中

$$\begin{cases} \hat{r} = \sqrt{\hat{x}^2(k\mid k-1) + \hat{y}^2(k\mid k-1)} \\ \hat{R} = \sqrt{\hat{r}^2 + \hat{z}^2(k\mid k-1)} \\ \hat{x}_{k\mid k-1} = \sum_{i=1}^{3} F_{k-1}^i X_{k-1\mid k-1}^i \mu_{k-1}^i \end{cases} \tag{5.100}$$

计算各个模型得

$$\Lambda_k^j = \frac{1}{\sqrt{|2\pi S_k^j|}} \exp\left[-0.5 (\widetilde{Z}_k^j)^{\mathrm{T}} (S_k^j)^{-1} \widetilde{Z}_k^j \right] \quad (5.101)$$

模型概率更新为

$$\mu_k^i = \frac{1}{c} \Lambda_k^j \overline{c}_j \quad (5.102)$$

式中：$c = \sum\limits_{i=1}^{3} \Lambda_k^i \overline{c}_j$。合并状态估计，可得

$$X_{k|k} = \sum_{i=1}^{3} X_{k|k}^i \mu_k^i \quad (5.103)$$

$$P_{k|k} = \sum_{i=1}^{3} \mu_k^i \left[P_{k|k}^i + (X_{k|k}^i - X_{k|k})(X_{k|k}^i - X_{k|k})^{\mathrm{T}} \right] \quad (5.104)$$

5.5 本章小结

　　本章首先简要介绍了信息融合的需求起源与基本概念，进一步介绍了现今主流的信息融合的处理级别与系统架构，并概括了信息处理的优势；然后在此基础上介绍了目前成熟的信息融合模型，分别从统计理论、知识规则与信息理论三种理论层面介绍了信息融合的典型模型，将估计理论、不确定性推理、智能算法与神经网络引入传感器信息融合中，提升信息融合的精确度与时效性；最后介绍了信息处理在目标识别与跟踪两个方面的应用，为将信息融合理论应用在实际问题中提供了典型实例。

第6章

干扰目标分配技术

随着雷达等辐射源技术的发展和组网技术的应用，综合电子战系统要同时面对敌方几十、上百部不同的辐射源。如何在侦察的基础上，准确判断敌方目标威胁程度，快速进行干扰决策，合理分配干扰资源，以达到最佳干扰效果，成为亟待解决的重要问题。本章围绕干扰目标分配这一核心内容，对分配的要素、内容，以及过程进行论述。6.1 节主要介绍干扰目标分配相关的基本概念，6.2 节、6.3 节、6.4 节分别从干扰决策、干扰资源分配、干扰效能评估三个方面进行讨论。

6.1　概述

6.1.1　基本概念

电子战系统干扰决策制定及资源综合管控是指根据任务需要和信号处理结果，结合人对环境的判断，合理分配干扰资源，控制干扰系统在时域、空域、频域、能量域及干扰样式选择上对多部辐射源进行自适应的干扰，以期达到最佳的干扰效果。

干扰决策及资源综合管控包括目标威胁评估、干扰效能评估及干扰资源分配三部分内容。目标威胁评估是对空间存在的多部辐射源进行威胁等级判定及排序，这是干扰资源分配的重要依据。干扰效能评估是为了确定干扰的准则和干扰要实现的目标。干扰资源分配是从满足边界条件的干扰方案中选择最佳方式，达到评估准则下的最佳效果。

6.1.2　干扰资源管控的内容

可以从时域、空域、频域和能量域四个方面分析干扰资源管控的内容，见表6-1。

综合电子战技术概论

表 6-1　干扰资源管控的内容

序号	类型	对干扰机的要求	资源管控的内容
1	时域资源管控	①能够测量雷达 PRF 及其变化特性 ②与频率或空间管理相关或同步 ③根据脉冲分选特点跟踪雷达脉冲,对下一个脉冲的出现时间进行预测 ④能瞬时检测干扰效果	①是否需要开启干扰机 ②能否实施干扰 ③对于固定天线波束的干扰机,干扰时机的确定即为干扰目标的选择
2	空域资源管控	①对多个辐射源精确、快速地测向 ②天线波束指向的时间窗管理 ③在给定的时间窗内实现天线波束的快速控制 ④能够形成增益可控的干扰波束	①干扰目标的选择 ②干扰波束指向和波束宽度的控制 ③对辐射源的角跟踪
3	频域资源管控	①快速测量雷达信号频率 ②快速准确地调谐干扰频率	①干扰中心频率和干扰信号带宽 ②根据辐射源的变化动态调整频谱结构 ③组合干扰的频谱结构不变原理
4	能量域资源管控	①功率控制 ②波束合成能力	确定干扰机的有效辐射功率,即发射功率和干扰天线增益的乘积

　　智能化的干扰资源管控就是通过实时的分析、评估敌我双方的作战态势、可用的资源来制定相应的应对策略,如决定何时启动干扰机实施干扰,判断干扰是否有效,选择采取哪种或哪几种干扰样式组合进行干扰,应该选择多大的干扰波束宽度和干扰频率,以及发射多大的干扰功率才能在完成既定的干扰任务的情况下,实现最好的射频隐身,达到最大化地保护自己的目的。时域、频域、空域、能量域四个域之间并不是孤立的,它们之间是相互联系、相互影响的,因此,实施干扰资源管控时应综合考虑这四个域。

6.2　干扰决策

　　干扰决策的制定是在满足干扰要素齐备和干扰能力充足的前提下,对干扰资源合理分配的过程。可从干扰决策基本流程、干扰要素分析和干扰决策制定三个方面对其进行分析。

6.2.1　干扰决策基本流程

　　干扰决策就是在侦察的基础上,根据各方情况,选择干扰目标,确定干扰时机,分配干扰任务,形成干扰方案,进而优选方案的过程。智能干扰决策就是干扰决策系统随雷达环境和抗干扰技术的改变而及时自动进行智能修正,以提供最佳的干扰决策。智能干扰决策代替人工干扰决策,不仅可以把决策者从对纷繁多变的信号流中解脱出来,而

· 132 ·

且能够实现高度自动化和快速反应的电子对抗系统。机载电子对抗系统干扰决策基本流程如图 6-1 所示。

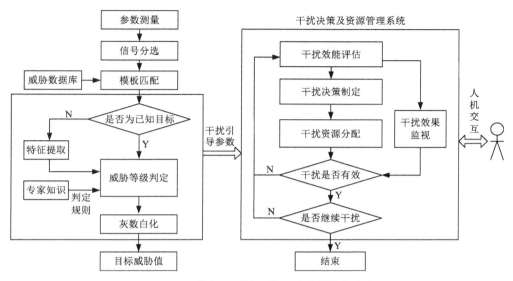

图 6-1 机载电子对抗系统干扰决策基本流程

从图 6-1 可以看出，干扰决策对于干扰资源的管控是至关重要的，管控的效果好坏，很大程度上取决于管控之前的决策阶段。因为决策是对敌我双方态势及胜率的综合评估，以及对敌我双方强弱关系的清晰判断。

6.2.2 干扰要素分析

在制定干扰决策之前，必须对干扰要素作出详细分析，才能确保制定的策略是有效可行的。下面主要从有效干扰的条件和干扰机实施有效干扰的要素两方面进行说明。

1. 有效干扰的条件

近年来出现了许多新体制雷达，如相控阵雷达、捷变频雷达、脉冲压缩雷达、脉冲多普勒雷达、合成孔径雷达等，提高了雷达的抗干扰能力。然而，没有干扰不了的目标，也没有对抗不了的干扰。分析各种体制雷达的规律，可以看出，所有雷达都有一些共同的弱点。

（1）工作在雷达接收机通带内的各种信号，不管是雷达探测信号，还是干扰信号，都能被接收到。

（2）无论雷达采用何种信号处理方式，其检测概率总是干信比的单调函数。只要干信比足够高，就能把雷达的检测概率降低到要求的阈值以下。

（3）实际上无论雷达采用什么样的天线，都有副瓣存在。

由于雷达的固有特性，这三个弱点对任何体制的雷达都必然存在。所以，无论什么体制的雷达都有被干扰的可能，要实现有效干扰，必须满足下列条件。

（1）干扰频率要瞄准。

（2）干扰机发射天线主瓣要对准被干扰目标。

（3）干扰压制时间基本保持连续。

（4）干扰功率要足够大，保证雷达接收机处的干信比满足干扰要求。

（5）干扰信号频谱宽度应大于雷达接收机带宽。

（6）干扰信号极化与被干扰信号极化一致。

2. 干扰机实施有效干扰的要素

新体制雷达的探测性能和抗干扰能力都较常规雷达有大幅提升。对干扰机来说，这不仅使干扰效果显著降低，也令干扰机自身安全更加严峻。这对干扰机的干扰能力和射频隐身提出了新的要求，具体涉及的要素如下。

（1）瞄频精度。

对不同体制的雷达，频率瞄准的精度要求不同。常规脉冲雷达、脉冲压缩雷达和合成孔径雷达，瞄频误差应不超过兆赫级别；而脉冲多普勒雷达的瞄频误差应小于千赫兹级别；对于通信干扰，频率误差应小于百兆赫。

（2）干扰信号样式。

通常要求干扰信号为连续噪声压制干扰，保持时间连续，否则雷达容易实现抗干扰，同时，还要求干扰机能随时发现雷达信号特征的变化。这样，干扰信号要留有一定的空隙，观察雷达信号的变化，为解决干扰机的收发隔离问题，需要有一个收发时间的分隔。

（3）方向对准。

干扰机的天线主瓣方向对准被干扰的雷达，其误差应小于干扰信号主瓣宽度的一半。

（4）工作频率范围。

干扰系统的工作频率范围是指干扰系统能正常工作的最高频率和最低频率之间的频率差。干扰机需要干扰各种不同功能、不同体制的雷达，而这些雷达的载频是不同的。一方面，载频越高，雷达发射功率越低，信号大气衰减越大，作用距离减小；另一方面，载频越高，探测精度也越高。机载预警雷达一般工作在超高频波段至 S 波段，地面防空警戒雷达工作在 L 波段至 S 波段，地空导弹指示雷达工作在 L 波段至 X 波段和 Ka/Ku 波段，机载火控雷达工作在 X 波段。干扰机只有具备宽频段干扰能力，才能压制不同频段的威胁辐射源。

（5）干扰频谱宽度。

干扰频谱宽度 Δf_J 应大于雷达探测信号的带宽 Δf_R，以确保雷达信号的每一处频段都能受到压制性干扰，但不宜太宽，太宽会造成干扰功率浪费。这就要求干扰机不仅要能准确瞄频，还应根据不同的干扰目标，实时调整干扰频谱宽度，一般，对于合成孔径雷达有 $\Delta f_J/\Delta f_R = 1.2$，对于其他雷达有 $\Delta f_J/\Delta f_R = 2 \sim 3$。

（6）峰值发射功率。

干扰机相对于雷达具有单程优势，只需少量功率就能实现有效干扰。随着雷达技术的不断进步，尤其是新体制雷达的出现，雷达通过体制优势获得的回波信号增益越来越大，在很大程度上抵消了干扰机的单程优势。对支援干扰而言，由于干扰信号从雷达天线的副瓣进入，雷达探测信号回波从主瓣进入，要实现有效干扰，需要更大的干扰功率。因此，干扰机必须提高其峰值发射功率，以满足对不同体制、不同距离雷达的干扰要求。

（7）系统反应时间。

系统反应时间是指干扰系统从接收第一个雷达脉冲到对雷达施放出干扰的时间。这一时间主要由干扰系统对雷达信号进行分选识别时间、干扰天线主波束转换到雷达方向所用的时间、干扰参数调整时间（频率瞄准时间、干扰技术产生时间）等决定。

雷达为提高抗干扰能力，其信号特征往往是变化的，目的是使干扰机不能有针对性地进行干扰，有时这种变化是随机的，不可预测的。这要求干扰机缩短反应时间，在侦察到目标信号的变化后迅速采取对应措施，如果在新的目标信号威胁时间结束前仍未作出反应，干扰就失去了意义。

（8）极化方式。

雷达常用不同极化方式获取有用信息，也利用极化来抗干扰，因此，干扰机必须有应对雷达变极化的措施。干扰机通常采用正交极化干扰，它可以随机产生各种极化，使雷达的变极化抗干扰失效。

（9）波束宽度。

干扰波束宽度要合适，要能足够覆盖干扰目标，但不宜太宽，否则造成功率浪费，容易使干扰机本身被敌方雷达追踪。同时，还要求在一对多干扰时，干扰机能够根据雷达的分布情况，自适应地调整波束宽度。

6.2.3　干扰决策制定

在干扰决策制定之前，有必要度量各干扰资源的干扰能力，以便在分配干扰资源时做到有的放矢。根据雷达干扰的一般情况，选择频率、带宽、功率三个因素来度量干扰能力。

1.干扰能力度量

（1）频率因子。

频率因子表征干扰机 J_i 的工作频率范围与雷达 R_j 的工作频率范围的重合程度，频率因子 $y_{f,ij}$ 满足

$$y_{f,ij} = \begin{cases} \dfrac{\min(f_{R,ij\_up}, f_{J,ij\_up}) - \max(f_{R,ij\_down}, f_{J,ij\_down})}{f_{R,ij\_up} - f_{R,ij\_down}} & f_{J,ij\_down} \leqslant f_{R,up} \text{ 且 } f_{J,ij\_up} \geqslant f_{R,ij\_down} \\ 0 & f_{J,ij\_down} > f_{R,up} \text{ 或 } f_{J,ij\_up} < f_{R,ij\_down} \end{cases}$$

(6.1)

（2）带宽因子。

带宽因子表征干扰机 J_i 在准确瞄频的前提下，压制雷达 R_j 带宽的最大能力。

（3）功率因子。

功率因子表征干扰机 J_i 对雷达 R_j 的最大压制能力，用峰值发射功率与最小干扰功率之比来表示，记作

$$y_{P,ij} = \begin{cases} \dfrac{P_{J,ij}}{P_{J\min,ij}} & P_{J,ij} \leqslant P_{J\min,ij} \\ 1 & P_{J,ij} > P_{J\min,ij} \end{cases}$$

(6.3)

2. 干扰决策制定

干扰决策制定是在满足有效干扰要素和己方干扰能力的前提下，合理分配干扰资源的过程。用数学语言描述即求解目标函数最优解的问题，该过程可表示为

$$J_i = \arg [\max A^+, \min A^-] \tag{6.4}$$

$$\text{Subject to} \bigcup_{i=1}^{m} \{S_i \cap F_i \cap \cdots \cap T_i\} \tag{6.5}$$

式中：A^+ 为效益型指标，$A^+ = \{A_1, A_2, \cdots, A_L\}$；$A^-$ 为成本型指标，$A^- = \{A_{L+1}, A_{L+2}, \cdots, A_N\}$；$J_i$ 为从干扰决策空间中（即满足约束条件的解中）选择的使得干扰效果达到最优的干扰资源分配方案；S，F，T 等参数分别为进行干扰资源分配应该满足的空域、频域、时域等条件。

有源干扰资源的硬件实体包括干扰源、调制器及混频调制器、调制信号产生器、变频器、发射天线等。

6.3 干扰资源分配

6.3.1 约束条件过滤

设空中共有 N 部雷达，经干扰任务请求后有 N' 部雷达需要实施干扰，$N' \leqslant N$。通常机载干扰系统并不能满足所有干扰任务请求，需要对干扰任务请求进一步约束过滤，判断干扰任务 T_i 是否满足以下干扰条件集合

$$\Psi = [\Omega_{\min}, \Omega_{\max}] \otimes [f_{\min}, f_{\max}] \otimes [t_{\min}, t_{\max}] \tag{6.6}$$

式中：Ψ 为干扰条件集合；$\otimes$ 为直积运算；Ω、f、t 分别为干扰的空域、频域、时域范围。t 主要判断此时是否有比干扰优先级更高的任务须执行，或者由于干扰效果监视等原因须暂时关闭干扰发射通道。Ω 可以表示为

$$\Omega = \bigcup_{i=1}^{C} [\varphi_{\min}^i, \varphi_{\max}^i] \otimes \bigcup_{i=1}^{C} [\theta_{\min}^i, \theta_{\max}^i] \otimes \bigcup_{i=1}^{C} [R_{\min}^i, R_{\max}^i] \tag{6.7}$$

式中：$\cup$ 为并集运算；φ^i、θ^i、R^i 分别为干扰波束 i 能够实施干扰的方位、俯仰、距离范围。

如果 T_i 满足 $T_i \in \Psi$，即表示本机能够对该目标实施干扰。否则将该干扰任务加入需要己方体系支援的干扰队列。约束过滤后的 N'' 个干扰任务为

$$T'' = [T_1, T_2, \cdots, T_N''] \quad N'' \leqslant N' \tag{6.8}$$

6.3.2 干扰任务整合

在干扰效能评估模型中，干扰资源分配以效率最大、损失最小为准则。干扰任务整合的目的，就是使总的干扰效果最优，即

$$\max Q(m, n) = \eta(m, n) \cdot [1 - \xi(m, n)] \tag{6.9}$$

式中：m 为雷达的部数；n 为干扰波束个数；ξ 和 η 分别为干扰信号对单部雷达的干扰损失因子和干扰效率；Q 为干扰质量评估因子。

干扰任务整合的过程，就是求解 Q 最大时的雷达-干扰机对应关系，以及确定此时各个干扰波束的中心指向、频率中心及带宽等干扰参数。干扰任务整合模型即转换为求解各部雷达与干扰波束中心总的偏差最小的问题，可以采用 K-means 等算法对模型进行求解。

选择雷达的频率 f、方位角 φ、俯仰角 θ，以及雷达威胁等级 W_j 作为特征参数。其中选择 f 是为了确定干扰信号的中心频率和带宽，选择 φ 和 θ 是为了确定干扰波束的指向和宽度，选择 W_j 是为了在总干扰功率一定的条件下根据威胁等级确定对各类的干扰功率。

将第 j 部雷达记为样本 y_j，用 N_i 表示第 i 个干扰任务聚类 Γ_i 中的样本数目，m_i 表示干扰波束的中心，即

$$m_i = \frac{1}{N_i} \sum_{y \in \Gamma_i} y \tag{6.10}$$

干扰任务整合模型的目标函数即转换为

$$\min J_e = \sum_{i=1}^{C} \sum_{y \in \Gamma_i} \| y - m_i \|^2 \tag{6.11}$$

约束条件即转换为，各聚类中至少有一个样本，每个样本只属于其中一个聚类。基于 K-means 算法的干扰任务整合步骤如下。

（1）对样本中各个参数进行归一化处理。以方位角 φ 为例，进行归一化处理可得

$$\varphi_j = \frac{\varphi_j - \min\limits_{j \in T^n} \varphi_j}{\max\limits_{j \in T^n} \varphi_j - \min\limits_{j \in T^n} \varphi_j} \tag{6.12}$$

类似地，把其他参数同样进行归一化处理。

（2）初始划分 K 个聚类，根据式（6.10）和式（6.11）计算 m_i 和 J_e。

（3）对于聚类 Γ_i 中的每个样本 y（如果 $N_i=1$，对于 Γ_i 则不执行此操作），分别计算 y 从 Γ_i 中移出和将 y 移入 Γ_j 后的误差变化量

$$\rho_j = \frac{N_j}{N_j + 1} \| y - m_j \|^2 \quad j \neq i \tag{6.13}$$

$$\rho_i = \frac{N_i}{N_i - 1} \| y - m_i \|^2 \tag{6.14}$$

（4）考查 ρ_j 中的最小者 ρ_k，若 $\rho_k < \rho_i$，则把 y 从 Γ_i 移到均方误差增加量最小的类 Γ_k。

（5）重新计算 m_i 和 J_e。

（6）若连续 M 次迭代 J_e 不改变，则停止，否则转向（3）。

6.3.3　干扰资源分配模型

设共有 n 个干扰波束，空间共有 m 部既"需要"又"能够"干扰的雷达；当 $n \geq m$ 时，即干扰波束数目大于等于雷达波束数目时，聚类算法失去意义（聚类数大于样本数）。本节

以干扰效能评估模型为基础，对 $n \geq m$ 情况下的干扰资源分配方法进行分析。

m 部雷达，n 个干扰波束的对抗效能矩阵如下

$$
\begin{array}{c}
\begin{array}{cccc} R_1 & R_2 & \cdots & R_m \end{array} \\
\begin{array}{c} J_1 \\ J_2 \\ \vdots \\ J_n \end{array}
\begin{bmatrix}
Q_{11} & Q_{12} & \cdots & Q_{1m} \\
Q_{21} & Q_{22} & \cdots & Q_{2m} \\
\vdots & \vdots & Q_{ij} & \vdots \\
Q_{n1} & Q_{n2} & \cdots & Q_{nm}
\end{bmatrix}
\end{array}
$$

Q_{ij} 表示第 i 个波束对第 Γ_j 个干扰任务进行干扰时的干扰质量评估因子，即

$$Q_{ij} = \eta_{ij} \cdot (1 - \xi_{ij}) \tag{6.15}$$

式中：Q_{ij} 为干扰波束 i 对雷达 j 实施干扰的干扰质量评估因子；η_{ij} 为干扰效率；ξ_{ij} 为干扰损失因子。

设一部干扰机（或一个干扰波束）最多只能对一部雷达进行干扰，一部雷达至少需要一个干扰波束对其进行干扰，即 x_{ij} 满足

$$\sum_{j=1}^{n} x_{ij} \leq 1, \quad \sum_{i=1}^{m} x_{ij} \geq 1 \tag{6.16}$$

式中：x_{ij} 为干扰波束与干扰任务之间的对应关系，$x_{ij} = 1$ 表示干扰波束 i 对雷达 j 实施干扰，$x_{ij} = 0$ 表示干扰波束 i 不对雷达 j 实施干扰。干扰资源优化分配以总的干扰效能最大为准则，干扰资源分配模型可以表示为

$$\max E = \sum_{j=1}^{m} \mu_j \left[\eta_{ij} \cdot (1 - \xi_{ij}) \right]^{x_{ij}}$$

$$\text{s. t.} \begin{cases} \sum_{j=1}^{m} x_{ij} \leq 1 & i = 0, 1, \cdots, n \\ \sum_{i=1}^{n} x_{ij} \geq 1 & j = 0, 1, \cdots, m \\ x_{ij} \in \{0, 1\} \end{cases} \tag{6.17}$$

式中：μ_j 为各部雷达的威胁系数，$0 \leq \mu_j \leq 1$ 且 $\sum_j \mu_j = 1$；x_{ij} 为决策变量。当 $m = n$ 时，干扰机与干扰任务遵循"一对一"原则，决策矩阵为方阵；当 $m < n$ 时，可以补充 $(n-m)$ 部雷达，对补充雷达的干扰效能设为 0，同样以总的干扰质量评估因子之和最小为准则。以上模型的经典解法是利用线性规划或者非线性规划的可行方向法，以及多维动态规划等方法。现代雷达电子对抗是体系之间的对抗，涉及的干扰机和雷达数目众多，当问题的规模增大时，优化搜索空间也急剧扩大。已经证明，该问题是一个 NP 难问题（NP-hard problem），干扰资源优化分配的最优解并不一定存在，新的规划方法需要持续研究并改进。

6.3.4　干扰资源分配算法

关于干扰资源分配问题的研究，主要有下面几种算法。

1. 传统的动态规划算法

采用传统的动态规划算法来解决雷达干扰资源分配问题时，适用于把雷达干扰效果当

作一个综合评估值。其具体做法是忽略如干扰样式等一些难以处理的因素,把雷达干扰资源视作一种普通的资源,将其分配问题简化成普通的单目标规划问题,采用传统的动态规划模型来求解。这种简化虽然可以减少计算量,降低问题的复杂性,但精确性大为降低,往往不太符合实际情况。

2. 模糊多属性动态规划法

干扰效果不是一个给定的综合评估值,它与很多因素有关,如干扰频率、干扰功率、干扰时机和干扰样式等。各指标对干扰效果影响的模糊不确定性,使得雷达干扰资源分配问题实际上是一类典型的多阶段模糊多属性决策问题。模糊多属性动态规划模型利用多属性决策方法和模糊集理论,解决了雷达干扰资源分配问题中的多因素和模糊性问题。这种方法利用专家知识,通过模型运算,实现多阶段多属性整体优化,能够快速合理地进行雷达干扰资源分配,达到最佳整体效果。

由于各雷达的重要性不同,即使一部干扰机对两部雷达产生相同的干扰效果,它们对于完成整个作战任务的贡献也是不一样的。因此,简单地将干扰效果作为动态规划的目标值是不合适的。将由干扰效果和与之相对应的目标雷达权重所共同确定的对作战效能的影响程度定义为干扰效益,对传统的模糊多属性动态规划模型作出改进,使目标函数由干扰效果最大化改为干扰效益最大化。

3. 贴近度算法

贴近度算法是在多级优化动态资源分配算法的基础上提出的。该方法综合敌我双方装备的特征信息,分别从时域、频域、空域、能量域,以及敌我双方的工作体制、对抗样式六个方面详细分析影响雷达干扰效果的特征因子,以此构建全面评估雷达干扰效果的指标体系,最后在此基础上利用 Euclid 贴近度原理,对干扰资源的分配策略进行研究。该方法评估全面,算法简单,形成分配策略快捷,易于计算机实现。

4. 粒子群算法

粒子群优化(particle swarm optimization, PSO)又称粒子群算法,起源于对鸟类捕食行为的研究,是计算智能领域的一种常用的优化算法。PSO 首先在可行解空间中初始化一群粒子,每个粒子代表极值优化问题的一个潜在最优解。然后用位置、速度和适应度值三项指标表示粒子的特征,适应度值由适应度函数计算得到,其值的好坏表示粒子的优劣。粒子在解空间中,通过跟踪个体极值 Pbest 和群体极值 Gbest 更新个体位置。Pbest 指个体所经历位置中计算得到的适应度值最优位置,Gbest 指种群中的所有粒子搜索到的适应度最优位置。粒子每更新一次就计算一次适应度值,并且通过比较新粒子的适应度值和个体极值、群体极值和适应度值更新 Pbest 和 Gbest 位置。

传统粒子群算法操作简单,且能快速收敛,但随着迭代次数的增加容易陷入局部最优解周边无法跳出。由于干扰资源分配解空间的特殊性(0-1 矩阵),不便描述粒子的速度,所以一般引入遗传算法中的交叉和变异操作,通过粒子同个体极值和群体极值的交叉,以及粒子自身变异的方法来搜索最优解。

6.4 干扰效能评估

干扰资源分配优化的依据是干扰效益，影响干扰效益的一个决定性因素是干扰效能。因此，资源分配是在干扰效能评估和干扰效益评估的基础上进行的，它们在资源分配过程中占有举足轻重的地位。

干扰效能评估可以分为"评"和"估"两个方面。"评"即"评价"，从结果着手，也就是从最终作用效果着手。通过对抗试验，可以测量出干扰措施实施前后效果参量的变化，这种变化是干扰作用的结果，通过分析变化的情况，可以很容易地实现对干扰效能的评估。上述量值需要通过多次对抗试验获得，所以它面临着与效率标准相同的难题，即可操作性差。"估"即"估计"，从条件入手，预估可能形成的干扰效能。

影响干扰效能的因素包括干扰方、被干扰方，以及电磁空间环境。对每一类因素及它们之间的关系作深入分析和评估后，可估计在特定电磁空间环境中，干扰方对被干扰方可能产生的效果。相比较而言，"评估"的意义更倾向于"估"，本章中"评估"的含义，也是从这个角度出发。

从最终作用效果出发评估干扰效能，可以非常直观地得出评估结果，进而较为客观地评估干扰设备、被干扰设备或者干扰策略。这种对抗试验不可能随时大量地进行，因为在战时，对战场态势需要有一个事先估计，在战后再通过战斗结果来评估干扰效能对于战斗而言已失去意义。因此，"估计"干扰效能对实战更有价值，对雷达干扰效能的战前评估最终需要落脚于对干扰参数的评估。

6.4.1 评估标准

干扰效能评估以信息标准、能量标准、作战运用和战术标准、军事和经济标准等为基本标准，并在此基础上扩展出许多评估方法，包括对压制性干扰和欺骗性干扰效能的一系列评估方法。

1. 信息标准

信息标准用系统受到压制性干扰后的信息损失来评估干扰效能，根据干扰样式和被干扰雷达类型的不同，可以采用不同的信息标准。从干扰信号的品质考虑，对于目标搜索和指示雷达来说，压制性干扰必须含有不确定性成分，干扰信号的不确定性越大，对方消除这种干扰的潜在可能性就越小，干扰效能就可能越好。所以，可以用干扰信号的不确定性程度作为评估干扰信号品质的一种标准。熵是变量的不确定性的度量，可以用信息熵来描述。

设随机变量 x 的概率密度函数为 $p(x)$，它的熵定义为

$$H(x) = -\int_{-\infty}^{\infty} p(x)\log_2 p(x)\,dx \tag{6.18}$$

对于干扰信号来说，熵越大越好。对于欺骗性假目标干扰的品质，也可用类似的方法

描述，采用真目标和假目标的条件熵之差来度量，但是必须知道它们的统计特性。

可见，通过计算干扰信号的熵来评估它的品质，进而评估可能产生的干扰效能，运算简单，理论清楚。但这需要知道干扰信号的概率分布，有时候并不容易做到。信息标准只能评估干扰信号本身的优劣和潜在的干扰能力，并没有考虑雷达的抗干扰措施等其他一些影响最终干扰效能的因素，因此评估结果并不能准确反映真实的干扰效能。

2. 功率标准

在动态分析电子战的作战运用时，有必要在特定的电磁环境下，确定干扰特定目标的功率要求，该问题其实是明确干信比与干扰程度的相关性。这里的干信比是指对雷达实施有效干扰时，雷达接收机输入端所需要的最小干扰信号功率与雷达信号功率之比。

功率标准在理论分析和实测检验方面的运用都很方便，是目前应用最广泛的标准，主要用于压制式干扰的干扰效能评估，因为有源压制式干扰的实质就是功率对抗。

3. 效率标准

效率标准可分为两种情况，一种是在干扰条件下，雷达完成本身使命的能力，如搜索雷达对目标的检测能力、跟踪雷达对目标的跟踪能力等，它们的变化能直观地反映对雷达的干扰效能。另一种是以干扰条件下雷达所服务的武器系统完成作战任务的能力来评估干扰效能的好坏，如用装备有火控雷达的火炮的杀伤概率来评估干扰效能，将干扰效能直接同作战结果联系起来。

4. 经济标准

经济标准用于比较电子对抗技术和系统的费用与效能，并在费用效益分析的基础上得出最优方案。一般来说，在效能和成本之间存在最佳关系，系统性能越强，成本越大。当确定实现电子对抗运用中特定技术所需的措施时，需要经济方面的分析，在很多情况下，对决策者来说，经济标准是最基础的指标。

以上四种度量标准一般以信息标准和功率标准较为常用，效率标准多集中在系统的使用方面，只能定性地评估系统的干扰效能，经济标准一般用于干扰装备的设计阶段。

6.4.2　评估的层次性

干扰效能的定量评估问题可分为三个层次：干扰信号层次、干扰机层次和干扰系统层次。

干扰信号层次：从评估干扰信号的品质出发，估计干扰信号的潜在干扰能力，评估该干扰信号对特定雷达实施干扰的干扰效能。

干扰机层次：通过分析干扰机的工作方式，估量干扰机的干扰能力，评估该干扰机对特定雷达可能的干扰效能。

干扰系统层次：干扰系统可以由许多干扰机或其他干扰设备有机结合组成，基于对单部干扰机干扰能力的估计，评估由诸多电子设备组成的干扰系统的干扰效能。

显然，从干扰信号层次评估干扰效能，主要运用信息准则。干扰信号的优劣对最终的干扰效能有一定的影响，但并非决定性的影响，因此不能直接用干扰信号的优劣来判断干扰效能的好坏。

干扰机层次主要研究单部干扰机与单部雷达对抗的情况，考虑各种环境影响因素，采用适当的综合方法将对它们的评估融合起来，运用一定的准则，得出较为完善的评估结果，主要采用功率准则来评估干扰机层次的效能。干扰机层次的干扰效能评估是干扰系统层次干扰效能评估的基础。

6.4.3 评估方法

6.4.3.1 影响干扰效能的因素

在现代电子战中，干扰与反干扰是一种重要的电子对抗形式。干扰方采用各种干扰措施、干扰样式、干扰手段对机载雷达和地(海)面防空雷达实施干扰，以降低敌方雷达的探测、跟踪能力；雷达则采用各种抗干扰手段、技术，来提高其对空中目标的搜索、跟踪、识别能力。因此，在进行雷达干扰效能评估时，要综合考虑对抗双方的战术、技术因素，影响干扰效能的主要因素如下。

(1)干扰时机：时间上要合适，要在雷达的威胁时间里进行有效干扰。

(2)干扰频率：即干扰机频率与雷达工作频率的对准程度。干扰机要从频率、方向和极化上对准雷达，这是干扰信号得以进入雷达接收机的必要条件。

(3)干扰功率：干扰功率要足够大，即雷达接收到的干扰功率与回波功率之比应大于雷达对信号正常接收所必需的干扰与信号的最小功率比，干扰才会有效。

(4)干扰样式：干扰样式要合适。雷达的技术体制不同，其工作方式和接收信号的处理方法也有重大差别。因此，为了提高干扰效能，应针对不同技术体制的雷达选用不同的干扰样式。

(5)天线方向：干扰天线主瓣是否对准目标雷达，以及目标雷达在干扰机方向上的接收增益大小等因素都将影响进入对方雷达接收机的干扰功率的大小，进而影响干扰效果。

(6)雷达的工作体制：不同工作体制的雷达，其抗干扰效能亦不相同。目前雷达的工作体制主要有相控阵、单脉冲、全相参、照射/连续波、线扫收发及圆锥扫描等，其抗干扰能力依次递减，对其实施干扰的干扰效能依次递增。

(7)雷达的抗干扰措施：雷达抗干扰措施越多，抗干扰能力越强，对其实施干扰的干扰效能就越差。目前雷达常用的抗干扰措施有频率捷变、副瓣抑制、恒虚警、宽限窄、变频、频率分集、极化可变、脉冲压缩、单脉冲、复杂信号处理等。

雷达工作体制、干扰和抗干扰样式，归根结底仍是在时域、空域、频域、能量域上起作用。因此在对干扰效能进行综合评估时，将影响雷达干扰效能的主要因素简化为干扰频率、干扰功率、干扰时机和干扰方向四个指标。只有干扰机从频率上对准雷达频率，方向上对准雷达方向，干扰功率足够大，干扰时机合适时，干扰才可能有效。

6.4.3.2 干扰效能评估方法

1.对干扰效果的定性评估

对干扰效果定性评估的原理是根据截获的雷达信号参数的变化来判断雷达的反应，进而评估干扰效果，在选择评估标准时应该注重把握以下两个原则。

（1）参数尽量能反映雷达受到干扰后所作出的反应。

（2）参数尽量不受干扰机和雷达方位、距离的影响。

根据上述原则，易受距离影响的信号功率不适合作为定性评估的依据，信号频率、脉冲重复频率、天线扫描方式、信号极化方式等均满足选择参数的原则，可以作为判断依据。一般来说，雷达在遭受遮盖性干扰后可能采取的措施主要包括以下几种。

（1）雷达采取抗干扰措施。因为抗干扰措施有几百种，干扰方要确切知道对方雷达采用的抗干扰措施是非常困难的，但要判断雷达是否采取了抗干扰措施是有规律可循的，比如雷达频率的变化、极化方式的变化等。这些变化都能直接反映在干扰机所截获的信号上，由此可以估计对方雷达遭到己方干扰的有效程度，从而不得不采取抗干扰措施。

（2）雷达改变工作状态。雷达系统的工作状态主要包括目标搜索状态和目标跟踪状态。一般来说，目标跟踪状态威胁最大，此时雷达可能已经开始引导攻击，其次是目标搜索状态，此时雷达可能会发现我方目标，但还不至于立刻引导攻击。对干扰方来说，目标雷达处于何种状态可以通过截获的雷达信号特征判断，当发现目标雷达由跟踪状态转到搜索状态，说明之前的干扰有效。

（3）雷达关机。雷达关机是最有效的干扰结果，在干扰机上更加明显，接收不到该雷达的发射信号即说明雷达关机。雷达关机是雷达因为受到干扰而无法正常工作，被迫采取的一种手段，若对方雷达采取这种手段，说明之前的干扰十分有效。

2. 对干扰效果的定量评估

理论上，干扰效果，尤其是遮盖性干扰的干扰效果，通常用雷达的检测概率 P_d 来度量，而检测概率是干信比的函数，通过对干信比的计算，可以估计干扰效果。

上述结论的前提，是干扰机对雷达实现频域上覆盖、方向上对准、时间上准确及时，在此基础上，再进行干信比的计算。由于战场形势的复杂性与不确定性，上述前提能否达成，在干扰实施之前是未知的。因此，应在干扰之后定量评估干扰实际效果，考察是否实现预期干扰效果，如未实现，再分析哪些方面存在不足。基于这一思路，本节将从时间、方向、频率、功率四个方面对干扰实际效果进行评估。

（1）时间。

干扰时间必须在雷达威胁时间之内，用时间压制因子 E_t 来度量，即

$$E_t = \begin{cases} 1 & t_J < t_{R,\,beg} \\ \dfrac{t_{R,\,end} - t_J}{t_{R,\,end} - t_{R,\,beg}} & t_{R,\,end} \geqslant t_J \geqslant t_{R,\,beg} \\ 0 & t_J > t_{R,\,end} \end{cases} \tag{6.19}$$

式中：$t_{R,\,beg}$ 为第一个雷达回波到达雷达接收机的时刻；$t_{R,\,end}$ 为最后一个雷达回波到达雷达接收机的时刻；t_J 为干扰信号到达雷达接收机的时刻；E_t 为干扰信号在时间上能够压制雷达威胁信号的程度，E_t 越大，干扰信号在时间域上遮盖雷达信号的时间越长，干扰效果越好。

（2）方向。

用方向对准因子 E_s 表征干扰波束是否对准雷达接收天线，E_s 的取值与干扰波束对接收天线的覆盖程度有关，与雷达波束的宽度无关，雷达接收天线应完全被干扰波束照射。

随着距离的增大，干扰波束覆盖范围也增大。比如干扰波束宽度为 3°，则在 10 km 处将覆盖超过 500 m 的范围，远大于一般的雷达天线孔径。所以只要雷达天线轴在干扰波束内，就可以近似认为方向对准，即

$$E_s = \begin{cases} 1 & | \theta_j - \theta_r | < \theta_{j0.5} \\ 0 & | \theta_j - \theta_r | \geqslant \theta_{j0.5} \end{cases} \tag{6.20}$$

式中：θ_j 为干扰机的天线轴方向；$\theta_{j0.5}$ 为干扰机的半功率波束宽度；θ_r 为雷达的天线轴方向。

（3）频率。

干扰信号频率必须在雷达接收机通带范围之内，用频率压制因子 E_f 来度量，即

$$E_f = \frac{(f_{J,s} \pm \Delta f_J/2) \cap (f_{R,s} \pm \Delta f_R/2)}{\Delta f_R} \tag{6.21}$$

式中：$f_{J,s}$ 为干扰信号中心频率；Δf_J 为干扰信号带宽；$f_{R,s}$ 为探测信号中心频率；Δf_R 为探测信号带宽；$(f_{J,s} \pm \Delta f_J/2) \cap (f_{R,s} \pm \Delta f_R/2)$ 为干扰机与雷达当前工作频率的重合部分；E_f 为干扰信号频率进入雷达接收机的程度，E_f 越大，进入雷达接收机的干扰信号越多，干扰效果将越好。

（4）功率。

干扰机发射功率必须大于对雷达的最小干扰功率，才能达到预期的干扰效果，阻止雷达发现目标。这里定义干扰机实际发射功率与最小干扰功率的比值为功率压制因子 E_p，以度量干扰信号压制雷达信号的程度：

$$E_p = \begin{cases} \dfrac{P_{Js}}{P_{J\min}} & P_{Js} \leqslant P_{J\min} \\ 1 & P_{Js} > P_{J\min} \end{cases} \tag{6.22}$$

式中：P_{Js} 为实际发射的干扰功率；$P_{J\min}$ 为对雷达的最小干扰功率。

3. 对干扰效率的评估

单纯以干扰效果来衡量干扰方法的优劣并不全面，如果只以干扰效果作为衡量标准，则最佳干扰一定是全频段、全方位、不间断、大功率的干扰。事实上，这种干扰方式不仅浪费干扰功率，也容易干扰己方通信，还增大了暴露概率，不符合射频隐身的需要。因此，干扰效能评估还应该反映干扰功率的利用情况，即对干扰效率的评估。

射频隐身要求对雷达使用最小干扰功率，在该干扰功率的作用下，雷达接收机的输出信噪比刚好使检测概率满足干扰方预期干扰效果。这就要求干扰方在时域、空域、频域、能量域四个领域正确把握，恰到好处地实施干扰。同样，对干扰效率的评估也从时间、方向、频率、功率四个方面入手。

（1）时间。

从干扰机开机到雷达威胁信号到达目标的这段时间施放的干扰是没有效果的，用时间利用因子 e_t 来度量，可表示成

$$e_t = \begin{cases} \dfrac{t_{R,\text{end}} - t_{R,\text{beg}}}{t_{R,\text{end}} - t_J} & t_J < t_{R,\text{beg}} \\ 1 & t_J \geqslant t_{R,\text{beg}} \end{cases} \tag{6.23}$$

式中：e_t 为有效干扰时间占整段干扰时间的比例。

（2）方向。

干扰信号只有照射在雷达接收天线的部分可能被雷达接收机接收，其他部分则被浪费，这一部分功率在计算干信比时已经考虑在内，因此不必专门计算。

（3）频率。

干扰信号频率覆盖雷达信号频带的部分占干扰频带的比例，用频率利用因子 e_f 来度量

$$e_f = \frac{(f_{J,s} \pm \Delta f_J/2) \cap (f_{R,s} \pm \Delta f_R/2)}{\Delta f_J} \tag{6.24}$$

式中：$f_{J,s}$ 为干扰信号中心频率；Δf_J 为干扰信号带宽；$f_{R,s}$ 为探测信号中心频率；Δf_R 为探测信号带宽；$(f_{J,s} \pm \Delta f_J/2) \cap (f_{R,s} \pm \Delta f_R/2)$ 为干扰机与雷达当前工作频率的重合部分。

（4）功率。

出于射频隐身和节约功率的需要，若干扰功率能够达到预期干扰效果，就没有必要使用更大的干扰功率，超出最小干扰功率的功率定义为冗余功率。设干扰机对雷达的最小发射功率为 $P_{J\min}$，实际发射功率为 P_{Js}，则功率利用因子 e_p 表示为

$$e_p = \begin{cases} \dfrac{P_{J\min}}{P_{Js}} & P_{Js} \geqslant P_{J\min} \\ 1 & P_{Js} < P_{J\min} \end{cases} \tag{6.25}$$

式中：e_p 为干扰功率的利用率，e_p 越大说明冗余功率越小，功率利用率越高。

6.5　本章小结

本章围绕干扰资源管控，分别论述了其要素、内容及过程。首先介绍了干扰资源管控的基本概念，在此基础上，从干扰决策、干扰资源分配和干扰效能评估三个方面先后详细说明了如何准确判断敌方目标威胁程度，快速进行干扰决策和合理分配干扰资源，以及如何评估是否达到最佳干扰效果。

第7章

末制导对抗技术

末端对抗阶段是电子对抗系统采取干扰措施对抗来袭导弹,保证己方安全的最后作战阶段,也是对抗最激烈的阶段。提高末端对抗能力成了有效对抗火力打击,减轻操作员负担,提高战场生存力的关键。本章就对抗红外制导导弹和雷达制导导弹的对抗手段和干扰效能评估技术进行论述;7.1节给出了末端对抗的基本概念,并对导弹末制导原理及威胁分析进行了简要介绍;在此基础上,7.2节分析了对抗雷达制导导弹的手段措施;7.3节介绍了对抗红外制导导弹的手段措施;7.4节就对抗的有效性评估问题进行论述;7.5节对本章进行了小结。

7.1 概述

7.1.1 末制导对抗的概念

目前,已用在导弹上的导引头有红外、激光、可见光电视及雷达等,其中雷达导引头和红外导引头在各种导引头中占主导地位。导弹的制导并非单一制导体制,多采用复合制导,其制导过程分为初制导、中制导和末制导三个阶段。

雷达制导是指利用雷达作为导引导弹飞向目标手段的一种制导技术,多用于空空导弹,可分为雷达波束制导和雷达寻的制导两大类。相应于寻的制导系统,雷达导引头按作用原理分为主动式、半主动式和被动式;按测角工作原理分为扫描式、单脉冲和相控阵天线导引头;按工作波形分为连续波、脉冲波和脉冲多普勒式导引头。

红外制导指利用红外探测器捕获和跟踪目标自身辐射的能量来实现制导的技术,可分为红外点源寻的制导和红外成像制导。目前,红外空空导弹几经改进,已在美国等国发展为发展型、派生型等17种以上类型,历经40多年长盛不衰。公开资料显示,红外导弹的生产量已超过18万枚,装备使用的国家和地区有40多个。

末端对抗是指在末制导阶段对敌方雷达、红外导引头进行侦察、干扰、削弱或破坏其有效使用,最终使导弹偏离目标或脱靶的各种战术技术措施的总称。

在具体使用和技术研究过程中,许多问题限制了末端对抗能力的发挥和提高:一是末端对抗战情紧迫,战场态势瞬息万变,留给决策和实施对抗的时间有限;二是末端空战环境复杂,战机面临着敌机载火控雷达、空空雷达主动弹和空空红外制导导弹等多重威胁;三是随着导引头抗干扰技术的发展,部分干扰措施的干扰效果大大降低,如何选择干扰样式并进行战术配合,给使用方提出了巨大考验;四是在末端对抗技术研究中,缺少一种方便、有效的技术验证实验方法,无法获取足够的技术实验统计数据,限制了末端对抗技术研究的发展。

7.1.2　制导原理

7.1.2.1　空空雷达制导导弹工作原理

雷达导引头又称无线电寻的器,它是一种安装在导弹头部的探测装置,是无线电寻的制导系统的关键设备,制导就是控制导弹以一定的规律接近并摧毁目标。不同于指令制导、惯性制导和导航制导,寻的制导是利用弹上探测装置发现目标,测量目标相对于导弹的位置参数和运动参数,形成控制指令,操纵导弹飞向目标的一种制导方式。

雷达寻的制导又称雷达自动导引,分为主动式雷达导引、半主动式雷达导引和被动式雷达导引三种。

主动式雷达导引系统由主动雷达导引头、计算机和自动驾驶仪等组成,整个系统都装在导弹上。主动雷达导引头发射照射目标的电磁波并接收从目标反射的回波,导引头内的跟踪装置根据回波信号使导引头跟踪目标,同时这个回波信号还形成控制导弹的信号,通过自动驾驶仪控制导弹飞向目标。

半主动式雷达导引系统由载机雷达、导弹上的导引头,以及自动驾驶仪等组成。首先载机雷达发射跟踪目标的电磁波,导引头接收从目标反射的回波并跟踪回波信号实现目标跟踪,然后通过自动驾驶仪控制导弹飞向目标。

被动式雷达导引系统由导弹上的导引头和自动驾驶仪等组成。导引头接收和处理目标辐射的无线电信号,根据这个信号跟踪目标并控制导弹飞向目标。

7.1.2.2　空空红外制导导弹工作原理

空空红外制导导弹是利用红外探测器捕获和跟踪目标自身辐射的能量,实现寻的制导的武器,是当今红外技术的重要军事应用之一,是非常有效的精确制导打击力量。

凡是在绝对零度以上的物体都会发出红外波段的电磁辐射。当物体的温度上升到绝对零度以上时,分子便开始转动,当物体的温度继续上升,原子的振动变得更加活跃,物体温度进一步升高,引起电子跃迁辐射。物体辐射的热功率总量及功率在整个波长谱内的分布就是物体材料和温度的函数。如果是固体,辐射功率会均匀分布在相对较宽的波段上。对于炽热的气体混合物来说,比如发动机排出的尾气,辐射功率就会分布在以几个离散波长为中心的狭窄的带宽内。红外点源寻的制导导弹的导引头就是将目标飞机的发动机尾喷口、尾喷气流和高速目标的气动加热前缘作为跟踪的红外辐射源。

红外点源寻的制导导弹是指当导弹上的导引头对目标红外特性进行探测时，把探测目标作为点光源处理。由于目标与背景相比都有张角很小的特性，利用空间滤波等背景鉴别技术，把目标从背景中识别出来，可得到目标的位置信息，达到跟踪目标的效果。图7-1为红外点源寻的制导导弹组成。

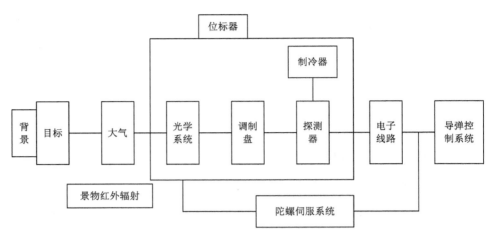

图 7-1　红外点源寻的制导导弹组成

红外成像寻的制导导弹对目标探测时，将目标按扩展源处理，同时摄取目标及背景的红外图像进行预处理，得到数字化目标图像。经图像处理和图像识别后，区分出目标、背景信息，识别出要攻击的目标并抑制噪声信号。跟踪处理器形成的跟踪窗口的中心按预定的跟踪方式跟踪目标图像，并把误差信号送到摄像头跟踪系统，控制摄像头继续瞄准目标；同时，向导弹的控制系统发出导引指令信息，控制导弹的飞行姿态，使导弹飞向选定的目标。图 7-2 为红外成像寻的制导导弹组成。

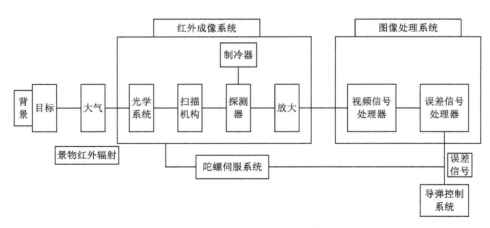

图 7-2　红外成像寻的制导导弹组成

7.2　雷达制导末端对抗

随着干扰技术的不断发展，电子战末端对抗可使用的干扰技术、资源呈现出多样化、丰富化的发展趋势，为空空雷达主动弹实施末端对抗干扰提供了技术支撑。干扰与抗干扰之间具有极强的针对性，没有一种干扰样式可以对抗所有抗干扰措施，也没有一种抗干扰措施可以对抗所有干扰样式。因此在末端对抗过程中，应针对主动雷达导引头的跟踪干扰源、距离/速度二维检测等典型抗干扰措施选取干扰样式，研究其工作原理、关键参数，提高干扰效果。

7.2.1　末端典型干扰技术及干扰实施原则

电子干扰样式基本分类如图 7-3 所示。有源干扰中的压制性干扰是对所有雷达的通用干扰样式，其利用强干扰功率，降低了雷达导引头接收机的信噪比，使雷达导引头跟踪回路的工作能力下降。但单脉冲雷达导引头具有跟踪干扰源模式，可以通过跟踪压制性噪声进行角度跟踪，导致压制性噪声干扰成为导弹攻击的信标。因此，在对主动雷达导引头进行干扰时，一般不采用单纯的压制性噪声干扰。

- 电子干扰
  - 有源干扰
    - 压制性干扰
    - 欺骗性干扰
      - 距离欺骗干扰
      - 速度欺骗干扰
      - 角度欺骗干扰
  - 无源干扰

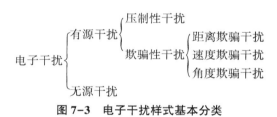

图 7-3　电子干扰样式基本分类

距离欺骗干扰样式和速度欺骗干扰样式如图 7-4 和图 7-5 所示。通过将假的目标和信息作用于主动雷达导引头的目标检测和距离、速度跟踪通道，使雷达导引头无法正确提取距离和速度信息，达到扰乱雷达导引头对目标检测和跟踪的目的。

- 距离欺骗干扰
  - 距离假目标干扰
  - 距离波门拖引干扰
    - 前拖
    - 后拖

图 7-4　距离欺骗干扰样式

- 速度欺骗干扰
  - 速度波门拖引干扰
    - 前拖
    - 后拖
  - 多普勒频率闪烁干扰
  - 多普勒频率窄带噪声干扰

图 7-5　速度欺骗干扰样式

角度信息是空空雷达主动弹进行跟踪制导的关键信息，单脉冲雷达导引头通过单个脉冲获得角度信息，具有很强的抗干扰能力。但针对其特点仍可以实施有效的角度欺骗干扰，主要角度欺骗干扰样式如图7-6所示。

$$
角度欺骗干扰
\begin{cases}
交叉眼干扰 \\
闪烁干扰 \\
对映体干扰 \\
拖曳式诱饵干扰 \\
\cdots
\end{cases}
$$

图7-6　角度欺骗干扰样式

无源干扰中的箔条干扰是使用最早也是最为广泛的一种无源干扰技术，其制造简单，使用方便，是实战中末端对抗经常采用的干扰手段。历次战争也证明了其在保护飞机方面具有优越的性能，但其速度与战机差异过大，很容易被雷达导引头识别。

除上述干扰样式之外，为获得更好的干扰效果，可将不同的干扰样式进行组合实施复合干扰。为有效对主动雷达导引头实施干扰对抗并应对多重威胁，末端对抗实施干扰应遵循以下几个基本原则。

（1）针对性原则：由于干扰与抗干扰之间具有很强的针对性，任何一种干扰样式无法对抗所有抗干扰措施，同样，任何一种抗干扰措施也无法对抗所有干扰样式。因此在实施干扰时，要根据所干扰的对象和抗干扰措施，针对性地选择干扰样式或组合干扰样式。

（2）协同原则：干扰和机动是进行末端对抗的两种常用手段、措施，两者之间是一种相辅相成的互助依存关系。由于末端对抗态势下空空雷达主动弹距离近、速度快、机动能力强，加之在紧迫的末端对抗态势下飞行员决策能力下降，故必须采取相应的干扰措施提高对抗效果。同样，干扰措施的实施不是在任何情况都能达到理想的干扰效果的，需要结合机动提高干扰效果。因此只有干扰措施与机动协同，才能达到干扰、机动"1+1>2"的对抗效果。

（3）资源管控原则：机载电子对抗系统具有丰富的末端对抗干扰资源，要充分发挥干扰资源的干扰效果，就需要采用一定的资源管控措施，对干扰资源进行整合，合理分配使用，以应对末端对抗态势下的多重威胁，提高机载电子对抗系统的末端对抗综合能力。

7.2.2　对映体干扰

对映体干扰是对抗单脉冲雷达导引头的有源干扰方式之一。对映体干扰的原理是借助多路径传播策略来阻碍雷达截获干扰机平台所在的准确位置。导引头跟踪载机后，雷达天线主波束便稳定地指向载机，此时再实施对映体干扰，干扰信号将从导引头天线副瓣进入，由于副瓣干扰比主瓣干扰要多20 dB的干扰功率，干扰机的功率要求大大提高。在通常况下，对映体干扰应在导引头转入跟踪状态前实施。

7.2.2.1　对映体干扰原理

当导弹由中制导转为主动末制导时，由飞控计算机送来的目标角度粗指示信号驱动直流电机转动天线，实现目标角度的粗略预置。天线预定到位后，导引头发射电磁波，进行角度搜索。此时战机主动降低飞行高度，使导引头天线呈下视状态。干扰机接收、复制敌导引头信号并调制形成干扰信号，由专用天线向地面发射，干扰能量沿干扰波束射向地面，经过地面反射后的二次波束再照射并干扰敌方导引头。此时，敌方导引头既能收到来自载机的真实反射回波，又能收到来自地面的对映体干扰信号。如果干扰信号是经干扰机简单延时转发的，则其与载机回波信号具有较高的相似性。当干扰信号的能量大于回波信号的能量，导引头就会闭锁跟踪回路，跟踪来自地面的镜像干扰信号，实现对敌方导引头的欺骗干扰。如果干扰信号和载机回波信号在导引头波束宽度内，还可造成非相干干扰，导引头将跟踪两者的能量中心。此外，当干扰机对接收信号进行一定调制时，还会叠加噪声干扰、速度欺骗干扰等干扰样式，对导引头形成复合式干扰。其原理如图 7-7 所示。

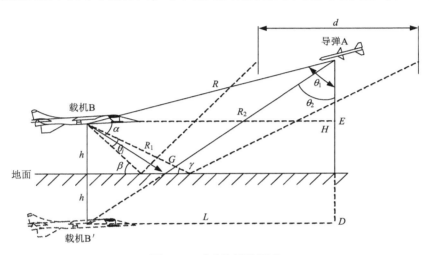

图 7-7　对映体干扰原理

7.2.2.2　干扰实施条件

1. 有效干扰范围

假设导引头波束处于下视状态，θ_j 为干扰波束宽度，α 为干扰天线下俯角，导弹飞行高度 H，载机飞行高度 h。根据图 7-7 所示几何关系，可得到理论有效干扰范围为

$$d = (H+h)\cot\left(\alpha - \frac{\theta_j}{2}\right) - (H+h)\cot\left(\alpha + \frac{\theta_j}{2}\right) = (H+h)\left[\cot\left(\alpha - \frac{\theta_j}{2}\right) - \cot\left(\alpha + \frac{\theta_j}{2}\right)\right]$$

$$(7.1)$$

从式（7.1）可以看出：

（1）假设 θ_j 为 30°，$H = 10000$ m，$h = 500$ m，则可得到干扰波束下俯角和有效干扰距离的关系曲线，如图 7-8 所示。由图 7-8 可知，干扰波束下俯角在 20°~35°时，具有较大的有效干扰距离。

（2）假设 α 为 20°，$H = 10000$ m，$h = 500$ m，则可得到干扰波束宽度和有效干扰范围的关系曲线，如图 7-9 所示。由图 7-9 可知，干扰波束宽度在 25°~45°时，具有较大的有效干扰距离。

由以上两点分析可以看出，载机可以在较大范围内实施对映体干扰。

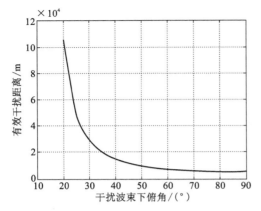

图 7-8 干扰波束下俯角与有效干扰距离变化关系

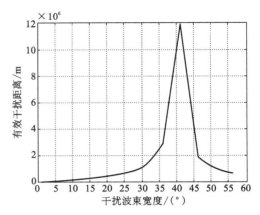

图 7-9 干扰波束宽度与有效干扰距离变化关系

2. 频率、方向对准条件

导引头在搜索前已经完成目标角度粗略指示,因此,要想有效干扰导引头角度跟踪系统,必须保证足够强度的干扰信号能够进入导引头接收机,即要求角度差处于波束宽度内,多普勒频率差处于速度波门内。

(1)同一波束范围。

根据图 7-7 所示几何关系,导引头接收的两种回波角度差为

$$\Delta\theta = \arctan\frac{L}{H-h} - \arctan\frac{L}{H+h} \tag{7.2}$$

假设导弹与载机水平距离为 15 km,导弹飞行高度 10 km,则可得到角度差与载机高度的变化关系,如图 7-10 所示。要使干扰有效,必须满足 $\Delta\theta \leqslant \theta/2$,$\theta$ 为导引头波束宽度。主动雷达导引头主瓣宽度一般为 5°以下,因此要求载机高度为 500 m 以下。

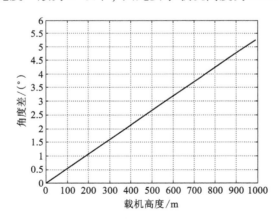

图 7-10 载机高度与角度差变化关系

(2)同一速度波门。

根据图 7-7 所示几何关系,导引头接收的两种回波速度差为

$$\Delta v = (v_a - v_m)(\sin\theta_1 - \sin\theta_2) \tag{7.3}$$

式中:$\theta_1 = \arctan(L/H-h)$;$\theta_2 = \arctan(L/H+h)$。

假设导弹与载机水平距离为 15 km，导弹飞行高度 10 km，载机速度 600 m/s，导弹速度 1200 m/s，则可得到速度差与载机高度的变化关系，如图 7-11 所示。主动雷达导引头速度波门宽度一般为 15 m/s，因此要求载机高度为 500 m 以下。

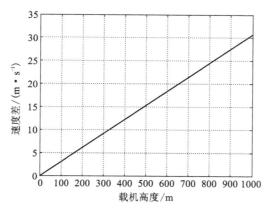

图 7-11　载机高度与速度差变化关系

3. 功率条件

为确保干扰有效，必须使干扰信号功率大于载机回波功率，考虑工程实际，对映体干扰所需达到的最小等效功率

$$ERP_{min} = \frac{2P_t G_t^2 \sigma (R_1 + R_2)^2}{\pi k R^4} \tag{7.4}$$

假设一组典型参数：干扰天线俯角 $\alpha = 30°$，$P_t = 10$ kW，$G_t = 20$ dB，载机等效反射面积 $\sigma = 5$ m²，$k = 0.25$，飞机高度 $h = 500$ m，导弹高度 $H = 1000$ m。根据图 7-7 中的几何关系，有

$$\begin{cases} R_1 = h/\sin(\alpha) \\ R_2 = H/\sin(\alpha) \\ R = \sqrt{R_1^2 + R_2^2 - 2R_1 R_2 \times \cos(180 - 2\alpha)} \end{cases} \tag{7.5}$$

把假定参数代入，求得 $ERP_{min} = (P_j G_j)_{min} = 84$ W。目前对于机载自卫干扰设备来说，该数量级的等效干扰功率是可以实现的。

通过以上分析，在现有技术水平下，合理选择飞机高度，采用合适的波束宽度和下俯角，就可对来袭空空雷达主动制导导弹实施对映体干扰。

7.2.2.3　干扰环节

从原理上讲，对映体干扰属于角度欺骗干扰。当载机回波信号与对映体干扰信号处于导引头波束宽度内时，即构成两点源干扰条件，导引头被引向载机和镜像之间的位置。如果干扰机采取间断转发形式，则可以对导引头形成闪烁干扰效果。如果干扰机接收导引头照射信号并附加调制，则可以形成速度欺骗、假目标欺骗等复合干扰效果。

导引头接收的载机回波功率为

$$P_r = \frac{P_t g_{vt}(\theta) g_{vr}(\theta) \lambda^2 \sigma}{(4\pi)^3 R^4} \tag{7.6}$$

干扰机接收到导引头信号进行转发,经地面反射到导引头的干扰功率为

$$P_j = \frac{P_t g_{vt}(\theta) g_{jr}(\theta)}{4\pi R^2} \frac{\lambda^2 g_{jt}(\theta)}{4\pi} G_e \frac{\gamma k}{4\pi(R_1 + R_2)^2} \frac{g_{vr}(\theta) \lambda^2}{4\pi} \tag{7.7}$$

对于非相干两点源干扰,目标回波和干扰信号相互影响,导引头将跟踪两点源的能量中心。由于干扰信号强于载机回波信号,导引头跟踪角度将偏向对映体干扰方向。当非相干两点源角度大于导引头角度分辨力时,导引头将选择强信号进行跟踪,将导引头引向地面。导引头天线指向偏离真实载机的角度值可表示为

$$d\theta = \frac{P_j}{P_r + P_j} \Delta\theta \tag{7.8}$$

式中:$\Delta\theta = \theta_1 - \theta_2$。

7.2.3 交叉眼干扰

利用两个相隔一定距离的相干辐射信号源,使它们到达目标雷达的天线口径时的幅度匹配、相位相反,从而产生波前的叠加相位失真。因为所有雷达的跟踪系统都瞄准与接收波前相垂直的方向,则被干扰雷达会产生一个角度误差。这种干扰技术称为相干干扰技术,主要针对单脉冲雷达的角跟踪系统。

当位于雷达同一波束内的两个信号源为非相干信号源时,雷达会跟踪在信号源的能量中心的信号,或锁定其中较强的信号。当两个信号源为相干信号源时,这两个信号源会在空中叠加,产生相位畸变。如果雷达接收到了该畸变信号,就会把它当作一个信号来处理,其结果是跟踪在畸变的相位上,产生跟踪误差,达到干扰效果。

设 A、B 是两个相隔为 d 的相干干扰源,C 为幅度和差测角单脉冲雷达,如图 7-12 所示。由于在单脉冲雷达的和方向图的半功率点附近,其对应的差方向图近似为直线形,因此幅度和差单脉冲雷达跟踪两个干扰源的角度 (θ_1, θ_2) 为

$$\theta_1 = \frac{1}{k_m} \frac{\Delta_1}{\Sigma_1} \tag{7.9}$$

$$\theta_2 = \frac{1}{k_m} \frac{\Delta_2}{\Sigma_2} \tag{7.10}$$

式中:k_m 为坐标因子。由此,可以算出雷达指示的跟踪角为

$$\theta_i = \frac{1}{k_m} \frac{\Delta}{\Sigma} = \frac{\Delta_1 + \Delta_2}{\Sigma_1 + \Sigma_2} = \frac{\theta_1 \Sigma_1 + \theta_2 \Sigma_2}{\Sigma_1 + \Sigma_2} \tag{7.11}$$

$\dfrac{\Sigma_2}{\Sigma_1}$ 的复数形式为

$$\frac{\Sigma_2}{\Sigma_1} = k e^{j\Delta\varphi} \tag{7.12}$$

式中:k 为两个干扰信号的幅度比;$\Delta\varphi$ 为两干扰信号的相位差,则有

$$\theta_i = \frac{\theta_1 + k\mathrm{e}^{\mathrm{j}\Delta\varphi}\theta_2}{1 + k} \qquad (7.13)$$

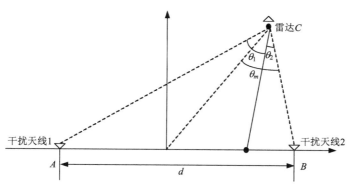

图 7-12　相干干扰产生原理

用 $1-k\mathrm{e}^{\mathrm{j}\Delta\varphi}$ 同时乘以式(7.13)的右边项的分子和分母,并用欧拉公式展开,得

$$\theta_i = \theta_m - \frac{\Delta\theta}{2} \cdot \frac{1 - 2\mathrm{j}k\sin\Delta\varphi - k^2}{1 + 2k\cos\Delta\varphi + k^2} \qquad (7.14)$$

$$Re(\theta_i) = \theta_m - \frac{\Delta\theta}{2} \cdot \frac{1 - k^2}{1 + 2k\cos\Delta\varphi + k^2} \qquad (7.15)$$

式(7.15)的实部代表雷达的偏离角,则偏离距离为

$$\delta R = R \cdot \tan\left(\frac{\Delta\theta}{2} \cdot \frac{1 - k^2}{1 + 2k\cos\Delta\varphi + k^2}\right) \qquad (7.16)$$

式中: $\Delta\theta$ 为雷达的波束宽度角; R 为雷达到目标的距离。当角度较小时,设 φ 为雷达辐射法线与两干扰源连线垂线夹角,可以有 $\Delta\theta \approx d\cos\varphi/R$,可得

$$\delta R = \frac{d\cos\varphi}{2} \cdot \frac{1 - k^2}{1 + 2k\cos\Delta\varphi + k^2} \qquad (7.17)$$

分析式(7.17),当 $\Delta\varphi = 180°$, $k = 1$ 时, δR 有最大值。也就是说,相干干扰要达到最佳干扰效果,要求两干扰源的功率相等,相位反相。需要指出的是,该式只适用于雷达角误差鉴别器的线形范围,即在雷达波束 3 dB 宽度之内,超过此线形范围,角误差鉴别器将饱和。

交叉眼干扰产生原理如图 7-13 所示。干扰机对准雷达,其两对天线 A, B 的基线与雷达到干扰机的视线垂直。 B 天线接收到的雷达信号放大后从天线 A 发射, A 天线接收

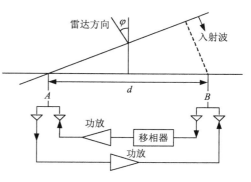

图 7-13　交叉眼干扰产生原理

到的雷达信号放大并移相后从 B 天线发射。当移相器移相为零时,入射波前在 A 点比在 B 点超前 $\Delta\varphi$,发射波前在 B 点比在 A 点超前 $\Delta\varphi$。

$$\Delta\varphi = \frac{2\pi d}{\lambda}\sin\varphi \qquad\qquad (7.18)$$

两个电路通道内部产生的相移 φ_0 一致，此时两个信号在雷达瞄准轴方向上同相。如果移相器移相为 $180°$，这两个信号将在雷达瞄准轴方向上反相，瞄准轴上的任何一点都对消为零，因此在雷达天线口径中心产生一个零点，由相位干涉原理可知，过雷达所在点与天线基线 AB 平行的线上还有其他零点。中心零点的两边是两束反相的锐干扰波瓣，在波瓣零点附近的小角度内，干扰信号的相位波前产生倾斜，单脉冲雷达跟踪这个畸变的相位波前，产生很大的角度跟踪误差(图 7-14、图 7-15)。

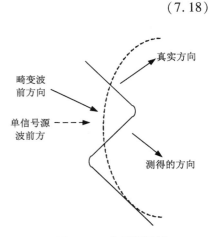

图 7-14 交叉眼干扰波前畸变干扰效果

根据式(7.17)，雷达产生的角度跟踪误差为

$$\delta R = \frac{d\cos\varphi}{2} \cdot \frac{1 - k^2}{1 + 2k\cos\Delta\varphi + k^2} \qquad (7.19)$$

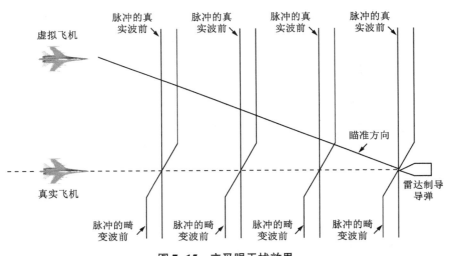

图 7-15 交叉眼干扰效果

比值 $\dfrac{2\delta R}{d\cos\varphi} = G_{CE}$ 是交叉眼干扰引起的误差，表示受干扰雷达跟踪方向相对于真实目标方向的偏移，如图 7-16 所示。从图 7-16 可以看出，被干扰雷达在各种情况下接收到的两个干扰信号具有较大的功率比 k^2 和 $180°$ 相差时，被干扰雷达才能保证雷达角度测量产生大的偏差。

由式(7.19)可以看出，角度跟踪误差与两个干扰信号源之间的距离成正比。因此两干扰源应尽量远离，但必须保持在雷达的波束宽度内。一种方案是将两个发射天线系统安装在飞机两个机翼的外端，由于雷达波束法线方向不能从两个干扰源的连线方向进入，飞机只能径向飞向雷达方向。

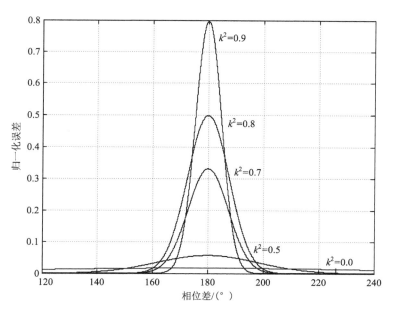

图 7-16　交叉眼干扰引起的误差(G_{CE})

G_{CE} 是以视在半基线来度量的,此误差是雷达接收到的两个欺骗信号之间的相移和功率比的函数。式(7.19)未考虑雷达探测的目标回波,因此,在此条件下使用交叉眼干扰之前,雷达距离门已从目标上拖引开了。

交叉眼干扰发射的干扰信号可以是接收到的雷达信号或噪声信号经调相后的调制信号。前者可以针对所有雷达,包括频率捷变雷达使用,后者只能对付跟踪干扰源状态下的固定频率的雷达。交叉眼干扰与常规干扰有一个重要区别:当它发射干扰时,原来的烧穿距离需要重新计算。当一架逐渐接近的飞机对跟踪它的单脉冲雷达使用交叉眼干扰时,如果干信比足够大,就会在雷达中产生角误差,距离越近,角误差越大。当角误差大于雷达半波束宽度时,雷达发射信号和回波信号都会有 3 dB 以上的损失,而干扰信号只有一个 3 dB 以上的损失,干信比将比雷达天线对准目标时的情况有优势,烧穿距离会减小。

实施交叉眼干扰要求在任何条件下,发射的两个干扰信号都要保持正确的相位和功率关系。因此其主要缺点在于对两个通道的幅频特性的一致性要求高,对使用该干扰样式飞机的运动特别敏感,允许的偏航角非常小,姿态稍有偏差,就可能起不到干扰作用,反而成了雷达信标,技术上的欠缺是交叉眼干扰未能实际应用的主要原因。除此之外,还有一些制约因素,如认为交叉眼干扰需要极高的干信比、不能对付半主动导弹、难以调谐、将受机动和振动的影响等。随着有源相控阵、快速信号处理、实时校准和相干处理技术的发展,对正确使用交叉眼干扰方法的掌握使采用双发射机的交叉眼干扰成为可能。

意大利进行过的试验证明,长基线能带来较大的角误差,甚至可能破坏破雷达的锁定,但是需要预先拖引开距离门。10 m 左右的短基线是天线间的最佳间距,因此,飞机采用短基线方案将收到很好的效果。

7.2.4　闪烁干扰

单脉冲雷达导引头通过每个回波脉冲获得角误差信息，实现对目标方向的跟踪，具有较强的抗单点源干扰能力，但是多点源非相关能对具有一定的干扰效果。非相关干扰是在单脉冲雷达的分辨角内设置两个或两个以上的干扰源，它们到达雷达接收天线的信号没有稳定的相对相位关系，单平面内非相关干扰原理如图 7-17 所示。

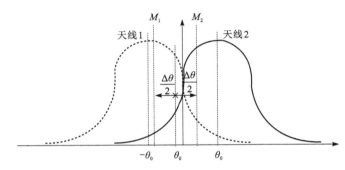

图 7-17　单平面内非相关干扰原理

设雷达接收天线 1，2 收到两个干扰源 M_1，M_2 的信号分别为

$$E_1 = A_{M_1}F\left(\theta_0 - \frac{\Delta\theta}{2} - \theta\right)e^{j\omega_1 t + \varphi_1} + A_{M_2}F\left(\theta_0 + \frac{\Delta\theta}{2} - \theta\right)e^{j\omega_2 t + \varphi_2} \qquad (7.20)$$

$$E_2 = A_{M_1}F\left(\theta_0 + \frac{\Delta\theta}{2} + \theta\right)e^{j\omega_1 t + \varphi_1} + A_{M_2}F\left(\theta_0 - \frac{\Delta\theta}{2} + \theta\right)e^{j\omega_2 t + \varphi_2} \qquad (7.21)$$

经过波束形成网络，得到两信号的和差信号分别为 $E_\Sigma = E_1 + E_2$ 和 $E_\Delta = E_1 - E_2$。E_Σ、E_Δ 分别经混频、中放，再经相位检波、低通滤波后的输出误差信号近似为

$$S_e(t) \approx \frac{4K_d|F'(\theta_0)|}{F(\theta_0)(A_{M_1}^2 + A_{M_2}^2)}\left[A_{M_1}^2\left(\theta + \frac{\Delta\theta}{2}\right) + A_{M_2}^2\left(\theta - \frac{\Delta\theta}{2}\right)\right] \qquad (7.22)$$

当误差信号为零时，跟踪天线的指向角为

$$\theta = \frac{\Delta\theta}{2} \times \frac{b^2 - 1}{b^2 + 1} \qquad (7.23)$$

式中：$b^2 = A_{M_1}^2/A_{M_2}^2$。这一结果表明：在非相关干扰条件下，单脉冲跟踪雷达的天线指向位于干扰源之间的能量质心处。根据非相干干扰的原理，在作战使用中，还可以进一步派生出以下两种使用方式。

1. 同步闪烁干扰

J_1，J_2 配合轮流通断干扰机，使 J_1，J_2 的功率比 b^2 按照周期 T 变化

$$b^2 = \begin{cases} 0 & KT \leqslant t \leqslant KT + T/2 \\ \infty & KT + T/2 \leqslant t \leqslant (K+1)T \end{cases} \qquad (7.24)$$

式 (7.24) 可造成雷达跟踪天线的指向在 J_1，J_2 之间来回摆动。除了可以采用 J_1，J_2 配合之外，也可以采用目标与其附近的干扰机配合。由于干扰的功率远远大于目标回

波，只要周期性地通断干扰机，也可以起到同步闪烁干扰的效果，并且简化了同步配合的要求。

2. 异步闪烁干扰

J_1，J_2 按照各自的控制逻辑交替通断干扰机，即 J_1，J_2 为异步通断，故有以下四种组合状态：

(1) J_1，J_2 同时工作，诱使雷达跟踪 J_1，J_2 能量质心；

(2) J_1，J_2 同时关闭，雷达跟踪信号消失，转而重新捕获目标；

(3) J_1 工作，J_2 关闭，诱使雷达跟踪 J_1；

(4) J_2 工作，J_1 关闭，诱使雷达跟踪 J_2。

上述四种状态是等概率、随机变化的，雷达跟踪状态将直接受到上述状态的影响，不能准确跟踪目标。

7.2.4.1　参数选择

闪烁干扰的效果在很大的程度上取决于使用时的时空参数，即发射源最优距离和闪烁频率。

1. 发射源最优距离

发射源最优距离的确定有两种方法，一是建立导弹和飞机飞行的模型，进行模拟仿真，二是利用已知的导弹导航系统的简化解析式得到近似的结论。考虑实际飞行中飞机之间的距离难以精确保持，后一种方法使用更加方便。

对于确定的导弹数学模型，以导弹最终误差最小为准则的最优距离 L_0 为

$$L_0 = \Delta\theta^2 V^2 / 2J_{\max} \cos q \tag{7.25}$$

式中：$\Delta\theta^2$ 为导弹的角分辨率；V 为导弹与目标的径向相对速度；$J_{\max}$ 为导弹可承受的最大过载；q 为导弹接近两目标的角度。采用使导弹误差的方差与数学期望之比为最小的准则，导弹误差的方差为

$$D = N^2 D_k^3 V_{cb}^2 K_v^2 S / 4V_{omn}^2 (D_k K_v - 2V_{cb}) \tag{7.26}$$

式中：N 为制导常数；D_k 为导弹寻的结束时与目标的距离；V_{cb} 为导弹接近目标的速度；K_v 为闪烁频率系数；V_{omn} 为导弹相对于目标的切向速度；$S = (1+\xi)^2 \Phi^2 / 2V_{cb}$，为噪声谱密度，其中 ξ 为任意值 $(0 \leqslant \xi \leqslant 1)$；$\Phi \cong \Delta\theta / 2$。式 (7.27) 中，导弹误差数学期望的估计式为

$$a = \frac{1}{2}L\cos g - \frac{1}{2}J_{\max}\frac{L^2 \cos g}{\Delta\theta^2 v_0^2} \tag{7.27}$$

由此可得导弹误差的方差和数学期望的比值为

$$I = \frac{D}{a} = A \frac{L\cos g - (K_v L\cos g - 2v_0\Delta\theta)}{1 - J_{\max}\dfrac{L\cos g}{\Delta\theta^2 v_0^2}} \tag{7.28}$$

式中：A 为不取决于距离 L 的参数。为求 L 的最优值，对式 (7.29) 求极值，定义 $b = L\cos g$，$c = \Delta\theta v_{cb}$，$e = J_{\max} / \Delta\theta^2 v_0^2$，式 (7.29) 可表示为

$$I = b(K_v b - 2c) / (1 - eb) \tag{7.29}$$

I 对 b 求导并令其为 0，最终得到 L 的最优值为

$$L_0 = \frac{\Delta\theta^2 v_0^2}{J_{max}\cos g} \pm \sqrt{\frac{2v_{cb}\Delta\theta^2 v_0^2}{K_v J_{max}\cos g^2}\left[\frac{K_v \Delta\theta^2 v_0^2}{2\Delta\theta v_{cb} J_{max}} - 1\right]} \qquad (7.30)$$

代入参数典型值可得最优距离

$$L = 2\Delta\theta^2 v_0^2 / J_{max}\cos g \qquad (7.31)$$

结合式(7.25)~式(7.32)的推导过程可得:在考虑了导弹最终误差的方差后,双机干扰最优距离扩大一倍。对比式(7.25)和式(7.32),很明显,考虑导弹的最终误差方差后,双机闪烁干扰的最优距离扩大了一倍。如果按照导弹最终误差最大的准则计算双机最优距离,在某些实际情况下,施行干扰使导弹误差方差增大,可能导致飞机被杀伤的概率增大。实际空战中,飞机的最优闪烁干扰距离的设定要根据战役、战术的要求,结合理论分析,综合考虑敌我双方的雷达性能,灵活加以运用。

2. 闪烁频率

闪烁干扰最重要的参数是闪烁频率,为了使雷达跟踪系统跟踪正在移动的能量质心,干扰机的交换频率应和雷达跟踪系统的带宽相匹配。选择闪烁周期时,应尽可能使被压制的无线电电子设备的分辨角达到最大。

7.2.4.2 导弹临界距离与来袭方向的关系模型

闪烁干扰时,假设导弹稳定跟踪两干扰机能量质心 O 点,到达临界点 D 时,弹载雷达能够将两部干扰机区分开,并选择其一进行攻击。DO 为导弹的临界分辨距离,简称临界距离,弹载雷达分辨角为 $\Delta\theta$。设导弹跟踪波束中心线偏离 M_1 的角度为 θ_1,偏离 M_2 的角度为 θ_2;DO 与两机连线的夹角 α 代表导弹来袭方向;L 代表两部干扰机的间距。

由正弦定理可得,在 $\triangle DOM_1$ 中

$$\frac{OM_1}{\sin\theta_1} = \frac{DO}{\sin(\alpha - \theta_1)} \qquad (7.32)$$

在 $\triangle DOM_2$ 中

$$\frac{OM_2}{\sin\theta_2} = \frac{DO}{\sin(\pi - \alpha - \theta_2)} \qquad (7.33)$$

同时有 $\Delta\theta = \theta_1 + \theta_2$,$L = OM_1 + OM_2$ 两式成立。四式联立,消去 θ_1 和 θ_2,得 DO 与 α 的关系为

$$DO = \frac{CL(y\sin\alpha - x\cos\alpha)}{(1 + C)x} \qquad (7.34)$$

式中: $C = \frac{OM_1}{OM_2}$。

分析式(7.35)可得

(1)当 $\alpha \in (0, \arctan\frac{2B}{A})$ 或 $\alpha \in (\arctan\frac{2B}{A}, \frac{\pi}{2})$ 时

$$x = \sqrt{\frac{1}{\left(\frac{B\sin\alpha + A\cos\alpha + \sqrt{A^2 + B^2\sin^2\alpha}}{A\sin\alpha}\right)^2 + 1}} \qquad (7.35)$$

$$y = \sqrt{\cfrac{1}{\left(\cfrac{B\sin\alpha + A\cos\alpha - \sqrt{A^2 + B^2\sin^2\alpha}}{2B\cos\alpha - A\sin\alpha}\right)^2 + 1}} \tag{7.36}$$

（2）当 $\alpha = \arctan\dfrac{2B}{A}$ 时

$$x = \sqrt{\cfrac{1}{\left(\cfrac{4B^2 + A^2}{2AB}\right)^2 + 1}} \tag{7.37}$$

$$y = \sqrt{\cfrac{1}{\left(\cfrac{2AB}{4B^2 + A^2}\right)^2 + 1}} \tag{7.38}$$

式中：$A = \sin\Delta\theta$；$B = \cos\Delta\theta$。

7.2.4.3　考虑导弹脱靶量、来袭方向的双机方位配置

理想运动状况下，导弹在空间的运动是根据目标和导弹的运动参数，按一定的导引规律飞行的。弹上控制系统力图使目标实现角速度为零，使导弹速度对准瞬时弹着点。但实际过程中存在的各类误差使得导弹对目标的相对速度和视线之间出现一个误差角 Δq。导弹导引头在到达最小测量距离后停止工作，导弹将根据舵面的位置直线或曲线飞行。导弹与目标间的最小距离就是脱靶量。

如图 7-18 所示，V_D 为导弹速度，V_M 为目标速度，V_Σ 为导弹相对速度，Δq 为导弹相对速度与目标视线的夹角，于是脱靶量即 MA。双机闪烁干扰中，导弹在到达临界距离前，跟踪目标 M 为能量质心。用导弹来袭方向和双机间距来表示脱靶量，机 M_1 的脱靶量为

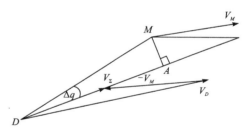

图 7-18　导弹脱靶量计算示意

$$M_{1T} = \frac{LC\sin\alpha}{1 + C} \tag{7.39}$$

机 M_2 的脱靶量为

$$M_{2T} = \frac{L\sin\alpha}{1 + C} \tag{7.40}$$

若导弹导引头在临界距离之前停止工作，M_{1T}、M_{2T} 就是导弹相对两目标的最终脱靶量。若导弹导引头在临界距离之后停止工作，导弹的最终脱靶量还要考虑导引头的纠偏距离。纠偏距离与导弹的速度、最大法向过载、弹道倾角有关。

在实施闪烁干扰时双机方位配置原则：①双机位于弹载雷达分辨角内；②双机脱靶量 M_{1T}，M_{2T} 大于导弹杀伤半径；③导弹临界距离尽可能小。

实际运用中，可以调整双机前后位置，使导弹的来袭方向 α 和双机间距 L 发生改变；可以调整参数 C，改变导弹跟踪的质心位置，等效于改变了导弹来袭方向。最理想的结果就是导弹在到达临界距离时仍无法分辨两目标。即使达不到理想结果，也要通过参数调整来缩短雷达导引头分辨出目标后调整的时间，增大其导引误差。

7.3 红外制导末端对抗

7.3.1 红外诱饵弹的干扰原理

红外诱饵弹被抛射点燃后产生高温火焰，并在规定的光谱范围内产生强红外辐射，从而欺骗敌方导弹的红外探测系统。当飞机受到红外制导导弹的攻击威胁时，投放红外诱饵弹，则红外诱饵弹和目标同时出现在红外导引头视场内（图 7-19）。根据能量质心干扰原理，红外制导导弹跟踪两者的等效辐射能量中心。然而实际上红外诱饵弹和目标在空间上是逐渐分离的，这样，由于红外诱饵弹的红外辐射强度大于目标红外辐射强度，所以等效辐射能量中心偏于红外诱饵

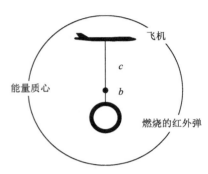

**图 7-19　飞机和红外诱饵弹
同时在导弹跟踪视场内**

弹。随着红外诱饵弹与目标的距离越来越远，逐渐使红外导引头偏向红外诱饵弹的一边，直到目标摆脱并脱离红外导引头的视场，这时红外制导导弹就只跟踪红外诱饵弹。

在实战中要使诱饵弹对红外制导导弹干扰有效，必须同时具备下列条件。

（1）诱饵弹的红外辐射光谱特性应具有与被保护目标相似的光谱分布；

（2）诱饵弹必须布设在导弹视场角内（截面圆内）；

（3）诱饵弹的红外辐射强度必须大于载机的红外辐射强度；

（4）诱饵弹在视场中的滞留时间必须足够让导弹跟踪系统反应；

（5）红外诱饵弹最终应处于欺骗区内（视场角内），而载机处于视场角之外。

红外成像制导是利用目标的二维红外图像信息，实现对目标的跟踪，具有目标识别、预测跟踪、瞄准点选择及自动决策等功能。与红外点源制导相比，它有更好的目标识别能力和更高的制导精度。但是红外成像导引头的目标识别能力是有限的，在目标与干扰物的图像重叠或者部分重叠时，无法根据图像灰度差来辨认目标和干扰物，因此面源型红外诱饵将是很好的干扰器材。另外，对于红外成像导引头而言，其另一突出的优点就是具有预测跟踪能力，这对干扰维持时间提出了较高的要求，即必须使导弹彻底失去跟踪能力，才能算作有效干扰。当面源型红外诱饵弹点燃并出现在导弹导引头视场时，其与真目标共同形成目标信息，而导引头锁定的是等效辐射能量质心。红外诱饵弹形成的热图像比被保护目标红外辐射强度大若干倍，随着红外诱饵弹与目标在空间逐渐分离，导弹逐渐被引向诱饵弹，真目标逃逸出导引头视场，从而达到保护目标的目的。

采用红外诱饵弹干扰红外成像制导的导弹必须满足下列条件。

（1）干扰源的辐射区域应与目标接近，以便使其与目标图像部分融合；

（2）干扰源有效辐射面积应大于目标，并且组合的形心与目标的形心有较大的偏离；

（3）干扰过程中应使干扰物图像与目标图像部分融合；

（4）对多个干扰源的再次干扰应使组合形心远离目标形心。

7.3.2 红外定向干扰机的干扰原理

红外定向干扰机是一种有源红外对抗装置，能发出经过调制精确编码的红外脉冲，使来袭导弹产生虚假跟踪信号，从而失控脱靶。红外定向干扰机通常由高能红外光源、离合开关、调制器和光学系统（相当于发射天线）组成，如图 7-20 所示。

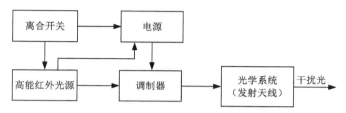

图 7-20 红外定向干扰机基本组成

在正常的无干扰的情况下，导引头对目标辐射信号进行调制并经窄带滤波与检波，得出相应的方位误差信号。导引头方位探测系统的基本组成如图 7-21 所示。

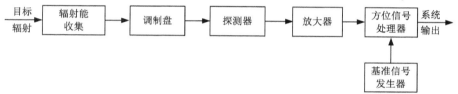

图 7-21 导引头方位探测系统的基本组成

设目标的辐射信号强度为 E，干扰机发射的预先经过调制的信号为

$$S(t) = E_{干} [1 + \sin(\Omega_{干} t + \varphi_{干})] \tag{7.41}$$

经过调制盘的辐射信号为 $F(t)$，在此基础上加了干扰后，$F(t)$ 可写成如下形式

$$
\begin{aligned}
F(t) &= \int_s \{E_{干} [1 + \sin(\Omega_{干} t + \varphi_{干})] + E\} \tau(\theta_0 + \Omega t) \mathrm{d}s \\
&= \left[\frac{F}{2} + F \sum_{n=1}^{\infty} B_n \frac{2J_1(nz)}{nz} \sin(n\theta_0 + n\Omega t) \right] + \\
&\quad \left[\frac{F_{干}}{2} + F_{干} \sum_{n=1}^{\infty} B_n \frac{2J_1(nz)}{nz} \sin(n\theta_0 + n\Omega t) \right] + \frac{1}{2} F_{干} \sin(\Omega_{干} t + \varphi_{干}) + \\
&\quad F_{干} \sin(\Omega_{干} t + \varphi_{干}) \sum_{n=1}^{\infty} B_n \frac{2J_1(nz)}{nz} \sin(n\theta_0 + n\Omega t) \\
&= F_0(t) + F_1'(t) + F_2'(t) + F_3'(t)
\end{aligned}
\tag{7.42}
$$

式中：$\tau(\theta_0 + \Omega t)$ 为调制盘的透过函数；θ_0 为目标的方位角；Ω 为调制盘的角速度；$\Omega_{干}$ 为干扰信号的频率；$\varphi_{干}$ 为干扰信号的初相位；$F_{干} = E_{干} S$，S 为像点面积；$J_1(\cdot)$ 为贝塞尔函数；z 与像点半径和像点离调制盘中心距离有关；B_n 为积分项，与调制盘透过函数有关；$F_0(t)$ 为在没有干扰时，目标透过调制盘的辐射能；$F_1'(t)$ 与干扰信号能量、目标信号的初

相位、目标像点半径和目标方位有关，该项对目标的方位误差信号产生影响；$F_2'(t)$ 主要由干扰信号的能量、频率和相位引起，可以通过窄带滤波将其去除；$F_3'(t)$ 与干扰信号的能量、频率、相位、目标信号的初相位、目标像点半径和目标方位有关，是干扰作用发挥的主要因素。经过调制盘后的辐射信号为 $F(t)$，再经过窄带滤波、检波，与方位基准信号作用后，即可得到方位误差信号。

　　红外定向干扰机的突出特点是使来袭红外制导导弹不易采取反干扰措施，这是因为红外定向干扰机本身有人为选择工作波长的功能，可来袭的红外制导导弹总是在探测波长范围之内。红外定向干扰机与被保护目标在一体上，来袭的红外制导导弹无法从速度上把目标与干扰信号分开。红外定向干扰机的另一个特点是在无红外告警的情况下，可较长时间连续工作，以弥补红外诱饵有效干扰时间短、弹药有限等不足，在载体提供能源的条件下，能够长效工作。

7.4　导引头干扰效能评估

　　干扰效能是干扰造成的导引头的工作性能下降，以及其对导弹战术结果的影响的情况。这种降低的程度需要用一种量化指标的变化来衡量才能更加准确地反映干扰效能。选择确定这样的量化指标需要依据一定的准则，即选择合适的评估指标，并给出处理指标结果的合理方法，建立完整的干扰效能评估体系，对干扰效能进行有效评估。

7.4.1　导引头干扰效能评估方法

7.4.1.1　导引头干扰效能评估准则

　　干扰效能评估准则是干扰效能评估的基本依据，是确立评估指标和评估方法的基础。在电子战效能评估中，普遍使用的干扰效能评估准则有多种，如功率准则、概率准则、效率准则、时间准则等。在对导引头干扰效能的评估中，每个评估准则都有其不同的使用范围。

1. 功率准则

　　功率准则也称能量准则或信号损失准则，以干扰功率与信号功率比值的变化为依据来评估干扰效果。功率准则在压制性干扰研究中使用较多，一般用压制系数、自卫距离等与功率强度有关的量来表示。导引头在一定信噪比条件下对目标进行检测和跟踪，干扰信号需要满足一定的功率压制条件才能起到干扰效果。但功率准则对导引头干扰效果的评估，存在不足之处。一是功率准则只能给出干扰信号功率上的作用效果，而其他影响干扰效果的因素环节无法从功率上反映；二是功率准则不能反映干扰压制带来的作用效果，更多的是反映干扰起效的必要条件。

2. 概率准则

　　概率准则以干扰条件下被干扰雷达完成给定任务使命的概率来评估干扰效果，用概率的变化直观地体现干扰对雷达的作用结果，如实施干扰的成功概率，目标搜索雷达对目标的发现概率，制导雷达引导武器攻击目标的杀伤概率等。

应用概率准则时，一方面概率准则并不能包含所有的技术性能指标，更多的技术参数指标不能用概率的形式表示，限制了概率准则的应用范围；另一方面最准确完备的概率是建立在大量重复试验的基础上，试验环境控制、试验经费要求等原因往往使得大量重复试验无法进行，概率准则的应用存在一定难度。

3. 效率准则

效率准则又被称为战术应用准则，以干扰条件下，被干扰雷达某一性能指标的变化来评估干扰效果，一般用同一指标的比值作为评估干扰效果好坏的依据。应用效率准则可以直观、明了地反映被干扰雷达性能指标的下降程度，同时效率准则应用的范围更大，理论上可以选择被干扰雷达的任意一项技术指标来进行评估，这样可以解除概率准则在应用中的限制。概率准则可以看作是效率准则的一种特例，在对导引头干扰效能评估中，有多种可供选择的评估指标，如测量精度、脱靶量等。应用效率准则对评估指标进行处理，不但具有更加广泛的适用性，而且能更简单、直观地反映干扰对雷达的影响效果。

综合来看，每种评估准则各有侧重，在对导引头干扰效能评估时，应根据需要综合考虑各种准则的评估作用，以便应用合适的准则。

7.4.1.2　导引头干扰效能评估指标

评估导引头干扰效能的指标可以分为性能指标和效果指标两大类，分别从技术层面和战术层面表示干扰效果。其中，性能指标又可以分为压制性干扰评估指标和欺骗性干扰评估指标。下面给出在一般雷达对抗效能评估中常用的指标。

1. 干信比变化情况

（1）压制系数。

压制性干扰主要针对雷达的目标检测能力，使雷达在更低的信噪比条件下检测目标，减小雷达的发现概率。一般以发现概率降为 0.1 作为压制性干扰有效的衡量标准，由此，定义压制系数为：当雷达的发现概率下降为 0.1 时，接收机输入端的最小干信比，即

$$K_d = \frac{J}{S} \tag{7.43}$$

对于欺骗性干扰而言，以干扰后跟踪误差达到一定程度时，雷达天线输入端所需的干信比作为压制系数的取值。

（2）可见度因子。

可见度因子是指在给定的虚警概率下，雷达达到一定的发现概率，检波器输入端所需要的最小回波功率 P_s 和噪声功率 P_n 之比，即

$$F_{scv} = \frac{P_s}{P_n} \tag{7.44}$$

由定义可知，可见度因子的取值越大，干扰效果就越好。

（3）检测概率–距离曲线。

这是在统计条件下得到的试验结果，具体方法如下：在某种战情想定下，进行多次仿真，统计雷达检测到真实目标的仿真次数，其与总仿真次数的比值即雷达的检测概率。如此选取多个不同的距离点，即可得到不同距离条件下的雷达检测概率–距离曲线。

2.雷达作用范围变化情况

（1）自卫距离。

根据雷达干扰方程可知，随着干扰机与雷达距离逐渐接近，干信比下降。达到一定距离时，干扰机不能对雷达实施有效干扰，此时的距离定义为自卫距离，也可称为烧穿距离或最小干扰距离。

（2）相对自卫距离。

相对自卫距离是指雷达在干扰下的自卫距离与正常情况下雷达作用距离的比值，能够从比较的角度体现干扰机对雷达的影响程度。

（3）雷达暴露区。

雷达暴露区是雷达在各个不同方向上对目标探测距离的表示。以雷达为中心，在不同方向上，雷达对目标的探测距离不同，所有在雷达探测范围以内的距离所围成的区域，即为雷达暴露区。雷达受到干扰时，可根据雷达暴露区发生的变化作为判断干扰效果。

3.发现时间变化情况

发现时间是指从开始试验的时刻，到真实的目标被雷达发现的时间间隔。由于雷达检测目标是在一定的发现概率下进行，所以在相同场景下，发现时间并不是一个常数，而是根据发现概率的不同变化呈现一定规律的概率分布特性。

4.雷达测量精度变化情况

（1）测量精度。

对于雷达导引头，保持对目标稳定的跟踪是导弹杀伤目标的前提。用反映跟踪能力的主要指标来衡量干扰效果最具说服力，跟踪误差（包括角度跟踪误差、速度跟踪误差、距离跟踪误差）越大，干扰效果越好。

（2）相对测量精度。

相对测量精度就是雷达在未受到干扰前的测量误差与干扰后雷达测量误差的比值。通过干扰前后的结果比较，能够从相对角度体现出干扰机对雷达的影响程度。

（3）欺骗干扰成功概率。

欺骗干扰成功概率是从统计试验角度提出的，在一定的干扰条件下，进行 N 次仿真试验。如果有 M 次试验中欺骗干扰成功，那么在这种干扰条件下欺骗干扰成功的概率为 $P_j = M/N$。

欺骗干扰成功是指真实的目标没有被雷达发现、识别、跟踪，或是指雷达系统丧失工作能力，无法发现、跟踪任何目标。

（4）脱靶量。

干扰对导引头最直接的影响就是增大导弹攻击目标的制导误差，造成导弹在靶平面内偏离目标，产生脱靶。本质上来讲，脱靶量就是导弹在飞行中的制导误差，是导弹飞行轨迹偏离理想弹道的程度。

脱靶量的结果往往受到随机因素的影响，一般认为，在导弹理想的攻击条件下，导弹

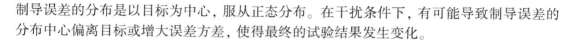

制导误差的分布是以目标为中心，服从正态分布。在干扰条件下，有可能导致制导误差的分布中心偏离目标或增大误差方差，使得最终的试验结果发生变化。

7.4.1.3 导引头干扰效能评估方法

1.统计分析法

统计分析法是指在模拟环境或规定的场景下，对有随机性特点的系统进行统计分析，通过统计试验得到大量统计数据，进行效能评估。统计分析法能得到各效能指标的统计试验结果，显示出战术策略等对效能的影响，其结果具有很强的准确性和可信性。但是统计分析法需要确立研究对象的数学模型，同时需要大量的装备和环境，以满足大量重复性试验，耗费和时间成本太大，这在一定程度上限制了它的应用范围。

2.专家调查法

专家调查法，又称德尔菲法，是依靠专家们的主观判断，用于解决偶然性较大且难以用定量数据描述的评估问题。通过专家多轮独立打分，直到总体评估结果趋于一致，从而给出最终评估结果。但是不同专家的思考方式不同，个人倾向性较大，主观想法很难完全统一，专家调查法往往需要同其他方法结合使用。

3.综合性评估方法

综合性评估方法是综合多种评估指标和因素，根据不同指标影响程度的不同，采用某种算法，对干扰作战效能进行评估的一类方法。现有方法中应用较多的有神经网络、层次分析法、灰色系统理论、模糊评判法等。综合性评估方法在处理较为复杂的多指标评估问题上作用显著。干扰效能评估中变量关系复杂，涉及因素众多，为全面、客观、准确地评估雷达干扰效果，必须对影响干扰效果的各种因素进行综合评估。

各种综合性方法出发点各不相同，针对不同的评估案例特点，需要选择不同的综合性评估方法，从而得到最合理的评估效果。例如，针对雷达对抗系统干扰、抗干扰效能的评估，影响干扰效果的大多数因素都具有模糊性，运用模糊评判法就具有其独特的优势。从导引头工作性能层面考虑，反映导引头工作性能的技术性能指标数量较多，需要结合采用综合性评估方法。

4.解析分析法

解析分析法是效能评估中常用的方法之一，在雷达干扰和抗干扰效能评估中被普遍使用。解析分析法需要准确知道评估指标与条件变量等之间的物理关系，能够给出明确的解析表达式来定量地计算指标值。

在雷达干扰抗干扰研究中常用公式给出因素与指标的关系，如压制系数、测量误差与信噪比的计算公式。在导引头干扰效能计算中同样也需要部分解析计算的结果，对于揭示指标与变量之间的关系很有帮助。

7.4.2 基于技术性能指标的干扰效能评估方法

电子干扰效果的评估需要一种既能处理综合性问题，又能有利于解决模糊性的方法，在对导引头的干扰效能评估中，可以采用多级模糊综合评判方法。

7.4.2.1 多级模糊综合评判

对导引头干扰效能的评估涉及大量与系统评估相关的因素与指标。运用单级评判的方法，对众多的指标建立一个统一的模糊矩阵，分配指标权重是一件棘手的事情，此时可以运用多级模糊综合评判的方法。

1. 建立因素集

因素集 U 是影响干扰效能评估结果的各个评估指标 $u_i(i=1,2,\cdots,n)$ 所组成的集合，表示为

$$U = \{u_1, u_2, \cdots, u_n\} \tag{7.45}$$

2. 确定评价集

评价集由所有的评判结果 $v_j(j=1,2,\cdots,m)$ 组成，通常用"好，很好，一般，差，…"等描述性语言作为评价结果，评价集一般表示为

$$V = \{v_1, v_2, \cdots, v_m\} \tag{7.46}$$

3. 建立权重集

一般情况下，各个因素在评估中具有不同的重要性，对各个因素 u_i 分配不同的权重 $w_i(i=1,2,\cdots,n)$，则

$$W = \{w_1, w_2, \cdots, w_n\} \tag{7.47}$$

其权重需要满足非负性和归一性条件，即

$$w_i > 0, \quad \sum_{i=1}^{n} w_i = 1 \tag{7.48}$$

4. 计算模糊矩阵

在干扰效能评估中，隶属函数的确定一般要根据因素产生干扰效能的原理，结合其数学表达式或作用方程，选择能够合理反映因素对干扰效能影响程度的隶属函数。由此建立因素集到评价集的模糊映射 f，确定第 i 种因素 u_i 对第 j 等级 v_j 的隶属度 r_{ij}，同时保证 $0 \leqslant r_{ij} \leqslant 1$，即

$$r_{ij} = f(u_i, v_j) \tag{7.49}$$

由式（7.50）可以确定模糊矩阵 $R = (r_{ij})_{m \times n}$。用模糊矩阵确定隶属函数，可实现一种"软判决"，即当评价因素取值发生变化时，因素属于某种等级的隶属度也在 $[0,1]$ 内变化。常用隶属函数分布主要类型有矩形分布、抛物型分布、梯形及半梯形分布、正态分布、柯西分布、岭形分布等。

5. 模糊综合算法

根据上述结果，可得模糊综合评判集

$$B = W \circ R \tag{7.50}$$

式中：$\circ$ 为模糊算子。经典的模糊算子为极大极小模型 $M = (\wedge, \vee)$，其中 $\wedge$ 和 $\vee$ 分别代表取小取大算子。模糊评判结果 B 计算方式如下

$$b_j = \bigvee_{i=1}^{n} (w_i \wedge r_{ij}), \quad (j = 1, 2, \cdots, m) \tag{7.51}$$

采用极大极小模型 $M = (\wedge, \vee)$ 计算评判结果时,单纯地取大、取小会造成某些因素信息的损失,甚至会出现模型失效,无法得出评判结果的问题。在实际评判中,还会使用其他几种模糊算子,如乘积取大型、加权平均型、全面制约型、均衡平均型等。

(1)乘积取大型 $M = (\cdot, \vee)$,即

$$b_j = \bigvee_{i=1}^{n} (w_i \cdot r_{ij}), \quad (j = 1, 2, \cdots, m) \tag{7.52}$$

(2)加权平均型 $M = (\cdot, +)$,即

$$b_j = \sum_{i=1}^{n} (w_i \cdot r_{ij}), \quad (j = 1, 2, \cdots, m) \tag{7.53}$$

(3)全面制约型 $M = (\cdot, \wedge)$,即

$$b_j = \bigwedge_{i=1}^{n} (w_i \cdot r_{ij}), \quad (j = 1, 2, \cdots, m) \tag{7.54}$$

(4)均衡平均型 $M = (E, \wedge, +)$,即

$$b_j = \sum_{i=1}^{n} \left(w_i \wedge r_{ij} / \sum_{k=1}^{n} r_{kj} \right), \quad (j = 1, 2, \cdots, m) \tag{7.55}$$

6. 评判结果处理

确定最终评判结果,通常有如下几种方法。

(1)最大隶属度法:取模糊综合评判集 $B = [b_1, b_2, \cdots, b_n]$ 中最大评判指标 b_0,与 b_0 相应的评判结果为最终评判结果。

(2)加权平均法:对评判结果的处理也可以使用加权平均法,其计算方法如下

$$D = BC^{\mathrm{T}} = \sum_{i=1}^{n} (b_i \cdot c_i) \tag{7.56}$$

式中:c_i 为评判集 V 中第 i 个元素对应的评语分值,一般选择 b_i 作为加权系数,如果想增加隶属度较大评语的作用,也可使用 $(b_i)^2$ 作为加权系数。

(3)模糊分布法:模糊分布法直接把评判指标作为最终评判结果,或者把评判指标进行归一化后作为评判结果。

7.4.2.2　确定权重方法

实际中确定权重的方法有多种,如统计法、相关系数法、层次分析法(analytic hierarchy process,AHP)、专家调查法等,其中,层次分析法是应用最为广泛的权重确定方法。

层次分析法属于多准则决策方法,将定量分析和定性分析相结合,具有灵活、系统、简便等特点。层次分析法把复杂问题分解为多个组成因素,将因素组成层次结构,确定各个因素相对上一层次的权重,进而逐个层次进行分析。这一分析方法能与多级模糊综合评估模型很好地结合在一起,层次分析法的具体分析计算如下。

1. 建立权重判断矩阵

采用"1-9 标度法"对评估指标进行两两比较。根据专家咨询的意见确定指标重要性标度 a_{ij},进而得到权重判断矩阵 $A = (a_{ij})_{n \times n}$。

2. 求矩阵特征值及特征向量

通过求解矩阵 A 的特征方程 $A\lambda = \vec{w}\lambda$,计算最大特征值 $\lambda_{\max}$ 和对应的特征向量 $\vec{w} =$

$[w_1, w_2, \cdots, w_n]^T$，即得到权重向量 $\vec{w}$。

3.一致性检验

为检验人为衡量不一致带来的误差，提高准确性，需要进行一致性检验。

首先，计算一致性指标 $C.I.$

$$C.I. = \frac{\lambda_{max} - n}{n - 1} \tag{7.57}$$

其次，查表 7-1 得到平均随机一致性指标 $R.I.$

再次，对应不同的矩阵维数，用不同修正因子 $R.I.$ 对 $C.I.$ 进行修正。

表 7-1　一致性指标 $R.I.$ 取值

维数	3	4	5	6	7	8	9
$R.I.$	0.58	0.96	1.12	1.24	1.32	1.41	1.45

最后，计算一致性比例 $C.R.$ 为

$$C.R. = \frac{C.I.}{R.I.} \tag{7.58}$$

一般认为，当 $C.R. < 0.1$ 时，矩阵 A 符合一致性要求。当 $C.R. \geqslant 0.1$ 时，矩阵 A 不符合一致性要求，则必须对矩阵 A 作出调整，重新进行一致性检验，直到矩阵 A 符合一致性要求为止。对于一维、二维矩阵不需要一致性检验，因为其总是完全一致的，即 $C.R. = 0$。

7.4.3　基于脱靶量的干扰效能评估方法

从导弹战术层面上看，干扰可使导弹失去对目标的正常跟踪或输出错误的制导信息，导弹偏离正常的跟踪轨迹，脱靶量增大，以致对目标攻击失败。

基于效果指标的干扰效能评估就是要得到干扰条件下导弹攻击目标的战术结果，以及是否能够有效命中目标。选择脱靶量作为战术效果指标，能够直观反映导弹攻击目标的作战结果，既有广泛的通用性，又在作战效能结果上具有说服力。

1.脱靶量计算

脱靶量定义为导弹在目标靶平面内的落点与目标之间的距离，这里靶平面是指垂直于弹目相对速度方向且经过目标质心的平面。

一般还会使用瞬时脱靶量这一定义，瞬时脱靶量也称制导误差，是指在导弹飞行的每一瞬间，实际导弹相对于理想弹道的偏差，脱靶量实际就是在目标靶平面内的制导误差。

导弹飞行中制导误差的计算可以采用如下的方法，导弹在飞行中的某一瞬间，导弹飞行的速度方向在理想情况下将指向瞬时遭遇点，由于误差的存在，保持理想跟踪是不现实的。如图 7-22 所示，设

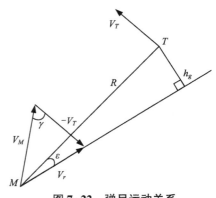

图 7-22　弹目运动关系

弹目相对运动速度 V_r 方向与弹目视线方向 MT 存在误差偏角 ε，弹目距离为 R。此时的靶平面上产生了动态误差 h_g，可以表示为

$$h_g = R\sin\varepsilon \tag{7.59}$$

此时弹目视线角速度 $\mathrm{d}q/\mathrm{d}t$ 可以表示为

$$\frac{\mathrm{d}q}{\mathrm{d}t} = \frac{V_r\sin\varepsilon}{R} \tag{7.60}$$

式中：$\dfrac{\sin\varepsilon}{R}$ $V_r = \sqrt{V_t^2 + V_m^2 - 2V_t V_m\cos\gamma}$。

根据式（7.60）和式（7.61），消去误差角 ε，动态误差可以表示为

$$h_g = \frac{R^2}{V_r}\cdot\frac{\mathrm{d}q}{\mathrm{d}t} \tag{7.61}$$

可见，在弹目距离和速度确定的情况下，动态误差主要取决于弹目视线角速度的大小。又由于

$$\frac{\mathrm{d}q}{\mathrm{d}t} = \frac{w_n}{K_0} \tag{7.62}$$

代入式（7.62）中，得

$$h_g = \frac{R^2 w_n}{V_r K_0} \tag{7.63}$$

可以使用式（7.64）计算实际脱靶量，由于导弹自动跟踪系统饱和、导引头"盲视"等现象，导弹在与目标遭遇之前会出现一段不大的盲区。导弹进入盲区后，导弹的自动寻的制导系统将停止工作，导弹会按照最大过载修正制导误差。另外，盲区的范围一般很小（50～500 m），弹道的曲率半径很大（约几公里）。在遭遇前的时间段内，导弹飞行弹道近似于直线，因此，导弹最终的脱靶量可按照导弹进入盲区时刻的跟踪误差，即根据式（7.64）计算求得。

2. 脱靶量评估

一般认为，式（7.64）所表示的脱靶量是随机变量，由系统分量和随机分量叠加而成。系统分量是脱靶量结果的平均状态，由理想弹道和制导回路中的惯性环节引起。随机分量脱靶量结果相对平均结果的偏差，由制导回路各种动力参数的随机误差引起，往往是不可能完全消除的因素。

理想条件下，导弹制导误差 (y, z) 分布是以目标为中心，服从正态分布。当各个方向误差分布特性相同时，概率特性为

$$f(y, z) = \frac{1}{2\pi\sigma^2}\exp\left\{-\frac{y^2 + z^2}{2\sigma^2}\right\} \tag{7.64}$$

脱靶量 $r = \sqrt{y^2 + z^2}$ 的分布为

$$f(r) = \frac{r}{\sigma^2}\exp\left\{-\frac{r^2}{2\sigma^2}\right\} \tag{7.65}$$

即脱靶量服从瑞利分布。设导弹杀伤半径为 r_k，对导引头施加电子干扰之后，若导致导弹脱靶量结果 r 大于 r_k，则认为导弹偏离目标方向，攻击失败，干扰有效。若脱靶量结果 r 小

于或等于 r_k，则认为导弹命中目标，干扰失效。

7.4.4 评估实例

设主动雷达导引头天线发射功率 300 W，增益 30 dB，中频带宽 4 MHz，脉冲重复频率 200 kHz，工作比 $d=0.1$，多普勒频率分辨率 400 Hz，目标 RCS 为 5 m²；干扰机功率 5 W，干扰机天线增益 20 dB，宽带噪声调频干扰带宽 200 MHz，调频斜率 $2×10^8$ MHz/V，极化失配因子 3 dB。

1. 技术指标评估

在大功率噪声干扰下，导引头抗干扰系统检测到大功率干扰信号的存在，转入被动工作状态。此时，导引头的自卫距离用最大无源跟踪距离替代，而干扰成为信号源，干扰作用因子应该越大越好。

将仿真中得到的结果参数，带入上述模糊综合评估方法中隶属函数、评估指标，得到对在噪声调频干扰下雷达导引头干扰效能评估的一级模糊矩阵。

$$\boldsymbol{R}_1 = \begin{bmatrix} 0.0007 & 0.0201 & 0.1997 & 0.9792 & 0.7291 \\ 0.0029 & 0.0541 & 0.3675 & 0.8427 & 0.9175 \\ 0.4075 & 0.9438 & 0.8043 & 0.2521 & 0.0291 \end{bmatrix} \tag{7.66}$$

$$\boldsymbol{R}_2 = \begin{bmatrix} 0.2163 & 0.7548 & 0.9692 & 0.4578 & 0.0796 \\ 0.9097 & 0.8525 & 0.2939 & 0.0373 & 0.0017 \\ 0.4629 & 0.7562 & 0.7552 & 0.1278 & 0.0183 \\ 0.0009 & 0.0228 & 0.2163 & 0.7548 & 0.9692 \end{bmatrix} \tag{7.67}$$

采用加权平均型算子 $M(\cdot, +)$，得出一级评估结果为

$$B_1 = \{0.0980, 0.2451, 0.3668, 0.6410, 0.7340\} \tag{7.68}$$
$$B_2 = \{0.3019, 0.4847, 0.4551, 0.5197, 0.4285\} \tag{7.69}$$

归一化结果为

$$B_1' = \{0.0470, 0.1175, 0.1759, 0.3075, 0.3520\} \tag{7.70}$$
$$B_2' = \{0.1379, 0.2213, 0.2078, 0.2373, 0.1957\} \tag{7.71}$$

则二级模糊矩阵为

$$\boldsymbol{R} = \begin{bmatrix} B_1' \\ B_2' \end{bmatrix} = \begin{bmatrix} 0.0470 & 0.1175 & 0.1795 & 0.3075 & 0.3520 \\ 0.1379 & 0.2078 & 0.2213 & 0.2373 & 0.1957 \end{bmatrix} \tag{7.72}$$

由 $\boldsymbol{B}=\boldsymbol{W}\circ\boldsymbol{R}$，得二级评估结果为：

$$B = \begin{bmatrix} 0.1015 & 0.1894 & 0.2032 & 0.2582 & 0.2477 \end{bmatrix} \tag{7.73}$$

按照最大隶属度原则，由二级评判结果可知，导引头整体干扰效能为"差"。

2. 战术效果评估

在上述干扰条件下仿真运行 50 次研究干扰结果，仿真运行中设导弹迎头攻击目标，起始坐标为 (0, 2000, 2000)，飞行速度 1200 m/s，杀伤半径 30 m；目标起始点 (18000, 0, 0)，做匀速直线运动，向上爬升，飞行速度 300 m/s；理想情况下，导弹攻击目标的运动轨迹如图 7-23 所示。

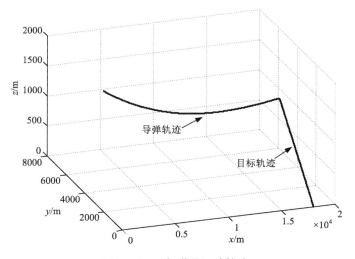

图 7-23   理想弹目运动轨迹

仿真中以导弹运动轨迹距离目标最近时的距离作为脱靶量，在上述攻击态势下，仿真中设导引头具有干扰源寻的功能，噪声调频干扰功率为 50 W，干扰带宽 40 MHz，仿真运行结果如图 7-24 所示。得到噪声干扰下导弹脱靶量的最大值 34 m，最小值 3 m，平均值 15.8 m，均方差 7.8 m，导弹落入杀伤半径内的概率为 96%。可以看出，噪声干扰的压制效果对采用干扰源寻的模式的导引头的压制效果基本消失，导弹能够在被动跟踪模式下实现对目标的稳定跟踪。

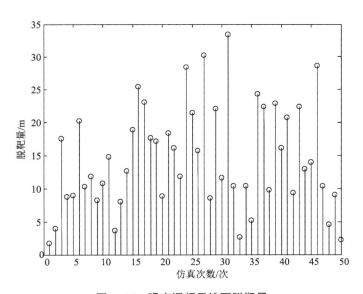

图 7-24   噪声调频干扰下脱靶量

7.5　本章小结

　　本章在分析当前超视距空战和红外制导导弹近距格斗现状的基础上，对空战中末端对抗的概念进行了介绍，分析了雷达制导和红外制导导弹带来的威胁。详细介绍了对映体干扰、交叉眼干扰、闪烁干扰、红外诱饵弹，以及红外定向干扰机等末端对抗技术手段。最后评估了导引头的干扰效能，并进行了实例仿真。

第 8 章

组网电子对抗技术

近年来，随着网络化战争模式的不断发展，战场电磁环境也更加复杂多变，传统的单平台电子对抗模式已经无法应对组网雷达系统，在这种情况下，组网电子对抗逐渐成为电子对抗的一种发展趋势。相较于传统干扰模式，组网电子对抗具有实施范围广、作用时间长和打击目标全的突出优势。本章从基本概念、侦察对抗及效能评估几个方面出发，对组网电子对抗进行论述。8.1 节分析了组网电子对抗的概念、网络结构和任务体系；8.2 节从分选、识别和定位三部分研究了组网辐射源侦察的原理和技术；8.3 节分别建立和分析了远程和中近程的威胁评估模型和对抗方法；8.4 节根据组网电子对抗的效能评估标准建立了支援干扰和自卫干扰的效能评估体系和评估方法。

8.1 组网电子对抗概述

组网雷达的出现，使得传统的电子对抗手段捉襟见肘。其将多部不同体制、不同频段、不同工作模式、不同极化方式的雷达适当布站，借助通信手段联结成网，使包括探测、定位、跟踪、识别和威胁判断等在内的雷达整体性能得到大幅度提升，达到了体系化作战程度。空战中的战机等进攻性武器平台将会面临以敌方雷达网为主的探测、跟踪系统及其制导武器的全面威胁。同时，威胁源的数量和样式增长很快，战场电磁环境日益复杂，武器系统的攻击速度也越来越快，允许电子对抗设备反应的时间非常有限。因此，以单平台为载体的单一电子对抗手段已不能满足现代战争的作战需求。

组网电子对抗是将作战体系内的电子对抗平台和单元以有线或无线方式连接成网络形式，共享信息、统一决策、联合制敌的一种体系结构。这是一种新型电子对抗协同技术，是基于电子对抗技术的平台级电子对抗设备间的优化协同组网技术。

组网电子对抗采用分布式多平台结构，首先由具备侦察能力的各子平台根据探测信息进行平台级融合，把结果发送给电子对抗融合控制中心，获得对敌方雷达网的探测识别结果，完成电子对抗决策；然后把融合和决策的结果传输到具备电子干扰能力的各子平台，使各子平可以共享所有电子对抗信息；最后各子平台可根据自身需求作出二次决策，不仅实现了多电子对抗平台的协同，也发挥了单平台的主观能动性。组网电子对抗功能结构如图 8-1 所示。

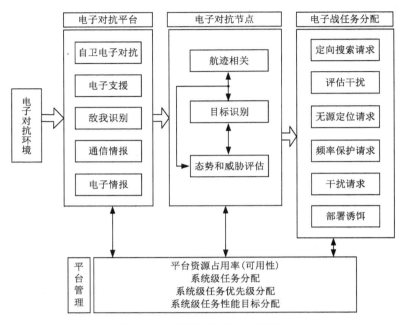

图 8-1　组网电子对抗功能结构

8.2　组网辐射源侦察

8.2.1　组网辐射源分选

雷达信号在电磁空间环境中的传输具有不确定性，使用多个接收平台的方式能提高雷达信号的可截获性，充分利用多个平台接收的数据进行协同分选，达到提高信号分选精度的效果，具体流程如图 8-2 所示。该框架根据需求采用不同的算法进行辐射源分选，本节以 K-means 聚类算法为例进行分析。

应用 K-means 聚类算法时，最小描述长度（minimum description length，MDL）准则通常被用于确定类别数量。在 MDL 准则中，最优的模型是在给定的数据集中编码长度最短的模型。

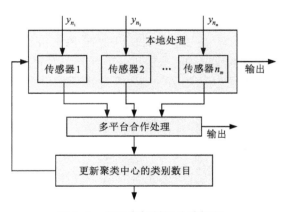

图 8-2　多平台辐射源分选框架

设 $\boldsymbol{Y}=[y_1,\ y_2,\ \cdots,\ y_N]$ 为被采集数据向量，其长度可以被描述为条件密度函数 $L(\boldsymbol{Y}|\hat{\boldsymbol{\theta}},\ \hat{\boldsymbol{\alpha}})$

$$L(\boldsymbol{Y},\ \hat{K})=L(\boldsymbol{Y}|\ \hat{\boldsymbol{\theta}},\ \hat{\boldsymbol{\alpha}})+L(\hat{\boldsymbol{\theta}},\ \hat{\boldsymbol{\alpha}})$$

$$L(\boldsymbol{Y}|\ \hat{\boldsymbol{\theta}},\ \hat{\boldsymbol{\alpha}})=-\lg f(\boldsymbol{Y}|\ \hat{\boldsymbol{\theta}},\ \hat{\boldsymbol{\alpha}})$$

$$=\frac{1}{2}\sum_{k=1}^{\hat{K}}N_k\lg\left|\mathrm{diag}\left(\sum\nolimits_k^{\wedge}\right)\right|+\frac{MN}{2}+\frac{MN}{2}\lg(2\pi)$$

(8.1)

式中：$\hat{\boldsymbol{\theta}}$ 为模型参数向量 $\boldsymbol{\theta}$ 的最大似然估计；$\hat{\boldsymbol{\alpha}}$ 为相关矩阵，$\hat{\boldsymbol{\alpha}}=[\alpha_1,\ \alpha_2,\ \cdots,\ \alpha_N]^{\mathrm{T}}$；$L(\boldsymbol{Y}|\hat{\boldsymbol{\theta}},\ \hat{\boldsymbol{\alpha}})$ 为数据集的编码长度，可以衡量数据与模型之间的适应度；$L(\hat{\boldsymbol{\theta}},\ \hat{\boldsymbol{\alpha}})$ 为 $\hat{\boldsymbol{\theta}}$ 和 $\hat{\boldsymbol{\alpha}}$ 的编码长度，可以作为惩罚函数衡量模型的复杂度。MDL 准则寻找使得 $L(\boldsymbol{Y},\ \hat{K})$ 最小时所对应的 $\hat{K}$ 值为类别的数目。每隔一段时间 T，单平台本地处理的结果将发送至合作处理中心进行多平台合作处理，合作处理完毕后，利用合作处理的结果实时更新单平台中的聚类数目和聚类中心。多传感器合作处理如图 8-3 所示，在合作单元中，本地单平台可由编队飞机中的僚机担任，也可由不同编队中处于不同高度、不同方位的飞机担任。图 8-3 中的合作单元为最小合作单元，合作处理单元也可由多个最小合作处理单元构成。

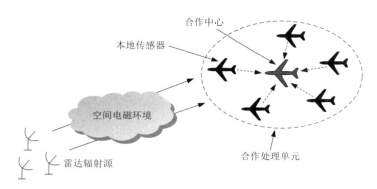

图 8-3　多传感器合作处理

多平台合作分选过程可分为以下三步。

（1）利用 K-means 算法将来自不同单平台传感器的相同类别进行合并。

（2）利用 detector 函数（将在下面介绍）检测每一个类别是否需要分裂，如果不需要分裂，则保持类别不变，否则该类别分裂成两个新类别。

（3）利用 detector 函数检测新生成的两类是否需要与其他类别进行合并或者重组。这里分为四种情况，如图 8-4 所示。情况 1 是两个类分别与离其最近的两个类重组成四个新的类；情况 2 和情况 3 是其中一个类与离其最近的类重组成一个新类，另一个与离其最近的类合并成一个新类；情况 4 是两个类分别与离其最近的两个类合并成两个新类。

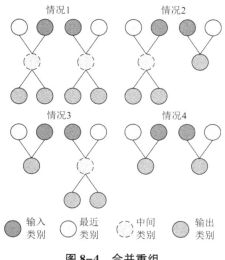

图 8-4　合并重组

依次循环以上三步，直到遍历所有类，多平台合作分选流程如图 8-5 所示。

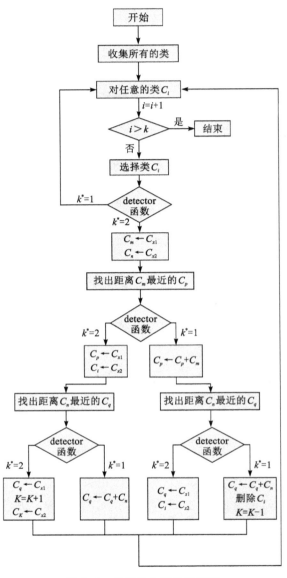

图 8-5　多平台合作分选流程

在图 8-5 中，需要检测一个类是否分裂成两个新类，以及两个类是否重组成两个新类或者合并成一个新类。这里定义检测函数 detector 如下

$$[k^*, C_{x1}, C_{x2}] = \mathrm{detector}(x) \tag{8.2}$$

式中：x 为输入；k^*、C_{x1}、C_{x2} 为输出。该函数实现的功能可分两种情况讨论，第一种情况是输入 x 为一类，如果输出 k^* 为 1，则 x 不分裂，否则分裂成两类 C_{x1} 和 C_{x2}；另一种情况是输入 x 为两类，如果输出 k^* 为 1，则两类合并成一类，否则重组成新的两类 C_{x1} 和 C_{x2}。

由于实际雷达参数较难获取，通常用高斯数据集测试基于在线聚类的多平台雷达辐射源分选方法。分别产生 10 个、15 个、20 个、25 个类，每个类包括 200 个数据，同时分别模拟 5 个和 8 个传感器合作,见表 8-1、表 8-2。在每个传感器中,用不合作的方式对辐射源进行聚类,以对比合作的优势。C_N 为生成的类别数目,proposed 为上述的多平台辐射源分选框架,S_N 为第 N 个传感器,分别仿真各个单平台不合作时采用 online-MDL 时的分类精度和采用多平台辐射源分选框架的分类精度。

通过表 8-1 和表 8-2 可得如下结论:①多平台辐射源分选框架比单平台具有更高的分类精度,这是由于各个单平台处于不同的方位和高度,增加了对雷达辐射源的截获概率,同时多平台合作分选增加了分类精度;②各个单平台之间的分类精度没有明显的关系,这是由于每个单平台截获的辐射源数据之间都是相互独立随机的;③对于不同的辐射源类别和传感器合作数量,本节描述的分选框架表现出较强的鲁棒性。

表 8-1　5 个传感器合作的分类精度

C_N/个	online-MDL/%					proposed/%
	s_1	s_2	s_3	s_4	s_5	
10	86.29	79.65	87.85	90.29	93.97	99.54
15	73.78	80.42	85.08	84.08	89.78	99.42
20	87.37	73.95	93.55	83.83	84.43	99.01
25	85.71	71.04	91.60	80.51	88.93	98.49

表 8.2　8 个传感器合作的分类精度

C_N/个	online-MDL/%								proposed/%
	s_1	s_2	s_3	s_4	s_5	s_6	s_7	s_8	
10	84.80	80.91	86.53	74.43	80.43	94.63	92.43	85.77	95.05
15	78.30	80.69	73.14	86.06	79.39	74.14	77.80	76.57	97.60
20	73.87	83.52	79.28	88.17	82.06	86.53	70.08	71.59	99.01
25	88.60	68.42	95.19	92.99	86.58	73.80	88.09	76.48	98.47

8.2.2　组网辐射源识别

20 世纪 70 年代出现的建立在数据处理和模型驱动上的决策支持系统(decision support system,DSS),侧重于定量分析,但决策水平不高。20 世纪 80 年代开始,人们开始将专家系统引入决策支持系统。这样,决策支持系统逐步向具有不确定性和能够给出定性分析的智能决策支持系统方向发展。

智能决策支持系统是综合利用传统决策方法中定量模型求解与人工智能中专家系统、机器学习等技术定性分析及不确定推理的共同优点,运用知识和经验为解决结构化和半结构化问题提供决策。智能决策支持系统是在决策支持系统的基础上集成人工智能的专家系统而形成的。1980 年,R.H.Sprague 提出了基于两库的 DSS 框架,把 DSS 看作由用户接口、数据库管理系统、模型库管理系统三部件集成的结构。后来的决策支持系统基本上沿袭这一结构,并在这一结构基础上,相继提出了三库(数据库、模型库、方法库)等结构。

早期的智能决策支持系统在三库结构的基础上增加了知识处理部件，形成了数据库、模型库、方法库和知识库的四库结构。在这种结构中，传统的决策支持部件提供定量的数值计算，知识部件采用符号推理和模式识别等知识处理技术。

随着人工智能等技术在知识部件中的不断应用，决策树、粗糙集、定性推理、证据推理等方法和技术被广泛采用。一个完整的智能决策支持系统结构包括问题求解及人机交互系统、数据库及数据库管理系统、模型库及模型库管理系统、专家系统、知识库及知识库管理系统和机器学习部件组成，如图 8-6 所示。其中的智能决策方法主要包括机器学习、定性推理技术、证据理论、多 Agent 系统和数据挖掘等。

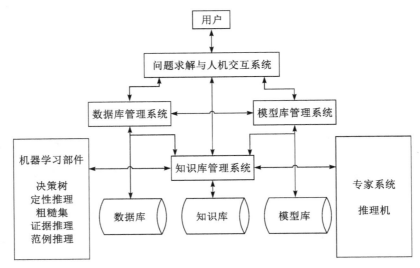

图 8-6　智能决策支持系统结构

Dempster-Shafer(D-S)证据理论，又称 D-S 信度函数理论，是 Shafer 在 20 世纪 70 年代中期创立的。D-S 证据理论提出比概率要求更加低的不确定性度量概念信度。信度是人在客观证据基础上构造出对某一命题为真的信任程度，D. Dubosi 和 H. Prade 从数学形式上研究了信度函数，得出了信度函数是一模糊测度的结论。D-S 证据理论自提出以来在不确定性推理、专家意见综合、多准则决策、模式识别和多分离器融合等方面得到了较好的应用。D-S 证据理论不仅提供了利用证据对不同证据源的信息质量进行分析，以及对不确定问题进行分析决策的基本理论和方法，而且构造了信度函数 *Bel* 解决了群决策中决策信息融合的关键性问题。

D-S 证据理论不受先验信息等因素的制约，因此能够广泛地与其他理论相结合来解决实际问题。该理论的最大特点是能够将信息划分为支持区间、信任区间，以及不确定区间，以此来对信息的不确定性进行诠释。在灵活性方面，贝叶斯等方法需要完整先验知识、条件概率知识等制约因素，灵活性差，D-S 证据理论能够对相容事件命题或互斥事件的命题进行有效的证据组合，具有较高的灵活性。

本小节讨论利用 D-S 证据理论实现多传感器融合的技术，其基本原理是将来自不同传感器(采用相同识别算法或不同识别算法)的识别结果进行融合处理，最终获得比单平台识别更为精确的结果。

D-S 证据理论用"识别框架 Θ"表示所感兴趣的命题集，它定义了一个集函数

$$m: 2^{\Theta} \rightarrow [0, 1] \tag{8.3}$$

且满足

$$\begin{cases} m(\varphi) = 0 \\ \displaystyle\sum_{A \subset \Theta} m(A) = 1 \end{cases} \tag{8.4}$$

则称 $m(A)$ 为 A 的基本概率赋值函数或识别框架 Θ 上的基本可信度分配。假如有 A 属于识别框架 Θ，则 $m(A)$ 称为 A 的基本可信度，基本可信度反映了证据对焦元 A 本身的可信度大小。对于任何的命题集，D-S 证据理论还提出了信度函数的概念

$$Bel(A) = \sum_{B \subset A} m(B) \tag{8.5}$$

即 A 的可信度函数为证据中每个含有 A 元素的子集的可信度之和。若将命题看作识别框架 Θ 的元素，若存在 $m(A) > 0$，则 A 为信度函数 Bel 的焦元。D-S 证据理论引入了对焦元元素 A 的怀疑函数，以此将焦元信息分为三个区间，更好地体现证据对焦元元素实际的支持情况。假如存在 A 属于识别框架 Θ，定义

$$pl(A) = 1 - Bel(\overline{a})$$
$$Dou(A) = Bel(\overline{a}) \tag{8.6}$$

式中：Dou 为信度函数 Bel 的怀疑函数；pl 为信度函数的 Bel 似真度函数；$Dou(A)$ 为证据对焦元元素 A 的怀疑度程度；$pl(A)$ 为证据对焦元元素 A 的似真度。图 8-7 描述了 D-S 证据理论对焦元元素 A 的不确定性。

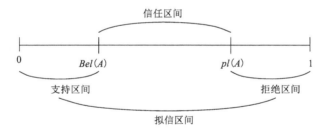

图 8-7　D-S 证据理论对焦元元素 A 的不确定性

假设 m_i 表示识别框架 Θ 下第 i 组证据的概率分配函数，$i = 1, 2, \cdots, n$ 为证据的组数。对两组证据进行组合可得

$$m(A) = m_1 \oplus m_2(A) = \frac{\displaystyle\sum_{A_i \cap B_j = A} m_1(A_i) m_2(B_j)}{K} \tag{8.7}$$

其中

$$K = 1 - \sum_{A_i \cap B_j = \varnothing} m_1(A_i) m_2(B_j)$$

式中：K 为证据之间的冲突系数，反映了证据间的冲突程度。如果两组证据之间的组合可以看作正交和的形式，得出的结果仍然为概率分配函数的形式；如果 $K = 0$，则不存在正交和，表示证据之间矛盾。对多组证据进行组合得到

$$m(A) = m_1(A) \oplus m_2(A) \oplus \cdots \oplus m_n(A) = \frac{\sum\limits_{\cap A_i = A} \prod\limits_{i=1}^{n} m_i(A_i)}{K} \tag{8.8}$$

其中

$$K = 1 - \sum\limits_{\cap A_j = \varphi} \prod\limits_{i=1}^{n} m_i(A_i) = \sum\limits_{\cap A_i = \varphi} \prod\limits_{i=1}^{n} m_i(A_i) \tag{8.9}$$

D-S 证据理论具有下列性质。

（1）互换性：$m_1 \oplus m_2 = m_2 \oplus m_1$。

（2）结合性：$m_1 \oplus (m_2 \oplus m_3) = (m_1 \oplus m_2) \oplus m_3$。

（3）极化性：$m_1 \oplus m_2 \geqslant m_1$。

D-S 证据理论对某一证据是否属于一个命题指派了两个不确定性的度量，即利用信度函数和拟信度将证据区间划分为支持证据区间、信任区间及拒绝证据区间。区间类似于概率但不完全表示为概率，使得命题有可能成立，但又不直接支持或拒绝命题。这使得 D-S 证据理论能够对命题的不确定和不知道之间的差异进行表示。当概率已知时，D-S 证据理论相当于概率论，因此概率论可看作是 D-S 证据理论的一种特殊形式。两个信度合成法则为

$$m(A) = m_1(A) \oplus m_2(A) = \frac{\sum\limits_{A_i \cap B_j = A} m_1(A_i) m_2(B_j)}{1 - \sum\limits_{A_i \cap B_j = \varnothing} m_1(A_i) m_2(B_j)} \tag{8.10}$$

式（8.10）表明，大多数人对一件事的意见可通过合成法则来表示。利用信息论中熵的概念来衡量各个证据在合成过程中的重要程度，由此来确定权重向量，若某个证据与其他证据的冲突越大，信息熵就越大，权重就越小，反之，冲突越小，信息熵越小，该证据的权重就越大。

首先，分别对证据的基本概率分配进行重分配

$$\mathrm{Set}\, P_{m_t}(x_{ti}) = \sum\limits_{x_{tj} \in \Theta} \frac{|x_{ti} \cap x_{tj}|}{|x_{tj}|} m(x_{ti}) \tag{8.11}$$

其次，计算相同焦元在不同证据下的冲突差

$$\mathrm{Diff}^{m_j m_i}(x_t) = |\mathrm{Set}\, P_{m_i}(x_t) - \mathrm{Set}\, P_{m_j}(x_t)| \quad i, j = 1, 2, \cdots, N, t = 1, 2, \cdots, n \tag{8.12}$$

再次，对冲突差进行归一化处理

$$a_{x_t} = \frac{\mathrm{Diff}^{m_j m_i}(x_t)}{\sum\limits_{t=1}^{n} \mathrm{Diff}^{m_j m_i}(x_t)} \quad t = 1, 2, \cdots, n \tag{8.13}$$

满足 $\sum\limits_{t=1}^{n} a_{x_t} = 1$。

最后，对归一化处理的数值进行指数熵运算

$$H_t = \sum\limits_{t=1}^{n} a_{x_t} \mathrm{e}^{(1-a_{x_t})} \tag{8.14}$$

通过上述理论可知，熵的大小与权值的大小可以看作互为逆运算。所以权值可以表示为

$$\beta_t = \frac{1}{H_t} \quad t = 1, 2, \cdots, n \qquad (8.15)$$

引入三角函数中的余弦定理，把熵值固定在 $[0, 1]$，利用余弦函数的曲线特性赋予权值，得到的权值相对平滑

$$\omega_t = \cos(\beta_t \times \frac{\pi}{2}) \qquad (8.16)$$

这样就确定了各证据的权重系数组成的权重向量。

多传感器量测融合算法利用上述 D-S 证据理论在权值分配上的算法，对多平台接收的量测信息进行融合处理，其融合算法的结构如图 8-8 所示。

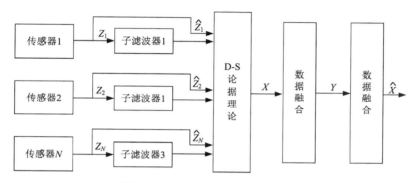

图 8-8　改进量测融合算法的结构

将不同传感器接收的量测信息与经过子滤波器的滤波信息作为接收到信息的证据，则

$$\boldsymbol{m}_i = [Z_i, \hat{Z}_i] \quad i = 1, 2, \cdots, N \qquad (8.17)$$

将证据按照 D-S 证据理论进行计算，可以得到不同时刻传感器接收到的信息所有的权重比例

$$\boldsymbol{\omega}_k = [\omega_{1k}, \omega_{2k}, \cdots, \omega_{Nk}] \qquad (8.18)$$

式中：k 为时刻；i 为传感器的个数。将信息进行数据融合，得到新的信息序列为

$$Y = \sum_{i=1}^{N} \hat{\boldsymbol{Z}}_i \times \boldsymbol{\omega}_k^{\mathrm{T}} \qquad (8.19)$$

将新的序列通过卡尔曼滤波器进行滤波，最终得到比较理想的滤波效果。

8.2.3　组网目标定位

组网无源定位，即多站无源定位，由多个空间上分离配置平台上的接收机同时对辐射源信号进行接收处理，确定多个定位曲面（如平面、双曲面、圆等），通过多个曲面相交，得到目标的位置。其主要利用了不同平台定位曲面之间差异较大这一特点来定位和提高定位精度，具有速度快、精度高等优点。但是，多站无源定位是靠多平台之间的协同工作，进行大量数据传输来完成的，系统相对较复杂，当系统平台需要机动时，系统

的复杂性更高。定位方法主要包括联合方位角无源定位方法和频差无源定位方法，下面对两种方法进行分析。

8.2.3.1　联合方位角无源定位方法

联合方位角无源定位方法又称三角定位法，是多站无源定位中应用最多的一种。它通过高精度的测向设备在两个或两个以上的观测站对辐射源进行测向，根据各观测站测得的数据及观测站之间的距离，经过几何的三角运算，确定出辐射源的位置。其基本方程为

$$\begin{cases} x_T - x_i = R_i \cos \varepsilon_i \cos \beta_i \\ y_T - y_i = R_i \cos \varepsilon_i \sin \beta_i \\ z_T - z_i = R_i \sin \varepsilon_i \end{cases} \tag{8.20}$$

式中：β_i 和 ε_i 分别为无源定位基站测量后得到的辐射源的俯仰角和方位角；x_T、y_T、z_T 分别为目标和基站在直角坐标系中的三个分量；R_i 为目标到第 i 个基站的斜距。基于式 (8.20)，有以下四种常用定位算法。

算法 1：利用主站的 (β_1, ε_1) 和副站 β_i 的交叉定位，由式 (8.20) 可得

$$x_T - x_1 = R_1 \cos \varepsilon_1 \cos \beta_1 \tag{8.21}$$

$$y_T - y_1 = R_1 \cos \varepsilon_1 \sin \beta_1 \tag{8.22}$$

$$z_T - z_1 = R_1 \sin \varepsilon_1 \tag{8.23}$$

$$x_T - x_i = R_i \cos \varepsilon_i \cos \beta_i \tag{8.24}$$

$$y_T - y_i = R_i \cos \varepsilon_i \sin \beta_i \tag{8.25}$$

$$z_T - z_i = R_i \sin \varepsilon_i \tag{8.26}$$

由式 (8.21) 得

$$x_T = x_1 + R_1 \cos \varepsilon_1 \cos \beta_1 \tag{8.27}$$

由式 (8.22) 得

$$y_T = y_1 + R_1 \cos \varepsilon_1 \sin \beta_1 \tag{8.28}$$

将式 (8.23) 代入式 (8.24)，式 (8.28) 代入式 (8.25)，分别得到

$$x_1 - x_i + R_1 \cos \varepsilon_1 \cos \beta_1 = R_i \cos \varepsilon_i \cos \beta_i \tag{8.29}$$

$$y_1 - y_i + R_1 \cos \varepsilon_1 \sin \beta_1 = R_i \cos \varepsilon_i \sin \beta_i \tag{8.30}$$

由式 (8.29) 与式 (8.30) 可解算出距离

$$R_1 = \frac{(x_1 - x_i)\sin \beta_i - (y_1 - y_i)\cos \beta_i}{\cos \varepsilon_1 \sin(\beta_1 - \beta_i)} \tag{8.31}$$

算法 2：利用主站 (β_1, ε_1) 和副站 (β_i, ε_i) 的交叉定位。由式 (8.23)、式 (8.26) 消去 z_T 后可得

$$R_1 = \left[(z_1 - z_i) + R_1 \sin \varepsilon_1\right]/\sin \varepsilon_i \tag{8.32}$$

代入式 (8.29)，整理后得

$$R_1 = \frac{(x_1 - x_i)\sin \varepsilon_i - (z_1 - z_i)\cos \varepsilon_i \cos \beta_i}{\sin \varepsilon_i \cos \varepsilon_i \cos \beta_i - \cos \varepsilon_1 \cos \beta_1 \sin \varepsilon_i} \tag{8.33}$$

算法 3：利用主站 (β_1, ε_1) 和副站 (β_i, ε_i) 的交叉定位。将式 (8.32) 代入式 (8.30)，整理后得

$$R_1 = \frac{(y_1 - y_i)\sin \varepsilon_i - (z_1 - z_i)\cos \varepsilon_i \cos \beta_i}{\sin \varepsilon_1 \cos \varepsilon_i \cos \beta_i - \cos \varepsilon_1 \sin \beta_1 \sin \varepsilon_i} \qquad (8.34)$$

算法 4：利用副站 (β_i, ε_i) 和副站 (β_j, ε_j) 的交叉定位。选择前述三种算法中的任一种，将式(8.31)、式(8.32)或式(8.33)的全部下标 1 改为下标 j，即可计算出目标到 j 站的斜距，然后即可求出 R_1

$$x_T = x_j + R_j \cos \varepsilon_j \cos \beta_j \qquad (8.35)$$

$$y_T = y_j + R_j \cos \varepsilon_j \sin \beta_j \qquad (8.36)$$

$$z_T = z_j + R_j \sin \varepsilon_j \qquad (8.37)$$

$$R_1 = [(x_T - x_1)^2 + (y_T - y_1)^2 + (z_T - z_1)^2]^{1/2} \qquad (8.38)$$

8.2.3.2　频差无源定位方法

频差是指不同观测站所接收辐射源信号的多普勒频率之差，当多站无源定位系统与目标辐射源之间存在相对运动时，频差信息可用于定位。

频差无源定位方法可分为短基线与长基线两类。若将单个观测器上的多个接收机视为观测站，利用同一观测器上不同接收机之间的频差进行定位，则构成短基线频差定位。若将多个接收机安装在不同的观测站，利用不同观测站之间的频差进行定位，则构成长基线频差定位。相对于短基线频差定位系统，长基线频差定位系统具有更长的基线，更高的定位精度。

在机载三站频差定位条件下，仅能获得两个频差观测方程。为了实现固定辐射源定位，不得不使用地球表面约束条件。而辐射源到地心的距离（称为地心距）通常不是精确已知的，存在地心距偏差。同时，在机载三站频差定位中，各机的频率基准一般不一致，频差测量值有偏差。鉴于此，在性能分析中，一方面要考虑频差测量值及导航参数测量值的随机误差；另一方面要考虑地心距偏差及频差测量偏差，将问题转换成有偏条件下的定位性能分析。

机载三站频差定位系统，一般指定某架飞机为主站，记为载机 0，其他两架飞机为辅站，记为载机 1、载机 2。三机同时侦收地面固定辐射源信号，载机 1、载机 2 将观测信号、平台位置、速度等参数传输给载机 0。载机 0 融合各机的观测信号，估计出载机 1 与载机 0 间的频差，以及载机 2 与载机 0 之间的频差，结合地球表面约束条件、各机的位置、速度等信息，解算出辐射源位置，实现频差定位。

在地理坐标系下，x 轴指向正东，y 轴指向正北，z 轴垂直地球表面向上，三轴指向满足右手定则，简称 ENU 系。对于单次观测定位，选取三机所成三角形的几何中心在地面上的投影点为 ENU 系原点，这样建立的 ENU 系是随着飞机运动而运动的。

在单次观测条件下，三机可获得两个频差测量值，建立频差观测方程为

$$f_{mi0} = f_{i0} + n_{f_{i0}} = \frac{f_c}{c} \cdot \left[\frac{-\boldsymbol{V}_i^{\mathrm{T}}(\boldsymbol{P} - \boldsymbol{P}_i)}{\| \boldsymbol{P} - \boldsymbol{P}_0 \|} - \frac{-\boldsymbol{V}_0^{\mathrm{T}}(\boldsymbol{P} - \boldsymbol{P}_0)}{\| \boldsymbol{P} - \boldsymbol{P}_0 \|} \right] + n_{f_{i0}} \qquad (8.39)$$

式中：$i = 1, 2$；f_c 为辐射源信号频率；c 为电磁波传播速度；$\boldsymbol{P} = [x, y, z]^{\mathrm{T}}$ 为辐射源在 ENU 系中的位置矢量真值；$\boldsymbol{P}_i$、$\boldsymbol{V}_i$ 分别为载机 i 的位置、速度矢量真值；$\boldsymbol{P}_0$、$\boldsymbol{V}_0$ 分别为载机 0 的位置、速度矢量真值；f_{i0} 为载机 i 与载机 0 所接收信号的频差真值，f_{mi0}、$n_{f_{i0}}$ 为相应的

观测值及观测噪声；$\|\cdot\|$ 为 l_2 范数；上标 T 为转置符号。

在实际中，三机的位置、速度由导航设备提供，存在测量误差，理论分析时一般建模为零均值高斯白噪声。该条件下，可获得以下导航观测方程

$$\boldsymbol{P}_{mj} = \boldsymbol{P}_j + \boldsymbol{n}_{p_j}, \quad \boldsymbol{V}_{mj} = \boldsymbol{V}_j + \boldsymbol{n}_{V_j} \quad j = 0, 1, 2 \tag{8.40}$$

式中：$\boldsymbol{P}_{mj}$、$\boldsymbol{n}_{p_j}$ 分别为载机 j 的位置矢量观测值及观测噪声；$\boldsymbol{V}_{mj}$、$\boldsymbol{n}_{V_j}$ 分别为载机 j 的速度矢量观测值及观测噪声。

以 $\boldsymbol{P}_e = [x_e, y_e, z_e]^T$ 表示固定辐射源在地球坐标系(也称地心地固坐标系，简称 ECEF 系)的位置坐标矢量。地球表面约束条件可表述为

$$\boldsymbol{P}_e^T \boldsymbol{P}_e = R_t^2 \tag{8.41}$$

式中：R_t 为辐射源到地心的距离，简称地心距。从 ENU 系坐标到 ECEF 系坐标的转换式为

$$\boldsymbol{P}_e = \boldsymbol{C}_{ge} \boldsymbol{P} + \boldsymbol{P}_e \tag{8.42}$$

式中：$\boldsymbol{P}_e = [x_e, y_e, z_e]^T$ 为 ENU 系原点在 ECEF 系中的位置矢量；$\boldsymbol{C}_{ge}$ 为转换矩阵。$\boldsymbol{C}_{ge}$ 表达式为

$$\boldsymbol{C}_{ge} = \begin{bmatrix} -\sin L_c & -\sin B_c \cos L_c & \cos B_c \cos L_c \\ \cos L_c & -\sin B_c \sin L_c & \cos B_c \sin L_c \\ 0 & \cos B_c & \sin B_c \end{bmatrix} \tag{8.43}$$

式中：L_c，B_c 分别为 ENU 系原点的经度与纬度。结合式(8.41)~式(8.43)可得

$$\boldsymbol{P}^T \boldsymbol{P} + 2R_c z + R_c^2 = R_t^2 \tag{8.44}$$

式中：R_c 为 ENU 系原点到地心的距离。根据式(8.44)可解算出 z，剔除虚假解后可得

$$z = -R_c + \sqrt{R_t^2 - x^2 - y^2} \tag{8.45}$$

将式(8.45)代入式(8.39)，可将辐射源三维位置 $[x, y, z]^T$ 估计问题转化为二维水平位置 $[x, y]^T$ 估计问题。

在考虑导航观测误差的条件下，从最大似然估计的角度，联立频差观测方程与导航观测方程，联合估计辐射源二维水平位置及导航参数。

8.3 组网辐射源威胁决策与对抗

8.3.1 远程威胁的对抗决策与方法

现代战场上，远程探测设备发挥着举足轻重的作用，其有效探测距离直接影响着态势的边界。本节讨论对远程辐射源威胁的对抗问题建模。

1.决策因子及其优属度函数

(1)平台间通信。

如果平台间数据链通信不流畅，必然造成信息延误、协同不一致。就平台间通信而言，可采取编队误码率来评估其优属度，编队误码率表达式为

$$W = cH(E, n), \ n \geqslant 1 \tag{8.46}$$

式中：c 为正常情况下单次通信的误码率；E 为电磁环境对编队通信的影响；H 为关于实施某一对抗方案时需要通信的平台数和电磁环境的函数；$n = 1$ 说明所实施的对抗方案中只包含一个平台或平台间不需要通信，平台间通信优属度函数定义为 $\mu_w = 1/W$。

（2）干扰参数。

不论采取有源压制还是投放无源器材，所用参数只有针对敌方辐射源时才能达到预期的效果，干扰参数中，主要考虑干扰频率的对准。

对于有源干扰来说，干扰频带对威胁辐射源工作带宽的瞄准程度越大，进入系统的干扰功率就越大，干扰效果就越好。因此，可用频率瞄准度来评估干扰频率对方案优选的贡献程度。设威胁辐射源的工作频带为 $[f_{R1}, f_{R2}]$，对抗方案的干扰频带为 $[f_{J1}, f_{J2}]$，设频率瞄准程度为 μ_f，如图 8-9 所示。

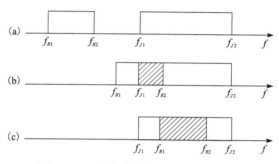

图 8-9　干扰与威胁辐射源的频带关系

①中辐射源频带完全偏离干扰频带，即 $f_{R2} < f_{J1}$，此时频率瞄准度为 $\mu_f = 0$；

②中辐射源频带被干扰频带完全覆盖，此时频率瞄准度为 $\mu_f = 1$；

③中辐射源频带的一部分已与干扰频带重合，即 $f_{J1} < f_{R2} < f_{J2}$，且 $f_{R1} < f_{J1}$，此时频率瞄准度为

$$\mu_f = \frac{\min(f_{R2}, f_{J2}) - \max(f_{R1}, f_{J1})}{f_{R2} - f_{R1}} \tag{8.47}$$

对于无源器材而言，任何一种无源器材都有其适用的频带范围。设某一对抗方案中需要投放某型无源器材，其频带为 $[f_{P1}, f_{P2}]$。其频率瞄准度的计算与有源干扰的频率瞄准度计算类似，即

$$\mu_f = \frac{\min(f_{R2}, f_{P2}) - \max(f_{R1}, f_{P1})}{f_{R2} - f_{R1}} \tag{8.48}$$

若某一对抗方案中，有源干扰与无源器材的投放相结合，则首先对两类干扰的频带分别取并集，然后对两类并集取交集，最后用交集频带计算频率瞄准度。

（3）资源消耗。

平台的资源有两种，一种是干扰时间，另一种是无源器材，评估资源消耗时，需要结合这两种资源。时间消耗是指方案干扰时间占编队可用干扰时间的比例

$$\mu_{ST} = \frac{T}{\sum\limits_{i=1}^{n} T_i} \tag{8.49}$$

式中：T_i 为 i 平台的可用干扰时间。器材消耗是指方案所需投放的器材占编队携带器材的比例，即

$$\mu_{SP} = \frac{N}{\sum\limits_{i=1}^{n} N_i} \tag{8.50}$$

式中：N_i 为 i 平台携带的投放器材。方案的资源消耗优属度为

$$\mu_S = \alpha\mu_{ST} + \beta\mu_{ST} \tag{8.51}$$

式中：$\alpha+\beta=1$，α、β 为决策者对两类消耗重视程度。

（4）协同度。

从协同学的角度看，协调是系统组成要素在发展中彼此和谐一致，这种和谐一致的程度称为协同度。远程辐射源威胁对抗的协同度主要是指随队电子对抗飞机与远程支援系统之间的协同，就协同度而言，对抗方案优越性的决策因子优属度通过有序比值方法来确定。

利用有序比值方法确定决策因子优属度的过程如下：利用决策因子 U_j 对任意两个方案 X_i、X_k 的优越性作两两比较，若 X_i 比 X_k 优越，则 $q_{ik}=1$，$q_{ki}=0$；若 X_i 与 X_k 同样优越，则 $q_{ik}=q_{ki}=0.5$；若 X_k 比 X_i 优越，则 $q_{ik}=0$，$q_{ki}=1$。其中，q_{ik} 用于刻画方案集就某一决策因子的关于优越性的定性排序，称为定性排序标度。

2. 对抗方法设计

决策方案是决策过程的客体，它们是决策的对象。当决策方案被认为可以实施或者符合决策的某些要求时，这样的决策方案就是备选方案。一般而言，远程辐射源与其他探测设备是组网工作的，所以成熟的对抗方法是进行功率压制，缩小其探测范围。对抗方案总体上为随队支援平台、远程支援、各类措施的组合，在设计阶段需要经过自由组合、初步筛选两步，如图 8-10 所示。

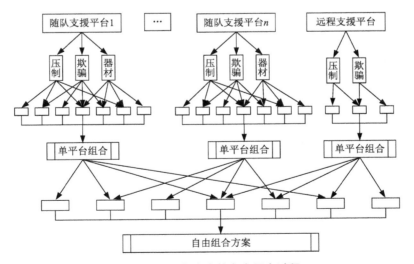

图 8-10　远程方案的自由组合过程

经过自由组合,产生相当多的方案,这些方案中,有的不符合专家经验,有的根本不切合实际,无法实施。所以需要对产生的方案进行初步筛选,剔除明显不合适的方案,节省作战时的决策时间。

首先剔除严重背离常识的方案,即组合中出现的所有平台参与、对抗措施大量重复等背离一般电子对抗常识的方案,然后剔除与电子对抗专家积累的经验知识不符的方案,最后剔除在各个因子上被占优的方案。所有方案中,若某一方案在某个或多个因子上劣于其他方案,而在其他因子上相当,则该方案被占优,应该剔除。

经过筛选后,剩下的方案构成决策时所需的方案集。在特殊情况下,可以将专家根据经验制定的方案直接列入备选方案集。所有的方案都应当没有做过参数预设,因为即使是同一类辐射源,不同设备所占的频段也不同。为提高方案的通用性,参数的加载应在作战阶段进行。确定了备选方案集,方案的设计就结束了,可以将其制成数据库,决策时可以将方案集直接调入。

3. 决策模型

对抗远程辐射源威胁的过程中,决策模型通常采取序数效用论,序数效用论建立在所选择的方案应该与理想方案的差距最小并且与负理想方案差距最大的理论上。假设每个决策因子的效用单调递增,确定的理想方案由所有可能的最优因子值构成,则负理想解由所有可能的最差因子构成。可以将关于 m 个方案 n 个因子的多属性决策问题视作在 n 维空间中的 m 个点构成的几何系统中进行处理,此时所有的方案可以作为该系统的解,其决策方法可以选择与理想解在几何空间上具有最小 Euclid 距离的方案。通过理想解的相对接近程度,同时考虑理想解和负理想解的距离来判断方案的优劣,这种方法可以产生清楚的解的偏好顺序。

假设 $X = (X_1, X_2, \cdots, X_m)$ 和 $U = (U_1, U_2, \cdots, U_n)$ 分别是对抗方案集和决策因子集,$A = (a_{ij})m \times n$ 为决策矩阵,$R = (r_{ij})m \times n$ 为规范化决策矩阵,权重向量为 $\boldsymbol{\omega} = [\omega_1, \omega_2, \cdots, \omega_n]$。决策矩阵的每个因子都是单调递增或单调递减的函数,因子的数值越大越偏好。对于成本型因子,结果越小越好,偏好顺序的确定过程如下。

第一步,建立标准化决策矩阵,把各种类型的因子范围转换为无量纲的因子,决策矩阵 R 的元素 r_{ij} 计算如下

$$r_{ij} = \frac{a_{ij}}{\sqrt{\sum_{i=1}^{m} a_{ij}^2}} \tag{8.52}$$

第二步,结合权重向量建立加权标准化决策矩阵,加权后的决策矩阵为 $V = (v_{ij})$,其中 $v_{ij} = \omega_j r_{ij}$,如式(8.53)所示

$$V = \begin{bmatrix} \omega_1 r_{11} & \omega_2 r_{12} & \cdots & \omega_n r_{1n} \\ \omega_1 r_{21} & \omega_2 r_{22} & \cdots & \omega_n r_{2n} \\ \vdots & \vdots & \vdots & \vdots \\ \omega_1 r_{m1} & \omega_2 r_{m2} & \cdots & \omega_n r_{mn} \end{bmatrix} \tag{8.53}$$

第三步,定义理想与负理想方案。

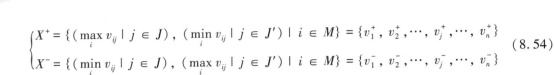

$$\begin{cases} X^+ = \{(\max_i v_{ij} \mid j \in J),\ (\min_i v_{ij} \mid j \in J') \mid i \in M\} = \{v_1^+, v_2^+, \cdots, v_j^+, \cdots, v_n^+\} \\ X^- = \{(\min_i v_{ij} \mid j \in J),\ (\max_i v_{ij} \mid j \in J') \mid i \in M\} = \{v_1^-, v_2^-, \cdots, v_j^-, \cdots, v_n^-\} \end{cases} \quad (8.54)$$

式中：J 为效益型因子集合；J' 为成本型因子集合；方案 X^+ 和 X^- 分别为理想方案和负理想方案。

第四步，计算距离。每个方案的距离通过 n 维 Euclid 距离来测量，每个方案与理想方案的距离为

$$S_{i^+} = \sqrt{\sum_{j=1}^{n} (v_{ij} - v_j^+)^2} \quad i \in M \quad (8.55)$$

同样，到负理想方案的距离为

$$S_{i^-} = \sqrt{\sum_{j=1}^{n} (v_{ij} - v_j^-)^2} \quad i \in M \quad (8.56)$$

第五步，计算与理想解相对接近中程度。A_i 与 A^+ 的相对接近中程度为

$$C_{i^+} = \frac{S_{i^-}}{S_{i^+} + S_{i^-}} \quad 0 < C_{i^+} < 1,\ i \in M \quad (8.57)$$

从式（8.57）可以看出，如果 $X_i = X^+$，那么 $C_{i^+} = 1$，$A_i = A^-$，$C_{i^+} = 0$。当 C_{i^+} 趋近 1 时，方案 X_i 接近 X^+。

第六步，排列偏好顺序。依据 C_{i^+} 的降序，方案集此时能按偏好属性排列。

8.3.2 中近程威胁的对抗决策与方法

目前对于中近程辐射源威胁的对抗决策主要基于单一平台的自卫，多平台之间的协同对抗措施尚不多见。随着未来战场探测、打击一体化网络的发展，单一平台的自卫效果越来越受到限制。必须发展适应战场态势变化的协同对抗措施，研究相对应的决策方法。本节主要讨论决策因子选取、隶属度函数确定、方案设计、交互式决策方法等内容，确定中近程辐射源威胁对抗决策模型。

1. 决策因子及其优属度函数确定

决策因子指决策方案固有的特征、品质，即能表示决策方案绩效的参数，并因此使其与其他客体相似或相异的一切成分、因素、特征、性质等都是决策因子。每一个方案都可以用一系列决策因子描述，决策中选择的全部因子的值可以表征一个方案的水平。它们可以是客体实际的特性，亦可以是决策主体认定的表示决策客体的客观特性，选取决策因子需要考虑的因素如下。

（1）干扰时机。

方案的实施在时间上要合适，即在雷达的威胁时间里进行有效干扰，通常采用压制时间效益函数 μ_t 来评估干扰时机。压制时间效益函数 μ_t 表示在辐射源的威胁时间里，对抗方案能有效压制辐射源的时间段对整体效果的影响程度。假设辐射源的威胁时间为 $[t_{R1}, t_{R2}]$，实施有效干扰的时间为 $[t_k, t_{R2}]$（t_k 为对抗方案有效实施的起始时间）。在威胁时间 $[t_{R1}, t_{R2}]$ 里的不同时刻，辐射源的威胁程度不同，越靠近 t_{R2}，辐射源的威胁程度越大。

将整段威胁时间$[t_{R1}, t_{R2}]$分成 k 段$[t^{l1}, t^{l2}]$$(l=1, 2, \cdots, k)$，分别确定各段的压制时间效益值为 μ^{lt}。若 $t_{R1} < t_k < t_{R2}$，则 t_k 对应的威胁时间段为

$$n = \mathrm{int}\left(\frac{t_k - t_{R2}}{t_2^l - t_1^l}\right) \tag{8.58}$$

由式（8.58）可知，$[t_k, t_{R2}]$时间段总的压制时间效益函数 μ_t 为

$$\begin{cases} \mu_t = \sum\limits_{l=1}^{k} \mu_t^{l} \cdot \omega^l & t_k < t_{R1} \\ \mu_t = \sum\limits_{l=n}^{k} \mu_t^{l} \cdot \omega^l & t_{R1} < t_k < t_{R2} \\ 0 & t_k > t_{R2} \end{cases} \tag{8.59}$$

式中：$\omega^l(l=1, 2, \cdots, k)$为各时段的权重；$\omega^l \geq 0$ 且 $\sum\limits_{l=1}^{k} \omega^l = 1$。

（2）干扰功率。

干扰机的干扰功率要足够大，即雷达接收到的干扰功率与目标回波功率之比应大于雷达探测目标的最小干信比，干扰才能有效。可以采用功率压制效益函数评估对抗方案对辐射源的干扰效果，记为 μ_p。

$$\mu_p = \begin{cases} 1, & P_j/P_s \geq 2K_j \\ \dfrac{2}{3}\left(\dfrac{P_j/P_s}{K_j} - 0.5\right) & 0.5K_j < P_j/P_s < 2K_j \\ 0, & P_j/P_s \leq 0.5K_j \end{cases} \tag{8.60}$$

式中：P_j 为雷达所接收到的干扰信号功率；P_s 为目标回波功率；K_j 为雷达正常工作所需的干信比。当 $P_j/P_s \geq 2K_j$ 时，对抗方案采取的功率强度足够大，能够充分压制敌辐射源；当 $P_j/P_s \leq 0.5K_j$ 时，对抗方案对敌辐射源完全不能压制；当 $0.5K_j < P_j/P_s < 2K_j$ 时，结果为一个线性函数。

若威胁辐射源信息确知，依据雷达干扰目标和干扰资源的功率参数，由雷达干扰方程推出 P_j/P_s 为

$$\frac{P_j}{P_s} = \frac{P_{Jk}}{P_{Rj}} \cdot \frac{4\pi G_J R^2}{G_T \sigma F_J} \tag{8.61}$$

式中：G_J 和 G_T 分别为干扰机和雷达的天线主瓣增益；σ 为干扰机载体的雷达有效反射面积；F_J 为空间等效衰减；R 为雷达与干扰机之间的距离。将 P_j/P_s 代入式（8.60）中，即可得出功率压制效益函数 μ_p。

若威胁辐射源信息不确定，可粗测辐射源的距离和平台接收的信号电平来计算其功率信息，进而得出 μ_p。同时，决策者调整此因子的权重，降低其不确定性对方案决策的影响。

（3）干扰样式。

雷达的技术体制不同，其接收信号的处理方法、雷达的工作方式也有很大差别。因此，要提高干扰效果，应针对不同技术体制的雷达，选用不同的干扰样式。定义干扰样式优属度函数为 μ_J，表示对抗方案选择的干扰样式对干扰效果的影响程度。

对一部雷达实施干扰，由于干扰样式的针对性不同，对同一部干扰机选择不同的干扰

样式，干扰效果会有很大的差异。干扰样式的选择主要取决于雷达的技术体制，可以把干扰样式优属度 μ_J 看作雷达技术体制与干扰样式的函数，即

$$\mu_J = \mu_J(S_R, M_J) \tag{8.62}$$

式中：S_R 为雷达的技术体制；M_J 为方案选择的干扰样式。

若对抗方案 A 采取干扰样式 I，雷达 B 有 J 种抗干扰措施，则定义第 i 种干扰样式对第 j 种抗干扰措施的干扰样式得益的优属度为 μ_{ij}。其干扰样式得益模糊矩阵为

$$\widetilde{\mu} = \begin{pmatrix} \mu_{11} & \mu_{12} & \cdots & \mu_{1J} \\ \mu_{21} & \mu_{22} & \cdots & \mu_{2J} \\ \vdots & \vdots & \vdots & \vdots \\ \mu_{I1} & \mu_{I2} & \cdots & \mu_{IJ} \end{pmatrix} \tag{8.63}$$

从式(8.63)可得出，第 i 种干扰样式的干扰样式得益模糊集为

$$\widetilde{\mu}_i = \{\mu_{i1}, \mu_{i2}, \cdots, \mu_{ij}\} \tag{8.64}$$

由雷达对抗理论知，只要 $\widetilde{\mu}_i$ 中有一个或多个为零，该干扰样式对雷达 B 无效，所有 I 个干扰样式的干扰样式得益为 $\widetilde{\mu}_1 \cup \widetilde{\mu}_2 \cup \cdots \cup \widetilde{\mu}_I$。因此，对抗方案 A 对雷达 B 的综合干扰样式得益 μ_J 可用"最大—最小($\vee$、$\wedge$)"模糊算子进行计算

$$\mu_J = \bigvee_{i=1}^{I}\left[\bigwedge_{j=1}^{J}(\widetilde{\mu}_{ij})\right] \tag{8.65}$$

2. 对抗方法设计

对抗中近程辐射源威胁的目的在于摆脱跟踪，使其无法获得足够的武器发射信息。对抗方案总体上可以归结为空战平台的干扰吊舱和无源干扰器材，与随队支援平台的干扰资源（如欺骗干扰，无源干扰器材等）的自由组合，组合过程如图 8-11 所示。

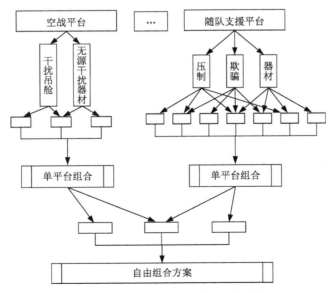

图 8-11　近中程方案的自由组合过程

方案的筛选与远程辐射源对抗方案的筛选类似，这里不再赘述。筛选后，中近程辐射源的对抗方案主要有自卫式和协同式两类。

（1）自卫式。

自卫式对抗措施主要有：空战平台+干扰样式（种类不限），空战平台+无源干扰器材，空战平台+干扰样式（种类不限）+无源干扰器材。其中，第三种措施充分结合有源和无源的优势，具有很好的干扰效果。另外，空战平台仅限于受到威胁的平台，空战平台可能需要从其他平台获得部分对抗所需信息，但对抗方案只由受威胁平台实施。

（2）协同式。

本节讨论的协同式对抗方案与平常的协同作战是有区别的，它指的是某一平台受到辐射源威胁时，由编队内其他平台配合或单纯由其他平台实施的电子措施的集合。协同式对抗措施有：受威胁平台（+干扰样式）+支援平台（+干扰样式），受威胁平台（+无源器材）+支援平台（+干扰样式），支援平台（+干扰样式）。其中，支援平台的数量是不限的，典型例子就是闪烁干扰、多平台分布式干扰。

3. 交互式决策模型

交互式决策思想来自于 Sakawa 等人提出的解决多目标非线性规划的交互式模糊算法。此算法与决策者进行交互，获得最终的满意解。将这一思想与多属性决策结合，为解决只有部分权重信息的不确定多属性决策问题提供了一条新途径。

多属性交互式决策的基本思想是，首先根据已实施方案的对抗效果，判断即将实施的方案是否成功；然后将失败方案排除出备选方案，利用交互结果修正部分属性的权重；最后对方案重新排序，选择最优方案进行对抗。如此往复，直到成功。

设 X 和 U 分别是对抗方案集和决策因子集。因子的权重向量为 $\boldsymbol{\omega}=(\omega_1,\omega_2,\cdots,\omega_n)$，$\boldsymbol{\Phi}$ 为已知部分权重信息所确定的因子可能权重集合。$\boldsymbol{\omega}\in\boldsymbol{\Phi}$，$\boldsymbol{A}=(a_{ij})_{m\times n}$ 和 $\boldsymbol{R}=(r_{ij})_{m\times n}$ 分别为决策矩阵及其规范化矩阵。矩阵 $\boldsymbol{R}$ 中的行向量 $(r_{i1},r_{i2},\cdots,r_{in})$ 与方案 x_i 相对应，根据规范化矩阵 $\boldsymbol{R}$，可令正理想点（正理想方案）对应于 $x^+=(1,1,\cdots,1)$，负理想点（负理想方案）对应于 $x^-=(0,0,\cdots,0)$。显然，方案越接近正理想点越优，或越远离负理想点也越优。对于战场决策而言，决策者往往更关注如何使决策效果更接近最优，因此通常采用基于正理想点的方法来判别各方案的优劣。

对于对抗方案 x_i 而言，越接近正理想点越优。因此，可令方案 x_i 与正理想点之间的加权偏差之和为

$$e_i^+(\boldsymbol{\omega})=\sum_{j=1}^n|r_{ij}-1|\omega_j=\sum_{j=1}^n(1-r_{ij})\omega_j \quad i\in M \tag{8.66}$$

对于给定的权重向量 $\boldsymbol{\omega}$，e_i^+ 越小则方案 x_i 越优，可建立如下多目标决策模型。

$$\begin{cases}\min e^+(\boldsymbol{\omega})=(e_1^+(\boldsymbol{\omega}),e_2^+(\boldsymbol{\omega}),\cdots,e_m^+(\boldsymbol{\omega}))\\ \text{s.t. } \boldsymbol{\omega}\in\boldsymbol{\Phi}\end{cases} \tag{8.67}$$

因每个方案都是公平竞争，不存在任何偏好关系，因此可将上述模型等权集结为如下单目标最优化模型

$$\begin{cases}\min e^+(\boldsymbol{\omega})=\sum_{i=1}^m e_i^+(\boldsymbol{\omega})\\ \text{s.t. } \boldsymbol{\omega}\in\boldsymbol{\Phi}\end{cases} \tag{8.68}$$

即

$$\begin{cases} \text{mine}^+(\boldsymbol{\omega}) = m - \sum_{i=1}^{m} \sum_{j=1}^{n} r_{ij}\omega_j \\ \text{s. t. } \boldsymbol{\omega} \in \boldsymbol{\varPhi} \end{cases} \tag{8.69}$$

求解该模型得到最优解 $\boldsymbol{\omega}^+ = (\omega_1^+, \omega_2^+, \cdots, \omega_n^+)$，代入 $e_i^+(\boldsymbol{\omega})(i \in M)$，按 $e_i^+(\boldsymbol{\omega}^+)$ $(i \in M)$ 的值对方案 $x_i(i \in M)$ 由小到大排序，$e_i^+(\boldsymbol{\omega}^+)(i \in M)$ 的最小值所对应的方案为最优方案。

若决策者不能提供权重信息，则可建立下列单目标最优化模型。

$$\begin{cases} \min F^+(\boldsymbol{\omega}) = \sum_{i=1}^{m} f_i^+(\boldsymbol{\omega}) \\ \text{s. t. } \omega_j \geqslant 0 \quad j \in N, \ \sum_{j=1}^{n} \omega_j = 1 \end{cases} \tag{8.70}$$

式中：$f_i^+(\boldsymbol{\omega}) = \sum_{j=1}^{n}(1-r_{ij})\omega_j^2$ 为方案 x_i 与正理想点之间的偏差。建立拉格朗日函数为

$$L(\boldsymbol{\omega}, \zeta) = \sum_{i=1}^{m} \sum_{j=1}^{n}(1-r_{ij})\omega_j^2 + 2\zeta(\sum_{j=1}^{n}\omega_j - 1) \tag{8.71}$$

求其偏导数，并令

$$\begin{cases} \dfrac{\partial L}{\partial \omega_j} = 2\sum_{i=1}^{m}(1-r_{ij})\omega_j + 2\zeta = 0 \quad j \in N \\ \dfrac{\partial L}{\partial \zeta} = \sum_{j=1}^{n}\omega_j - 1 = 0 \end{cases} \tag{8.72}$$

求得最优解为

$$\omega_j^+ = \left[\sum_{j=1}^{n}\left(n - \sum_{i=1}^{m} r_{ij}\right)^{-1}\right]^{-1}\left(n - \sum_{i=1}^{m} r_{ij}\right)^{-1} \quad j \in N \tag{8.73}$$

把最优解 $\boldsymbol{\omega}^+ = (\omega_1^+, \omega_2^+, \cdots, \omega_n^+)$ 代入 $f_i^+(\boldsymbol{\omega})(i \in M)$，按 $f_i^+(\boldsymbol{\omega}^+)(i \in M)$ 的值对方案 x_i $(i \in M)$ 由小到大排序，$f_i^+(\boldsymbol{\omega}^+)(i \in M)$ 的最小值所对应的方案为最优方案。

模型求解步骤可归纳为以下三个步骤。

首先，设置初始属性权重，或由系统默认设置。

其次，由决策问题构造决策矩阵 $\boldsymbol{A} = (a_{ij})_{m \times n}$，将 $\boldsymbol{A}$ 规范化为决策矩阵 $\boldsymbol{R} = (r_{ij})_{m \times n}$。

对于效益型因子，有

$$r_{ij} = \frac{a_{ij}}{\max_i(a_{ij})} \quad i \in M, j \in N \tag{8.74}$$

或

$$r_{ij} = \frac{a_{ij} - \min_i(a_{ij})}{\max_i(a_{ij}) - \min_i(a_{ij})} \quad i \in M, j \in N \tag{8.75}$$

对于成本型因子，有

$$r_{ij} = \frac{\min_i(a_{ij})}{a_{ij}} \quad i \in M, j \in N \tag{8.76}$$

或

$$r_{ij} = \frac{\max_i(a_{ij}) - a_{ij}}{\max_i(a_{ij}) - \min_i(a_{ij})} \quad i \in M, j \in N \tag{8.77}$$

最后，根据属性信息选择模型，求解得到最优方案。

8.4　组网电子对抗效果评估

8.4.1　组网电子对抗效果评估标准

1. 平台标准

（1）支援电子对抗平台效果评估。

支援电子对抗平台效果评估的平台标准可以使用以下几个指标。

① 干扰对雷达的最小压制距离 $D_{n.\min}$，或者干扰条件下对被掩护目标发现距离的下降系数 K_d

$$K_d = D_{n.\min}/D_p \tag{8.78}$$

式中：D_p 为无干扰条件下的发现距离。

② 干扰条件下对己方其他单平台远距引导概率 W_{hu} 或者它的下降系数 K_d

$$K_d = W_{hu}/W_{ho} \tag{8.79}$$

式中：W_{ho} 为无干扰条件下的远距引导概率。

③ 对雷达干扰压制区的宽度 L_n。

④ 对敌方目标超短波指挥引导通信压制区的半径 R_n。

⑤ 对敌方目标超短波指挥引导通信的最小压制距离 D_n。

（2）自卫电子对抗平台效果评估。

一种方法是计算己方某一单平台在通过敌方若干单平台组成的覆盖范围时，在时间 t 内不被发现的概率 P_H，即

$$P_H = (1 - P_A)(1 - P_B)(1 - P_C) \tag{8.80}$$

式中：P_A，P_B，P_C 为通过对方单个单平台时被发现的概率。

另一种方法是在敌方进攻平台攻击己方单平台的条件下，m 次进攻击中单平台的条件概率。设 P 为击中单平台必需攻击次数（平均值），一般情况下

$$P = \int_{-\infty}^{\infty} \iint G(x, y, z) W(x, y, z) \mathrm{d}x\mathrm{d}y\mathrm{d}z \tag{8.81}$$

式中：$G(x, y, z)$ 为评定单平台被击中概率的解析式；$W(x, y, z)$ 为进攻平台的一般规律。当干扰引起的结果误差大大超过系统本来误差时，上述电子对抗效果的定量评估方法是有效的。

（3）电子防御平台效果评估。

电子防御平台效果评估可以采用以下三个标准。

①在电子防御的条件下，我方被击中侦察平台数量的下降系数，或者数学期望值的相对下降系数

$$K_d = M_n / M_0 \tag{8.82}$$

式中：M_n，M_0 为有电子防御措施和无电子防御措施条件下侦察单平台被击中的数学期望值。

②在电子防御的条件下，对方对我方单平台之间通信的干扰压制概率下降系数（或者相对下降系数）

$$K_d = W_{no3} / W_{noo} \tag{8.83}$$

式中：M_{no3}，M_{noo} 为在有电子防御和没有电子防御条件下，对单平台间通信的压制概率。

③在实施反干扰电子防御的条件下，发现对方目标概率和对目标击中概率的提高系数（或者相对提高系数）

$$K_u = W_{oH3} / W_{oHo}, \quad K_u = W_{no3} / W_{noo} \tag{8.84}$$

式中：M_{oH3}，M_{no3}，M_{oHo}，M_{noo} 分别为在有电子防御措施和无电子防御措施条件下的发现对方目标概率和对目标击中概率。

2. 组网标准

在整体上评估组网电子对抗平台的效果，必须综合考虑网内所有单元电子对抗力量和平台的效率。根据效率理论，组网电子对抗对我方全部计划的影响可以表现为达成的结果、效率和成功率。因此，可以认为电子对抗是为达成我方预定目的而对电子对抗力量和平台运用的综合效果。它取决于指挥、侦察和电子对抗单平台的影响，以及组网方式。这种情况下，最适用的是突破对方对空防御系统的概率，降低或相对降低我方单平台损失数学期望值的程度。

突防编队的突防概率 W_{no} 为

$$W_{no} = (N_c - M_p) / N_c \tag{8.85}$$

式中：N_c 为突防编队的飞机数量；M_p 为干扰条件下单平台损失的数学期望值。通常评估突防中平台损失数量时，还需要考虑行动的效率。行动效率 η 表示将我方攻击平台的属性特性转变为行动结果的程度

$$\eta = P / Q \tag{8.86}$$

式中：P 为行动所达成的结果，对组网电子对抗本身来讲，通常指瘫痪对方系统的程度；Q 为达成预定行动目的能力

$$Q = \sum_{i=1}^{n} N_i \cdot K_{i\Sigma} \cdot K_{ynp} \cdot K_{o\delta} \tag{8.87}$$

式中：n 为我方所拥有的突防单平台种类数；N_i 为第 i 种单平台的数量；$K_{i\Sigma}$ 为考虑到第 i 种单平台的特性潜能、操作人员的训练水平和单平台活动范围能力等因素的综合系数；K_{ynp} 为考虑组网电子对抗条件下我方指挥质量的系数；$K_{o\delta}$ 为考虑我方指挥、侦察和组网电子对抗系统影响质量的系数。

在此情况下，作为效率的标准，可以是最大可达成结果，也可以是行动能力的最小需求。组网电子对抗的成功率 y 为达成预定目的的程度

$$y = P / P_{a\delta} \tag{8.88}$$

式中：P 为行动的实际结果；$P_{a\delta}$ 为行动的预期（要求）结果，如要求的瘫痪对方指挥的程度。

因此，为评估组网电子对抗的效果和成功率，首先必须从数量上论证瘫痪对方指挥的程度和己方指挥系统能力的允许下降程度（为了实现己方的潜在特性能力）。除此之外，还必须评估己方组网电子对抗力量对己方指挥系统的影响，这些都要被计算到对我方行动能力的组网电子对抗影响中。

在组网条件下，对于组网后电子对抗效果的评估，还可以通过组网后作战行动的完成概率提高系数进行量化，来判断组网电子对抗对敌方压制的加强程度。即

$$\omega_{组网} = \alpha / \beta \tag{8.89}$$

式中：α 为组网前作战行动的完成概率；β 为组网后作战行动的完成概率。

8.4.2　组网电子支援干扰效果评估

组网体系下的支援干扰利用多个支援干扰平台与时域、频域、空域和能量域上的协同，对敌方威胁辐射源施加干扰信号，降低威胁目标探测距离，使我方攻击编队难以被发现或不被发现，达到隐蔽突防的目的。

1. 确定单平台数量和间距

在进行组网效果评估之前，首先要确定在完成一次支援干扰的过程中所需的单平台的数量。8.4.1 节对支援电子干扰单平台进行效果评估时，已经得到支援电子干扰平台对威胁辐射源在压制距离上的有效干扰扇面为

$$\alpha_n \approx \theta_{P\varphi} \sqrt{2.5(\frac{1}{K_P} - 1)} \tag{8.90}$$

因此，在所需的压制距离上的压制区宽度为

$$l_n = 2D_{\text{request}} \tan \frac{\alpha_n}{2} \tag{8.91}$$

式（8.91）中在有效干扰扇面值 α_n 较小时（例如小于 $10°$），压制区宽度为

$$l_n = \frac{D_{\text{request}} \alpha_n}{57.3} \tag{8.92}$$

所以支援干扰组网多平台宽度所要求的电子对抗力量为

$$N_{nl} = < \frac{l_C}{l_n} \cos q_p > \tag{8.93}$$

式中：l_C 为支援干扰飞机所占空域宽度；<>为要将数值向上取整。此外，还需要确定支援电子对抗单平台之间的横向间距 Δl_n。

（1）从压制区外施放干扰时

$$\Delta l_n = \frac{l_C}{N_{nl}} \tag{8.94}$$

（2）从压制区施放干扰时

$$\Delta l_n = \frac{l_C D_n}{N_{nl} D_{\text{request}}} \tag{8.95}$$

除了横向间距 Δl_n，还需要确定组网多平台纵深所需的支援电子对抗单平台 N_{nL}。

（1）从压制区外施放干扰时

$$N_{nL} = < \frac{L_C}{l_n} \sin q_p >$$ (8.96)

式中：L_C 为组网多平台的纵深。

（2）从压制区施放干扰时

$$N_{nL} = 1$$ (8.97)

类似于支援电子对抗单平台之间的横向间距，组网多平台中单平台之间的纵向距离 ΔL_n 为

$$\Delta L_n = \frac{L_C}{N_{nL}}$$ (8.98)

这样，在这一次的支援电子干扰中进行组网所需的单平台数量为

$$N = N_{nl} N_{nL}$$ (8.99)

随着干扰平台的增多，威胁辐射源的接收机端收到的干扰信号功率也会相应增加，二者之间的关系并不是线性变化的。当干扰平台的数量增加到一定程度后，干扰功率增加的速度会逐渐减少。因此，在满足目的要求的情况下，应依据威胁辐射源的工作参数及电磁环境状况合理选择干扰平台的数量，避免干扰资源的浪费。对于每一个威胁辐射源通常使用一到两个支援干扰平台进行干扰。

2. 计算施加干扰后目标探测距离变化

在初步确定支援干扰单平台的数量后，干扰的有效性可以通过探测距离的下降程度来衡量。首先确定在没有支援干扰的情况下，威胁辐射源接收机端接收到的回波功率为

$$S = \frac{P_T G_T G_R \sigma \lambda^2}{(4\pi)^3 R_t^4 L_R}$$ (8.100)

式中：P_T 为雷达发射脉冲的峰值功率；G_T 为雷达发射天线增益；G_R 为雷达接收天线增益；σ 为被保护目标的雷达反射面积；λ 为雷达工作波长；R_t 为雷达与被探测目标之间的距离；L_R 为雷达系统损耗。

威胁辐射源接收机端内部的噪声功率为

$$N = kT_0 B_r F$$ (8.101)

式中：T_0 为噪声温度；B_r 为雷达接收机带宽；F 为雷达接收机输入端的噪声系数。经过变换后，可得到雷达对截面积 σ 的目标的最大探测距离为

$$R_{r\max} = \sqrt[4]{\frac{P_T G_T G_R \sigma \lambda^2}{(4\pi)^3 (S/N)_{\min} L_R k T_0 F B_r}}$$ (8.102)

式中：$(S/N)_{\min}$ 为单脉冲信噪比。为了评估组网干扰对威胁辐射源的影响，需要计算施加干扰后辐射源目标的探测距离，这里假设采用噪声干扰信号干扰对方探测系统的地对空远程搜索雷达，则威胁辐射源接收机处的干扰功率密度为

$$P_{jr} = \frac{p_j G_j G_{sl} \lambda^2}{(4\pi)^2 (R_j)^2 L_j}$$ (8.103)

式中：P_j 为干扰机的干扰功率；G_j 为干扰平台发射天线增益；G_{sl} 为干扰平台干扰方向上雷

达接收天线的增益；R_j 为干扰平台与威胁辐射源的距离；L_j 为干扰平台损耗。在一般情况下，可假定干扰功率密度远远大于威胁辐射源接收机内部噪声功率密度，则

$$R_{j\max}^4 = \frac{P_T G_T G_R \sigma \lambda^2}{(4\pi)^3 (S/J)_{\min} L_R P_{jr} B_r} \tag{8.104}$$

将式(8.103)代入式(8.104)后可得：

$$R_{j\max}^4 = \frac{1}{4\pi(S/J)_{\min}} \times \frac{P_T G_T}{P_j G_j} \times \frac{G_R}{G_{sl}} \times \frac{B_j}{B_r} \times \frac{L_j}{L_r} \times \sigma \times R_j^2 \tag{8.105}$$

$$k_1 = \frac{1}{4\pi(S/J)_{\min}}, \quad k_2 = \frac{P_T G_T}{P_j G_j}, \quad k_3 = \frac{G_R}{G_{sl}}, \quad k_4 = \frac{B_j}{B_r}, \quad k_5 = \frac{L_j}{L_r}$$

从式(8.105)中可以看出，k_1 与威胁辐射源的使用要求和选取的技术参数有关；k_2 为支援干扰平台与威胁辐射源在功率上的关系，威胁辐射源的有效辐射功率越小，干扰平台的干扰功率越大，对支援干扰越有利，干扰功率增加，威胁辐射源对被保护目标的探测距离将按干扰功率的 0.25 次方减少；k_3 为干扰平台对目标天线旁瓣实现水平的较量，由于支援干扰主要是针对副瓣进行干扰，在其他条件相同的情况下，威胁辐射源的副瓣越大，干扰效果越好；k_4 为接收机和干扰平台带宽之间的关系，干扰带宽越宽，干扰信号越好。

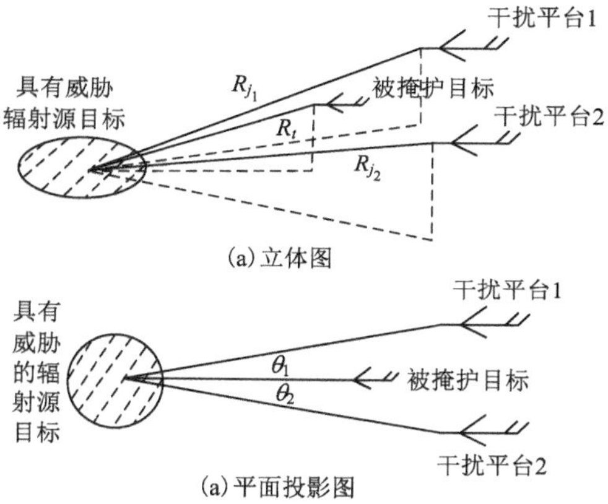

图 8-12   干扰平台、威胁辐射源和被掩护目标关系

3. 双平台进行组网的情况

双平台组网条件下的支援干扰模型，干扰平台、威胁辐射源和被掩护目标的关系如图 8-12 所示。

从图 8-12 中可以看出，两个支援干扰平台 J_1 和 J_2 在威胁辐射源接收机处形成的干扰效果，等价于干扰平台 J_2' 与 J_1 构成的合成干扰平台的干扰效果。由干扰方程可得干扰平台 J_2 进入威胁辐射源接收机的干扰信号功率为

$$P_{rj2} = \frac{P_{j2} G_{j2} G_{t2}' \lambda^2 \gamma_j}{(4\pi)^2 R_{j2}^2} = P_{rj2'} = \frac{P_{j2}' G_{j2} G_{t1}' \lambda^2 \gamma_j}{(4\pi)^2 R_{j1}^2} \tag{8.106}$$

式中：P_{j2}，G_{j2} 为干扰平台 J_2 的发射功率和天线增益；G_{t2}' 为 J_2 偏离主瓣最大方向的雷达天线增益；R_{j2} 为干扰平台 J_2 到威胁辐射源的距离；λ 为威胁辐射源雷达信号波长；γ_j 为干扰信号对威胁辐射源雷达天线的极化损失。

设干扰平台 J_2 在 J_1 处的等效干扰平台 J_2' 的干扰功率为 P_{j2}'，则 J_2' 在 J_1 位置上进入威胁辐射源接收机的干扰信号功率为

$$P_{rj2'} = \frac{P_{j2}' G_{j2} G_{t1}' \lambda^2 \gamma_j}{(4\pi)^2 R_{j1}^2} \tag{8.107}$$

式中：G_{t1}' 为 J_1 偏离主瓣最大方向的雷达天线增益；R_{j1} 为 J_2 的等效干扰平台 J_2' 到威胁辐射源的距离。由于 J_2 与 J_2' 等效，所以应当满足 $P_{rj2} = P_{rj2'}$ 的条件，则有

$$P_{rj2} = \frac{P_{j2} G_{j2} G_{t2}' \lambda^2 \gamma_j}{(4\pi)^2 R_{j2}^2} = P_{rj2'} = \frac{P_{j2}' G_{j2} G_{t1}' \lambda^2 \gamma_j}{(4\pi)^2 R_{j1}^2} \tag{8.108}$$

可求得

$$P_{rj2}' = \frac{P_{j2} G_{t2}' R_{j1}^2}{G_{t1}' R_{j2}^2} \tag{8.109}$$

除了考虑干扰功率,还应该考虑不同角度有效干扰扇面对干扰功率的影响程度。有效干扰扇面是指干扰信号在显示屏上以干扰方向为中心,两边各为 θ_j 的扇形区域,其中 θ_j 是衡量干扰效果的重要参数。

首先考虑单个干扰平台的有效干扰扇面,其有效干扰扇面 $\Delta\theta_j$ 为

$$\Delta\theta_j = 2\theta_j = \frac{2\theta_{0.5} R_t^2}{R_j} \left(\frac{P_j G_j}{P_t G_t \sigma} \cdot \frac{4\pi \gamma_j k}{K_a} \right) \tag{8.110}$$

式中:P_j,G_j 为干扰平台发射功率和天线增益;P_t,G_t 为威胁辐射源的发射功率和天线增益;$\theta_{0.5}$ 为威胁辐射源半倍功率波束角;R_j,R_t 为干扰平台和被掩护目标到威胁辐射源的距离;σ 为被掩护目标的有效反射面积;K_a 为干扰平台对威胁辐射源的压制系数。

现以 2 个干扰平台为例分析多平台干扰的有效干扰扇面,按照之前所建立的等效模型,由于 G_t' 与 G_t 存在因空间变化引起的函数关系,所以应分以下几种情况讨论。

当 θ_1,$\theta_2 \leqslant \theta_{0.5}/2$ 时,$G_t' = G_t$。此时可以求得

$$P_{j2}' = \frac{P_{j2} G_{t2} R_{j1}^2}{G_{t1} R_{j2}^2} \tag{8.111}$$

当 $\theta_{0.5}/2 \leqslant \theta_1$,$\theta_2 \leqslant 60° \sim 90°$ 时,由 G_t' 与 θ 的经验公式得 $G_t'/G_t = k(\theta_{0.5}/\theta)^2$,其中 k 在 0.04 到 0.10 之间取值。此时可求得

$$P_{j2}' = P_{j2} \cdot \frac{G_{t2} R_{j1}^2 \theta_1^2}{G_{t1} R_{j2}^2 \theta_2^2} \tag{8.112}$$

当 $\theta_1 \leqslant \theta_{0.5}/2$,$\theta_{0.5}/2 \leqslant \theta_2 \leqslant 60° \sim 90°$ 时,$G_{t1}' = G_{t1}$,$G_{t2}'/G_{t2} = k(\theta_{0.5}/\theta)^2$。此时可求得

$$P_{j2}' = \frac{P_{j2} k G_{t2} \theta_{0.5}^2 R_{j1}^2}{G_{t1} \theta_2^2 R_{j2}^2} \tag{8.113}$$

当 $\theta_2 \leqslant \theta_{0.5}/2$,$\theta_{0.5}/2 \leqslant \theta_1 \leqslant 60° \sim 90°$ 时,$G_{t2}' = G_{t2}$,$G_{t1}'/G_{t1} = k(\theta_{0.5}/\theta)^2$。此时可求得

$$P_{j2}' = \frac{P_{j2} G_{t2} \theta_1^2 R_{j1}^2}{k G_{t1} \theta_{0.5}^2 R_{j2}^2} \tag{8.114}$$

综上所述,J_1 和 J_2 的合干扰功率 $P_j = P_{j1} + P_j'$,将其代入有效干扰扇面方程即可得出组合干扰的有效干扰扇面。

最后讨论多平台支援干扰对掩护区的影响。根据干扰方程,要向对方实施有效压制,需要使威胁辐射源接收机输入端的干扰功率与回波信号功率满足 $P_{rj} \geqslant K_a P_{rs}$。由于实施支援干扰时干扰平台与被掩护目标不在同一位置,将 P_{rj} 和 P_{rs} 的计算公式代入可得

$$P_{rj} = \frac{P_j G_j G_t' \lambda^2 \gamma_j}{(4\pi)^2 R_j^2} \geqslant K_a P_{rs} = K_a \frac{P_t G_t^2 \sigma \lambda^2}{(4\pi)^3 R_t^4} \tag{8.115}$$

在干扰距离 R_j 已知,干扰平台和威胁辐射源参数一定的情况下,只有 G_t' 和 R_t 是变量。将其分置于不等式的两边可得

$$R_t^4 \geqslant \frac{K_a P_t G_t^2 \sigma R_j^2}{P_j G_j 4\pi \gamma_j} \cdot \frac{1}{G_t'} \tag{8.116}$$

G_t' 是关于 θ 的函数，所以上式可以表述为 R_t 与 θ 的函数关系。将式(8.116)取等号可以求得支援干扰有效实现所允许的被掩护目标与威胁辐射源之间的最小距离。这个函数关系为支援干扰的掩护区范围，小于这个距离就意味着目标将暴露。

在多平台组网后对威胁辐射源进行支援干扰，每个干扰平台进入威胁辐射源雷达接收机的干扰信号分别为：$P_{rj1} = \dfrac{P_{j1} G_{j1} G_{t1}' \lambda^2 \gamma_{j1}}{(4\pi)^2 R_{j1}^2}$，$P_{rj2} = \dfrac{P_{j2} G_{j2} G_{t2}' \lambda^2 \gamma_{j2}}{(4\pi)^2 R_{j2}^2}$，$\cdots$，$P_{rjn} = \dfrac{P_{jn} G_{jn} G_{tn}' \lambda^2 \gamma_{jn}}{(4\pi)^2 R_{jn}^2}$。此时，$P_{rj} = \displaystyle\sum_{i=1}^{n} \dfrac{P_{ji} G_{ji} G_{ti}' \lambda^2 \gamma_{ji}}{(4\pi)^2 R_{ji}^2}$。将此式与 $G_t' / G_t = k(\theta_{0.5}/\theta)^2$ 的计算式联立得

$$\begin{cases} R_t^2 \geqslant \dfrac{1}{A(G_{t1}' R^{-2j1} + k_1 G_{t2}' R^{-2j2} + \cdots + k_{n-1} G_{tn}' R^{-2jn})} \\[2mm] A = \dfrac{P_{j1} G_{j1} \gamma_j 4\pi}{P_t G_t K_a \sigma} \\[2mm] k_1 = \dfrac{P_{j2} G_{j2}}{P_{j1} G_{j1}}, \cdots, k_{n-1} = \dfrac{P_{jn} G_{jn}}{P_{j1} G_{j1}} \end{cases} \tag{8.117}$$

同样，根据不同的 θ 取值范围，可以对上式进行修正。最后得到多平台组网干扰下压制距离作用距离 R_t 与 θ 的函数关系。

8.4.3　组网电子自卫干扰效果评估

在实际作战过程中，多个单平台进行组网的自卫式干扰主要以欺骗干扰为主，并且以有源干扰为主。欺骗式干扰的目的是欺骗威胁辐射源的雷达跟踪系统，对雷达测距、测角和测速的能力和精度影响较大，与远距离支援干扰存在一定区别。自卫干扰平台在特定的条件下，如某单平台已被威胁辐射源锁定跟踪的情况下，在进行有源干扰的同时，会辅以箔条干扰等无源手段。

组网后的飞机实施自卫干扰时，威胁辐射源会因无法识别机群(编队)中的每一架飞机而不能对其锁定跟踪瞄准。如果飞机编队位于雷达天线的侦察波瓣内，那么侦察探测系统的天线将跟踪这些飞机的能量中心。设机群内各个飞机之间的距离集合为 $S = \{x_1, x_2, \cdots, x_n\}$，则飞机编队的能量中心 D 为各个飞机间距离的函数，即

$$d(s) = D(x_1, x_2, \cdots x_n) \tag{8.118}$$

由此可得威胁辐射源与机群的夹角 θ_c 的关系为

$$\theta_c \approx \frac{l}{D} \cos q_p \tag{8.119}$$

式中：l 为机群的几何直径；q_p 为被压制电子设备的方位角。

干扰机组网系统的单元平台进入威胁辐射源接收机的瞬间能量为随机数。在辐射源的方向自动跟踪系统中，除瞬间能量外，还有自身的扰动。因此等信号区域的轴线和瞄准线将受到偶然的角度变化影响。

最终的脱靶量由以下两个因素的综合影响决定，一是毁伤武器自身的分布，二是每架飞机施放的干扰影响。这些因素的影响是独立的，因此总的脱靶量将等于各因素影响的总和。对目标的瞄准则是对准能量中心，也就是剩余脱靶量的数学期望值，此时系统瞄准误差不为零。

为了计算干扰作用所产生的均方差，需要考虑干扰影响的具体机制。当存在最后的系统瞄准误差时，为了计算均方差，可以利用切比雪夫不等式。考虑瞄准点只沿着中心轴线移动，一次射击对协同掩护飞机编队中每一架的毁伤概率，可按以下公式进行精确计算

$$W_j = 2\Phi_n\left(\frac{R_p}{a_p}\right)\Phi_n(R_p, a_\Sigma, d_\Pi) \tag{8.120}$$

式中：$\Phi_n(x)$ 为概率积分；a_p，a_Σ 为按毁伤武器自身分布和每架飞机施放干扰的影响计算的沿坐标轴偏离的均方差值；R_p 为平均毁伤半径。利用式（8.120）能够根据已知毁伤半径、毁伤兵器自身的均方差值和剩余脱靶量的数学期望值，求出对被掩护飞机的毁伤概率。在任何情况下，会需要知道剩余脱靶量的数学期望值，或者需要知道偏移距离的均方根值。该值取决于对威胁辐射源的干扰作用特性。组网自卫电子干扰平台对威胁辐射源进行干扰后产生的减少因子 k 为

$$k = \frac{w_j}{w_0} \tag{8.121}$$

以双机干扰为例，如果间距为 l_c 的双机位于被压制电子设备天线系统的角度分辨率范围内，则天线系统将跟踪这种成对目标的能量中心。如果飞机距离被压制电子设备足够远，则双机夹角 θ_c 很小，可得

$$\theta_c \approx \frac{l_c}{D}\cos q_p \tag{8.122}$$

式中：l_c 为双机间的距离；q_p 为被压制电子设备的方位角。可以得到在双机协同干扰的条件下，干扰平台内每个单平台受到攻击毁伤的概率为

$$W_{\text{毁伤·干扰}} = 2\Phi_0\left(\frac{R_p}{a_p}\right)\left[\Phi_0\left(\frac{R_p + d_\Pi}{a_\Sigma}\right) + \Phi_0\left(\frac{R_p - d_\Pi}{a_\Sigma}\right)\right] \tag{8.123}$$

式中：$\Phi_0(x)$ 为概率积分；a_p，a_Σ 为按毁伤武器自身分布和每架飞机施放干扰的影响计算的沿坐标轴偏离的均方差值；R_p 为平均毁伤半径。$\Phi_0(x)$ 可利用下列公式进行近似计算

$$\Phi_0(x) \approx \begin{cases} 0.4x(1 - 0.2|x|) & |x| \leqslant 2.5 \\ 0.5, & |x| > 2.5 \end{cases} \tag{8.124}$$

如果 $d_n = 0$，则

$$W_j = \left[2\Phi_0\left(\frac{R_p}{a_\Sigma}\right)\right]^2 \approx 1 - e^{-0.5\left(\frac{R_p}{a_\Sigma}\right)^2} \tag{8.125}$$

在多个自卫干扰平台协同干扰多个威胁辐射源的情况下，最重要的是确定火力协同方法或电子对抗综合决策及运用方法。为此，首先要对目标威胁评估方法进行分析，研究组网干扰对总体威胁的下降程度，建立多平台组网干扰的资源分配模型。

为了分析自卫电子干扰对具有威胁辐射源的威胁度，首先要明确目标威胁度的概念。目标威胁度是对目标威胁严重性综合评估的定量表示，一般通过分析敌我态势，武器装备

性能数据，选取威胁评估指标进行分析和估计。从实际效果上看，威胁辐射源对我方自卫干扰平台的威胁度可以理解为，当前态势下威胁辐射源对自卫干扰平台造成的杀伤概率的度量，即认为威胁度 t_{ji} 与杀伤概率 P_{KE} 成正比

$$t_{ji} = kP_{KE} = kP_D P_L P_{KSS} \tag{8.126}$$

式中：t_{ji} 为威胁辐射源 j 对自卫干扰单平台 i 的威胁度（$j = 1, 2, \cdots, n$；$i = 1, 2, \cdots, n$）；P_{KE} 为威胁辐射源 j 对自卫干扰单平台 i 的杀伤概率；P_D 为威胁辐射源发现概率；P_L 为威胁辐射源成功发射导弹的概率；P_{KSS} 为导弹的杀伤概率。自卫干扰平台若实施电子干扰可降低 P_D，进而降低威胁辐射源的威胁度。下面分析自卫电子干扰对威胁度的影响。

根据雷达方程，如不考虑外部噪声干扰，威胁辐射源雷达检测信噪比为

$$I_{SNR} = \frac{P_S}{P_n} = \frac{P_t G_t G_r \sigma \lambda^2}{(4\pi)^3 R^4 P_n L} \tag{8.127}$$

若威胁辐射源受到自卫电子干扰，其目标检测信噪比改用雷达接收机前端信干比为

$$I_{SJR} = \frac{P_s}{P_{rj}/D_j} = \frac{P_t G_t \sigma D_j}{P_j G_j 4\pi R^2 L} \tag{8.128}$$

式中：P_t 为威胁辐射源雷达发射功率；G_t 和 G_r 为威胁辐射源雷达在干扰平台方向的发射和接受增益；P_{rj} 为威胁辐射源雷达接收机前端的干扰信号功率；P_j 和 G_j 为干扰平台发射功率和干扰天线在威胁辐射源雷达方向的发射增益；D_j 为威胁辐射源雷达抗有源干扰改善因子；P_n 和 L 为系统热噪声和综合损耗。对于雷达发现概率 P_D、虚警概率 P_{fa} 和雷达目标检测信噪比 SNR 之间有确定的关系为

$$P_D = \exp[-h/(SNR+1)] = P^{1/(SNR+1)fa} \tag{8.129}$$

式中：h 为雷达接收机信号功率检测门限值。其发现概率 α 为

$$\begin{cases} \alpha = \dfrac{P_{D_1}}{P_{D_2}} \times 100\% = P^{B-Afa} \\ A = \dfrac{1}{I_{SNR}+1}, \ B = \dfrac{1}{I_{SJR}+1} \end{cases} \tag{8.130}$$

式中：P_{D_1}、P_{D_2} 为雷达受到自卫电子干扰前后的雷达发现概率。

根据以上分析，若自卫电子干扰平台 $k(k=1, 2, \cdots, m)$ 对威胁辐射源 j 实施自卫电子干扰，则威胁辐射源 j 对组网平台内任意一个单平台 $i(i=1, 2, \cdots, m)$ 的威胁度降低为

$$t'_{ji} = \alpha_{kj} \cdot t_{ji} \tag{8.131}$$

式中：α_{kj} 为威胁辐射源 j 雷达发现概率下降因子。威胁辐射源 j 对组网自卫干扰平台的总威胁度为

$$t_j = \frac{1}{m} \sum_{i=1}^{m} t_{ji} \tag{8.132}$$

受到自卫电子干扰后对组网多平台总威胁度降为

$$t'_j = \frac{1}{m} \sum_{i=1}^{m} (\alpha_{kj} \cdot t_{ji}) = \alpha_{kj} \cdot \frac{1}{m} \sum_{i=1}^{m} t_{ji} = \alpha_{kj} \cdot t_j \tag{8.133}$$

可以看出，实施组网自卫电子干扰减少 α_{kj}，可以使威胁辐射源 j 对组网多平台的总威胁度大大降低。

分析了组网自卫电子干扰效果对目标威胁度的影响后，需要考虑一种干扰资源分配模型，使有限的自卫干扰资源可以最大限度降低威胁辐射源对组网多平台的总威胁度。假设干扰资源分配的限制条件为：自卫组网平台中的每个单平台只携带一部干扰机，每部干扰机只能干扰一个威胁辐射源，一个威胁辐射源最多由 $l_j(j=1,2,\cdots,n)$ 部干扰平台同时干扰。因此得到干扰资源分配模型为：

$$\begin{cases} \min E = \sum_{j=1}^{n}\left[\left(\prod_{k=1}^{u_j}\alpha_{kj}\right)\cdot t_j\right] \\ \text{s.t.}\begin{cases} u_j \leqslant l_j \quad j=1,2,\cdots,n \\ \sum_{j=1}^{n}u_j = m \end{cases}\end{cases} \tag{8.134}$$

式中：E 为威胁辐射源对自卫组网平台的总威胁度；u_j 为分配给威胁辐射源 j 的干扰平台数量；α_{kj} 为威胁辐射源 j 雷达发现概率下降因子。无论威胁辐射源的分布形式如何，都可以用 α_{kj} 来衡量自卫干扰单平台 k 对威胁辐射源 j 实施电子干扰的效果，因而模型具有通用性。关于模型的求解可以应用下述方法。

假设自卫组网平台在进行干扰资源分配时，每次只分配一个单平台。一步分配过程中，首先计算威胁辐射源 j 对自卫组网单元的总威胁度为

$$t_j' = \left(\prod_{k=1}^{u_j'}\alpha_{kj}\right)\cdot t_j \tag{8.135}$$

式中：u_j' 为已分配给威胁辐射源 j 的干扰单平台数量。此时，若将自卫干扰平台 i 分配给威胁辐射源 j，则先计算 α_{ij}，再求目标函数 E 的减小量，得

$$\Delta E = \left(\prod_{k=1}^{u_j'}\alpha_{kj}\right)\cdot t_j - \left(\prod_{k=1}^{u_j'}\alpha_{kj}\right)\cdot\alpha_{ij}\cdot t_j = \left(\prod_{k=1}^{u_j'}\alpha_{kj}\right)\cdot t_j(1-\alpha_{ij}) = t_j'\cdot(1-\alpha_{ij}) \tag{8.136}$$

ΔE 要取得极大值，则应取

$$j = \arg\max_{1\leqslant j\leqslant n}t_j', \quad i = \arg\min_{1\leqslant i\leqslant n}\alpha_{ij} \tag{8.137}$$

本次分配结束后有 $u_j'\leftarrow u_j'+1$，如果 $u_j'=l_j$，则威胁辐射源 j 退出分配。重复上过程，直到求出

$$\sum_{j=1}^{n}u_j = m \text{ or } \Delta E = 0 \tag{8.138}$$

此时组网干扰平台资源分配完成，组网干扰平台的资源分配达到最优化，干扰效果最好。

8.5 本章小结

雷达组网已经成了战场雷达的主要运用方式，在装备体系化运用的背景下，电子战装

备组网也势在必行。本章在此背景下介绍了电子战组网的相关概念与技术。首先介绍了组网电子对抗的概念和主要功能；其次从组网辐射源分选、识别，以及目标定位三个方面讨论了组网辐射源侦察的相关技术；再次从远程和中近程两个方面讨论了组网条件下对抗辐射源的决策技术；最后对组网电子对抗的效果评估技术进行了分析和讨论。组网电子对抗作为网络化、信息化战争的必然趋势，在未来的作用一定会愈加凸显，但一些相关技术和原理还不够成熟和完善，还需要进一步研究和发展。

第 9 章

综合电子战建模与仿真技术
——以雷达对抗为例

综合电子战已经成为决定现代高技术局部战争的关键因素之一，发展一个整体效能高、反应速度快、生存能力强的综合电子战系统是打赢高技术战争的必要条件。在此背景下，寻求一种有效手段用以分析、评估综合电子战系统的性能/效能已成为学术和工业界的热点。本章以雷达对抗为例介绍电子战建模与仿真的技术，首先对雷达电子战建模与仿真的目的、分类和关键技术等进行概述；在此基础上介绍其具体实现方法，并对目前雷达电子战建模与仿真技术的一个发展热点——雷达电子战系统分布式仿真进行重点介绍。

9.1 概述

9.1.1 雷达对抗建模与仿真的目的

建模仿真技术是以相似原理、模型理论、系统技术、信息技术及其他有关专业技术为基础，以计算机系统和有关物理效应设备为工具，利用模型对系统进行研究、分析、评估、决策并参与系统运行的一门多学科的综合性技术。随着现代科学技术的迅速发展，系统仿真技术已经成为分析、研究各种系统，尤其是复杂系统的主要工具。在军事电子领域，军事仿真技术作为美国国防部自 20 世纪 90 年代的关键技术，经久不衰。

具体到电子战领域，随着现代雷达系统越来越复杂与昂贵，电子战系统模拟技术被广泛应用，为系统的研究、设计和验证节省了大量费用。建模与仿真技术成为电子战系统分析、设计、试验、评估和作战训练等各个方面的重要手段，极大地推进了电子对抗与反对抗技术的发展。

利用现代建模与仿真技术，构建虚拟战场，进行若干典型战情下的电子战试验，有可控、无破坏、安全、可重复、高效等优点。采用这种方法，不仅可以仿真新型雷达系统与某一特定电子干扰的单一对抗，而且可以仿真它与多种干扰的综合对抗，上升到系统对抗甚至体系对抗的范畴。实际上，战场情况瞬息万变，电磁环境极其复杂，通过仿真手段对雷达电子战进行评估可能是目前最有效的方法之一。

9.1.2　雷达对抗建模与仿真的分类

雷达对抗建模与仿真可以按照规模大小、实现方法、仿真粒度等进行分类。

1.按照规模大小分类

雷达对抗建模与仿真按照规模大小可以分为工程级仿真、平台级仿真、任务级仿真和战略级仿真。

（1）工程级仿真。

工程级仿真是使用模型评估单一部件或子系统在单一威胁条件下的技术性能，属于一对一的仿真。

（2）平台级仿真。

平台级仿真是使用模型评估集成武器系统在单一或少数威胁条件下的效能，威胁条件包括平台战术条件和战斗条令，属于少数对少数的仿真。

（3）任务级仿真。

任务级仿真是在多个平台组合的兵力与大量威胁对抗条件下，把模型融合进一个仿真任务中分析作战任务的效能和部队生存能力，属于多对多的仿真。

（4）战略级仿真。

战略级仿真是联合服务操作下的指挥、控制、通信、计算机、情报系统对抗合成的威胁系统，属于系统对系统的仿真。

2.按照实现方法分类

雷达对抗建模与仿真按照仿真形式可以分为全数字仿真、视频仿真、注入式射频仿真、辐射式射频仿真。这种分类方法有时也称为按实物（物理）、半实物、数学三种来分。

（1）全数字仿真。

全数字仿真按照仿真时间的要求分为非实时信号仿真和实时信号仿真两种。但无论是非实时还是实时信号仿真，两者都采用在数字计算机上建立数学模型，模拟雷达电子战系统中的雷达电磁信号环境和雷达分系统、干扰分系统等。因此全数字仿真是一种成本低且很有发展前景的模拟方法。

实时信号全数字仿真模拟器采用可编程的脉冲序列生成器，实时产生数字信号脉冲序列数据。产生的数据集通过一个脉冲数据总线与被测试系统接口收集，每个数据集包括了被描述脉冲的参量。这种方法在有频率调谐和天线扫描功能要求时，操作会稍微复杂一点。但对于训练用的模拟器，这种方法做的模拟器具有很多优点，如体积小、通用性强等，仿真辐射源的活动场景也可进行设置。

（2）视频仿真。

视频仿真模拟器以视频信号的层次水平传送每个模拟的脉冲数据进入被测试系统，可对天线驻留特点、频率、极化和方位俯仰到达角的效果进行建模。视频仿真方法不能测试射频级的天线系统和接收机。

（3）注入式射频仿真。

注入式射频仿真模拟器把每个仿真的脉冲数据集变换为射频信号，并注入被测试系统。这种类型的模拟器主要用于测试比幅测向系统、比相测向系统、天线扫描、频率分集系统、频率调谐系统等。接收机仿真硬件要求选择接收机通频带，以根据仿真脉冲的到达角产生每个端口的射频信号。注入式射频仿真模拟器要求使用昂贵的射频组件。

（4）辐射式射频仿真。

辐射式射频仿真模拟器通过天线辐射射频脉冲，能用于所有类型的天线和接收系统。因为没有直接的连接，所以接口问题比较小。受接收、发射天线的位置限制，辐射源在方位和仰角上的运动不容易仿真。

与注入式射频仿真模拟器一样，辐射式射频仿真模拟器也要求使用昂贵的射频组件。另外，外场的辐射也会带来一些安全性和保密性的问题。

3. 按照仿真粒度分类

（1）功能仿真。

功能仿真只仿真信号发射、目标、回波、杂波和干扰信号的幅度信息。对电磁环境进行功能仿真时，利用计算机模拟雷达侦察系统截获的雷达信号参数数据。（这些参数用脉冲描述字来描述，仿真信号直接以数字形式描述侦察系统的天线所处的电磁环境，并不输出真实的射频和视频信号。其特点是灵活、效费比高，试验结果处理实时性强，能获得比较全面的数据。其逼真度取决于数学模型建立的准确性和仿真系统设计的合理性。

（2）信号仿真。

信号仿真即复现信号的发射、在空间传输、经散射体反射、杂波与干扰信号叠加，以及在空间任一点处电磁环境特性。信号仿真的基本定义，就是要逼真地复现既包含幅度又包含相位的信号，并复现这种信号的发射、在空间传输、经散射体反射、杂波与干扰信号叠加，以及在接收机内进行处理的全过程。

9.1.3 雷达对抗建模与仿真关键技术

当前，雷达对抗建模与仿真的关键技术主要包括以下几个方面。

1. 计算机网络与分布式建模仿真技术

网络技术的发展使仿真系统由单计算机系统发展为多计算机系统。网络结构由 client/server 结构发展为分布式仿真系统。分布式仿真领域出现了应用于军事仿真领域的分布式交互仿真（distributed interactive simulations，DIS）规范与新一代的高层体系结构（high level architecture，HLA），使各地的研究人员能跨越地域的限制，在网络仿真系统上进行训练成为可能。另外，通过网络将不同类型的仿真系统连接在一起进行协同训练，也是现代仿真训练系统发展的一大特点。

2. 多媒体技术

多媒体的图像、声音处理能力，使研究员能从视觉、听觉上同时接受仿真系统的信息。现代的多媒体系统具有清晰的图像、流畅的动画、二维环绕立体声性能，有效提高了仿真效果。仿真系统具有强大的描述现实世界的能力，通过设置光源、物体的材质和周围的环

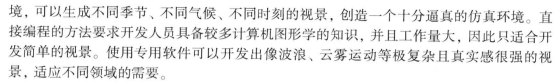

境，可以生成不同季节、不同气候、不同时刻的视景，创造一个十分逼真的仿真环境。直接编程的方法要求开发人员具备较多计算机图形学的知识，并且工作量大，因此只适合开发简单的视景。使用专用软件可以开发出像波浪、云雾运动等极复杂且真实感很强的视景，适应不同领域的需要。

3. 虚拟现实技术

虚拟现实技术的发展为仿真系统提供了广阔的应用前景。虚拟现实在军事训练上的应用主要体现在四个方面：一是虚拟战场环境，通过相应的二维战场环境图形图像库，包括各种作战对象(飞机、坦克、火炮等)、作战场景、作战背景和作战人员的图形图像，为使用者创造一种能使其沉浸其中、近乎真实的立体环境，提高使用者的临场感觉；二是单兵模拟训练，单个士兵戴上头盔显示器，穿上数据服和数据手套，通过操纵装置选择不同的战场背景，输入不同的处置方案，掌握不同的战场结果，像"实战"一样检验和锻炼士兵的技术、战术能力、快速反应能力和心理承受能力等；三是诸军兵种联合训练，建立虚拟教室，参训者都处于相同的虚拟战场环境中，各军兵种同时参与相互对抗的军事学习；四是指挥决策模拟，利用虚拟现实技术，将各种侦察传感器设备所获得的资料，合成为整个战场的全景图，然后俯视战场上的敌我兵力部署和战场情况，以更确切地了解敌情和敌人意图，更准确地判断战场态势，适时定下正确的决心和做出处置。

4. 电子对抗装备建模仿真技术

包括电子装备和电子对抗装备的建模仿真技术，主要是对电子装备建模仿真形成的威胁环境，以及对电子对抗技术的响应。电子对抗装备建模仿真的详细程度随仿真训练的需要而定。

5. 电子对抗建模仿真技术

电子对抗是一个动态变化的复杂过程。在训练仿真中，电子战装备对环境的响应取决于电子战装备的战技性能、工作状态、环境情况和操作员的控制等因素，一般为感知—决策—行动—效果的循环。

6. 电子对抗效果评估和可视化技术

电子对抗装备的电子侦察效果决定了操作员能感知的威胁环境，电子对抗效果决定了电子战装备对威胁环境作用结果。实时进行电子战效果评估，才能正确展开电子战过程，并为评估使用电子战装备的水平提供数据。对电子战指挥员来说，能直观看到电子战态势尤其重要。

9.2　雷达对抗建模与仿真实现方法

9.2.1　雷达对抗建模与仿真的一般步骤

以数学仿真为例介绍雷达对抗建模与仿真的一般步骤。

1. 问题阐述

提出问题并阐述是系统分析研究的第一步。在这一步说明需要解决什么问题，或者需要干什么，所提出的问题必须清楚明白，必要时可以对问题进行重复陈述。问题一般由决策者与领域专家共同提出，或者是在获得决策者对问题同意的情况下由系统分析人员提出。

2. 目标确定

由系统分析人员和领域专家对系统进行分析，明确可重用的资源（包括模型、算法、仿真建模工具、数据等）、系统须具备的能力、存在的技术难点、须解决的关键问题，以及对解决问题的途径、系统研发的时间要求、经费预算、预期效益、人员配备等进行分析与权衡，提供多种方案供决策者选择。

3. 系统分析与描述

首先给出系统的详细定义，明确系统的构成、边界、环境和约束。其次确定系统模型的详细程度，即模型是精细的还是简化的。例如，对于运动平台，是采用运动学模型还是空气动力学模型。再次要充分考虑系统研发中可重用的资源和需要新研发的模型与软件。最后要确定仿真系统的体系结构与功能，例如，是采用集中式仿真还是采用分布式仿真等。

4. 建立系统的数学模型

领域专家根据系统分析的结果，确定系统中的变量，依据变量间的相互关系及约束条件，将它们以数学的形式描述出来，并确定其中的参数，构成系统的数学模型。建立的数学模型必须是对系统与研究目的有关的基本特性进行抽象，利用数学模型所描述的变量及作用关系必须接近真实系统。同时，数学模型的复杂度应适中，模型过于简单，可能无法真实完整地反映系统的内在机制，模型过于复杂，可能会降低模型的效率，增加不必要的计算过程。

5. 数据收集

构造数学模型和收集所需数据之间是相互影响的，当模型的复杂程度改变时，所需的数据元素也将改变。数据收集包括收集与系统的输入/输出（I/O）有关的数据，以及反映系统各部分之间关系的数据。

6. 建立系统的仿真模型

仿真模型是指能够在计算机上实现并运行的模型。建立系统仿真模型过程包括根据系统数学模型确定仿真模型的模块结构，确定各个模块的输入/输出接口，确定模型和数据的存储方式，选择编制模型的程序设计语言等。程序设计语言包括通用语言和专用仿真语言。专用仿真语言的优点是使用方便，建模仿真功能强，以及有良好的诊断措施等，缺点是模型格式确定，缺乏灵活性。

7. 模型验证

模型的验证需要回答系统模型（包括对系统组成成分、系统结构，以及参数值的假设、抽象和简化）是否准确地由仿真模型或计算机程序表示出来。验证与仿真模型及计算机程序有关，将复杂的系统模型转换成可执行的计算机程序是一项复杂的工作，必须经过一定

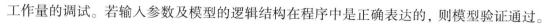

工作量的调试。若输入参数及模型的逻辑结构在程序中是正确表达的，则模型验证通过。

8. 模型确认

模型确认是确定模型是否精确代表实际系统，是把模型及其特性与现实系统及其特性进行比较的过程。对模型的确认工作往往是通过对模型的校正来完成。比较模型和实际系统的特性是一个迭代过程，同时应用两者之间的差异，以对系统和模型获得透彻的理解，达到改进模型的目的。重复进行这个过程，直到认为模型足够准确。对于经过确认的模型，把其作为可重用的资源存入模型库中。

9. 仿真实验设计

仿真实验设计即确定需要进行的仿真实验的方案。方案的选择与系统分析设计的目的及模型可能的执行情况有关，同时也与计算机的计算能力及对仿真结果的分析能力有关。通常仿真实验设计涉及的内容包括初始化周期的长度、仿真运行时间、每次运行的重复次数等。

10. 仿真运行研究

仿真运行就是将系统的仿真模型放在计算机上执行计算。在运行过程中了解模型对各种不同的输入数据及各种不同的仿真机制的输出响应情况，通过观察获得所需要的仿真实验数据，预测系统的实际运行规律。模型的仿真运行是一个动态过程，需要进行反复地运行仿真实验。

11. 仿真结果分析

对仿真结果进行分析的目的是确定仿真实验中得到的信息是否合理和充分，是否满足系统的目标要求。同时将仿真结果分析整理成报告，确定比较系统不同方案的准则、仿真实验结果和数据的评估标准及问题可能的解，为系统方案的最终决策提供辅助支持。

综上所述，雷达对抗数学仿真的一般步骤可整理为如图 9-1 所示的流程。

9.2.2 雷达对抗各组成部分的仿真模型

雷达对抗仿真的核心是各个模型，模型的可信度决定了整个系统的可信度。相似性原理指出，对于自然界的任一系统，存在另一个系统，它们在某种意义上可以建立相似的数学描述或有相似的物理属性。因此，一个系统可以用模型来近似，这是整个系统仿真的理论基础。雷达电子战仿真过程中建立模型的基本特点：一是相似性，即真实系统的原型与仿型之间具有相似的物理属性或数学描述；二是简单性，即在模型建立过程中，忽略了一些次要因素，实际模型是一个简化了的近似模型；三是多面性，对于由许多实体组成的系统来说，不同的研究目的决定了所要搜集的与系统有关的信息也不相同，表示系统的模型并不是唯一的。换句话说，工程技术人员、靶场试验人员、指挥官所关注的问题不同，导致针对同样原型建立的模型不同。

雷达对抗模型的建立方法，或者说寻找反映问题主要矛盾的模型的方法主要有三类。一是演绎法。即通过定理、定律、公理，以及已经验证了的理论推演出数学模型。这种方法适用于内部结构和特性很明确的系统，可以利用已知的定律，利用力、能量等平衡关系来确定系统内部的运动关系，大多数工程系统属于这一类。二是归纳法。通过大量的试验

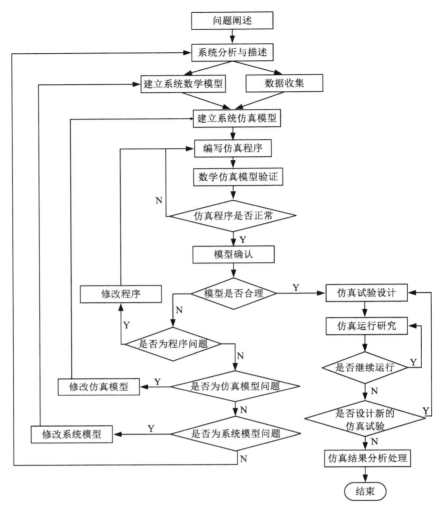

图 9-1　雷达对抗数学仿真的一般步骤

数据，分析、总结、归纳出数学模型，对内部结构不清楚的系统，可以根据系统输入/输出的测试数据来建立系统的数学模型。三是混合方法。这是将演绎法和归纳法互相结合的一种建模方法。通常采用先验知识确定系统模型的结构形式，再用归纳法确定具体参数，这种方法是最常用也是比较有效的。

雷达对抗仿真可以分为模型建立阶段、模型变换阶段和模型试验阶段三个阶段。在模型建立阶段，核心问题是寻找所研究的雷达电子战对象的模型。模型是对某个系统、实体、现象或过程的一种物理的、数学的或逻辑的表达。它不是原型的复制品，而是按照需要对实际系统进行的简化提炼，以利于使用者抓住问题的主要矛盾。模型变换阶段主要根据模型的形式、计算机的类型及仿真目的，用建立的模型替代实际的电磁环境，并建立相应的仿真软件，转换成适合计算机处理的形式。模型试验阶段的主要任务是根据雷达电子战仿真的方案，在计算机上运行建立的仿真软件，以规定输入数据，观察模型中变量的变化情况，并对输出结果进行整理、分析并形成报告。

雷达对抗仿真系统主要体现对抗条件下典型传感器、通信设备、导航设备、敌我识别设备等对武器装备作战效能的影响。仿真时，需要从不同角度描述系统的数学模型，涉及的主要数学模型如图 9-2 所示。主要包括战情环境模型、雷达系统模型、雷达侦察系统模型、雷达干扰系统模型、武器系统模型及模型系统的校核、验证与确认等。

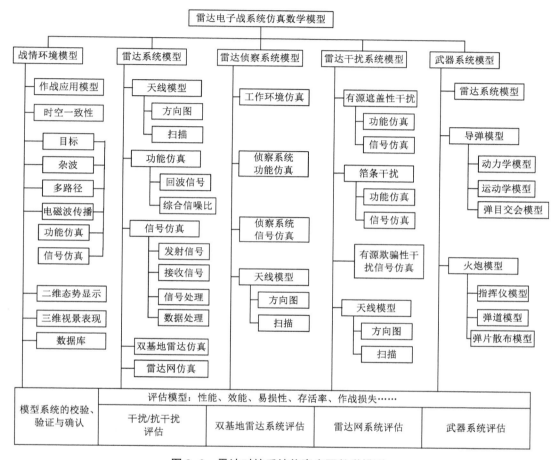

图 9-2 雷达对抗系统仿真主要数学模型

9.2.3 雷达对抗仿真验证

由图 9-2 可以看出，雷达对抗仿真涉及众多系统的模型，其中最关键的模型是雷达系统的模型和干扰系统的模型。为保证模型的置信水平，必须进行模型验证。

模型验证是仿真中一个极为重要的环节，它直接关系仿真的可信度。校模过程是对模型的一个分析、评估过程，有时统称为 VVA(verification，validation，accreditation)。其中校核(verification)是指对模型是否符合设计要求、算法、内部关系和其他技术说明的一种确定过程；验证(validation)是指根据模型预期的使用目的，对模型是否精确表示真实世界中客观事物的一种确定过程；确认(accreditation)是指由管理部门根据专家评审和经验，证明模型在特定的应用领域使用是可接受的一种过程。

以相控阵雷达电子对抗中的相干视频信号仿真为例，这种类型的仿真需要模拟相控阵雷达系统工作的全过程，包括信号的发射、传播、目标回波、杂波与干扰叠加，以及接收滤波、抗干扰、信号处理等环节。由于模型复杂，环节众多，通常采取系统级校模和子系统校模相结合的方法。

各个子模块的有效性是整个系统有效的必要条件。在校模工作中，应先将仿真系统模型分到不可再分的子模块再单独验证。即首先将该子系统从系统中抽出，在相同的输入条件下，比较系统的输出与实际输出；然后调整子系统中的可调参数，使该子系统的逼真度达到设定的值；接着进行上一级模块的验证，直至完成；最后进行整体模型的验证。图9-3以相控阵雷达仿真系统的模型验证为例，给出了一种模型验证的思路。

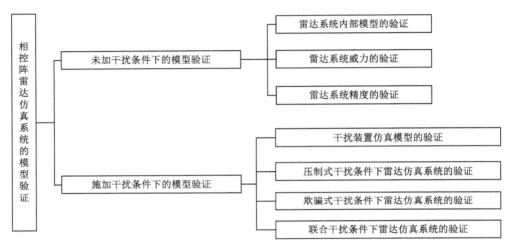

图 9-3 相控阵雷达仿真系统模型验证步骤

9.3 雷达对抗系统分布式仿真

9.3.1 分布式交互仿真简介

现代战争中的雷达对抗系统是一个庞大而复杂的系统，它涉及地基、舰载、车载、机载及星载等武器平台，综合了众多先进的处理技术。它在时间和空间上分布广泛，相互关系错综复杂。

因此，对现代雷达对抗系统进行建模仿真，需要多领域知识、多平台、多语言、多工具协同完成。仅仅依靠传统的单平台、单系统方式，或者简单的基于Socket底层网络通信方式无法有效实现。以高层体系结构（high level architecture，HLA）为典型代表的先进分布式仿真技术为解决上述问题提供了有效途径。HLA是分布式交互仿真的高层体系结构，它不把具体仿真应用和联邦成员的构建作为主要内容，而是强调在已有的联邦成员之间如何实现互操作并组成联邦。仿真系统的分析、对象的划分和确定、仿真应用的实现等底层工作，是面向对象分析与设计（object orient analysis & design，OOAD）方法要解决的问题。HLA 主要考虑如何在联邦成员的基础上进行联邦集成，即如何设计联邦成员间的交互以达到仿真的目的。HLA 的基本思想是采用面向对象的方法来设计、开发和实现仿真系统的对象模型，以获得仿真联邦的高层次的互操作和重用。HLA 的主要特点如下。

1. 能够综合多领域技术人员的力量

对现代雷达对抗系统的建模仿真涉及多个领域和方面的专业知识，这需要相关方面技术人员的共同研究。现代分布式仿真技术使不同领域人员的独立开发成为可能，减少了系统复杂度，缩短了研制周期，增强了相关分系统的可重用性和可继承性。

2. 能够支撑多平台

现代雷达对抗系统的建模仿真中，对于不同的组成部分或者处理算法，需要不同的平台来完成。例如雷达的接收机前端可能需要硬件来完成，而其数据处理运用计算机软件即可。现代分布式仿真技术及其平台能够支撑不同平台的联网集成，使系统能够综合利用多平台的处理优势，增强仿真系统的逼真度和时效性。

3. 能够支撑多语言

现代雷达对抗系统的建模仿真中，不同的传感器处理算法可能需要运用不同的程序开发语言来实现。例如，C++语言、计算能力强的 MATLAB/Simulink 语言、可视化能力强的 Vega 等。分布式仿真技术及其平台能够支撑不同仿真语言的联网集成，实现开发手段的多样化，提高系统开发效率。

4. 能够支撑各分系统的空间分布和时间协同

现代分布式仿真技术及其平台能够将位于不同地域的分系统通过局域网或者广域网进行互连，在时间上能够异步协同仿真推进。

基于先进分布式仿真协议和仿真平台进行复杂系统的建模仿真，是目前包括雷达对抗在内的复杂系统建模仿真的发展趋势和必经之路。

9.3.2 基于 HLA 的联邦开发过程

9.3.2.1 HLA 的层次结构

HLA 按照面向对象的思想和方法来构建仿真系统，在面向对象分析与设计的基础上划分仿真成员，构建仿真联邦的技术。HLA 仿真系统的层次结构如图 9-4 所示。

在基于 HLA 的仿真系统中，联邦是指用于达到某一特定仿真目的的分布仿真系统，它可由若干个相互作用的联邦成员构成。所有参与联邦运行的应用程序都可以称为联邦成员。联邦中的成员有多种类型，如用于联邦数据采集的数据记录器成员，用于实物接口的实物仿真代理成员，以及用于联邦管理的联邦管理器成员等。其中最典型的一种联邦成员是仿真应用，仿真应用是使用实体的模型来产生联邦中某一实体的动态行为。

联邦成员由若干个相互作用的对象构成，对象是联邦的基本元素。HLA 定义了联邦和

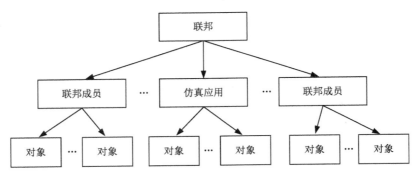

图 9-4　基于 HLA 的仿真系统的层次结构

联邦成员构建、描述和交互的基本准则和方法。联邦可以作为一个成员加入到一个更大的联邦中去。

9.3.2.2　HLA 组成

DMSO HLA 1.3 规范主要由三部分组成：HLA 规则（HLA rules），HLA 接口规范（interface specification），HLA 对象模型模板（object model template，OMT）。为了保证联邦运行阶段各联邦成员之间能够正确交互，HLA 规则定义了在联邦设计阶段必须遵循的基本准则。HLA 对象模型模板定义了一套描述 HLA 对象模型的部件。HLA 的关键组成部分是接口规范，它定义了在联邦运行过程中，支持联邦成员之间互操作的标准服务。这些服务可以分为六大类，即联邦管理服务、声明管理服务、对象管理服务、时间管理服务、所有权管理服务和数据分发管理服务。这六大类服务实际上反映了为有效解决联邦成员间的互操作所必须实现的功能。

9.3.2.3　HLA 规则

HLA 规则已成为 IEEE M&S 的正式标准，现行的规则共有十条，其中前五条规定了联邦规则，后五条规定了联邦成员规则。

（1）每个联邦必须有一个联邦对象模型，该联邦对象模型的格式应与 HLA OMT 兼容。

联邦对象模型将运行时联邦成员间的数据交换的协议和条件文档化。它是定义一个联邦的基本元素，只有符合联邦对象模型的联邦成员才可以在联邦中实现交互。联邦对象模型中的数据类型可由联邦用户和开发者决定。

（2）联邦中，所有与仿真有关的对象实例应该在联邦成员中描述，而不是在公共的基础服务支持框架（run time infrastructure，RTI）中。

将具体的仿真功能与通用的支撑服务分离是 HLA 的基本思想之一。在 HLA 中，应该在联邦成员内对具体仿真对象的对象实例进行描述而不是在 RTI 中描述。

RTI 提供给联邦成员的服务类似于分布式操作系统提供给应用程序的服务，可以说，RTI 是一个面向仿真的分布式操作系统。RTI 服务应该能支持各种联邦，它是能被广泛重用的基本服务集，包括最基本的协调与管理服务，如联邦运行时间协调与数据分发等。RTI 的应用范围非常广泛，因此以标准服务的形式统一提供，比由用户自己定义效率更高。

同时，这使得联邦成员能集中处理应用领域的问题，减少仿真应用开发者投入的时间及资源。在 HLA 中仿真功能能应与联邦支撑服务分离，RTI 可以传递对象的属性与交互实例数据来支持成员间的交互，但 RTI 不能改变这些数据。

（3）在联邦运行过程中，各成员间的交互必须通过 RTI 来进行。

HLA 在 RTI 中指定了一组接口服务来支持各联邦成员按照联邦 FOM 的规定对实例属性值和交互实例进行交换，支持联邦范围内联邦成员间的通信。在 HLA 体制下，联邦成员间的通信借助 RTI 提供的服务进行，公共的 RTI 服务保证了联邦成员之间数据交换的一致性，减少了开发新联邦的费用。

（4）在联邦运行过程中，所有联邦成员应按照 HLA 接口规范与 RTI 交互。

接口规范定义了成员应该怎样与 RTI 交互，而 RTI 及其服务接口需要面对具有多种数据交换方式的各类仿真应用系统，因此 HLA 没有对需要交换的数据作任何规定。标准化的接口使得开发仿真系统时不需要考虑 RTI 的实现。

（5）联邦运行过程中，在任一时刻，同一实例属性最多只能为一个联邦成员所拥有。

HLA 允许同一个对象不同属性的所有权分属不同的联邦成员，其中，所有权定义为拥有更新实例属性值的权力。根据该规则，对象实例的任何一个实例属性，在联邦执行的任一时刻只能为一个联邦成员所拥有。HLA 还提供了将属性的所有权动态地从一个联邦成员转移到另一个联邦成员的机制。

（6）各联邦成员必须有一个符合 HLA 规范的成员对象模型（simulation object model，SOM）。

联邦成员可以定义为参与联邦的仿真应用或其他的应用程序（如仿真管理器、数据记录器、实体接口代理等）。HLA 要求每个联邦成员有一个 SOM，该 SOM 描述了联邦成员能在联邦中公布的对象类、对象类属性和交互类。但 HLA 并不要求 SOM 描述具体的交互数据，数据描述是联邦成员开发者的责任。HLA 要求 SOM 必须按 HLA OMT 规定的格式规范化。

（7）各联邦成员必须有能力更新/反射任何 SOM 中指定的对象类的实例属性，并能发送接收任何 SOM 中指定的交互类的交互实例。

HLA 要求联邦成员，在其 SOM 中描述供它在仿真运行过程中使用的对象类和交互类，同时允许这些对象类可以被其他的联邦成员使用。更新联邦成员对象类的实例属性值和发送交互实例这些联邦成员的对外交互也要在 SOM 中规范化。

（8）联邦运行过程中，每个联邦成员必须具有动态接收和转移对象属性所有权的能力。

在 SOM 中，将联邦成员的对象类属性规范化，联邦成员可以动态地接收和转移这些实例属性的所有权。通过赋予联邦成员这种能力，联邦成员可以广泛应用于其他联邦。

（9）各联邦成员应能改变其 SOM 中规定的更新实例属性值的条件（如改变阈值）。

不同的联邦可规定不同的实例属性更新条件，联邦成员应该具有调整这些条件的能力，实例属性的更新条件也应该在 SOM 中进行规范化。

（10）成员必须管理好局部时钟，以保证与其他成员进行协同数据交换。

HLA 的事件管理方法支持联邦成员间互操作，并且联邦成员可使用自己定义的内部事件管理机制。为了达到这个目的，HLA 提供统一的事件管理服务来保证不同联邦成员间的互操作。联邦成员不需要明确告知 RTI 其内部使用的时间推进方式（如时间步长、事件驱动、独立时间推进等），但它必须使用合适的 RTI 服务来与其他联邦成员进行数据交互。

9.3.3　雷达对抗系统分布式仿真展望

雷达对抗系统分布式仿真是一个大课题。随着新武器研制、武器平台对抗和作战训练等军事仿真应用向广度和深度发展，仿真需求从过去的设备仿真、单系统仿真发展到今天的多系统仿真和复杂系统联合仿真是必然趋势。现有分布式仿真系统主要侧重于对作战的仿真实现及演示、训练功能，如何利用仿真技术建立一套通用的作战仿真平台研究成果还较少。现存在的主要问题有：

（1）仿真理论体系不够完整，仿真数据往往存在偏差，对理论支撑不够；

（2）电子对抗作战仿真平台与作战实际需求的结合不够紧密，现有电子战作战仿真系统大都停留在演示、训练的层次，对于作战使用策略和装备创新还不能提供有效支撑；

（3）电子战仿真系统的开发缺乏统一的标准，各家规范不统一，系统之间互联互通较为困难，系统的通用性、可移植性较差，不能满足不同层次上的作战需求；

（4）缺乏相关支持开发工具，国内现有电子战仿真系统大都是各单位根据自身实际能力开发建立的系统，开发工具不尽相同，没有统一、高效的电子战仿真系统开发工具；

（5）现有的电子战仿真系统大都针对单一装备，体系化的效能仿真系统研究较少，系统性研究课题较少。

从以上问题来看，雷达电子战系统分布式仿真从理论走向应用、从专门走向通用还有相当一段距离。可以肯定的是，分布式仿真理论支撑丰富，应用潜力巨大，是雷达电子战建模与仿真领域的一个重要发展方向。

9.4　雷达对抗仿真与评估系统实例

9.4.1　系统架构

随着雷达对抗的迅速发展，现代雷达对抗系统呈现多元化趋势，本书难以尽述。本节基于西安电子科技大学孙琪和冯小平等设计的红蓝对抗的场景，介绍基于 HLA 的雷达对抗仿真。红蓝两方可分别在战场上部署己方的雷达、干扰机和需要被掩护的轰炸机（对于敌方即为探测目标）。整个战场的干扰与被干扰状况需要直观反映在第三方（白方）的界面上。红蓝双方允许实时更改己方雷达、干扰机和轰炸机的运动方向、运动速度等一些参数以达到最好的攻击与掩护效果。系统的联邦成员如图 9-5 所示，各联邦成员通过交互类实现数据的交互，交互类及其参数句柄见表 9-1。

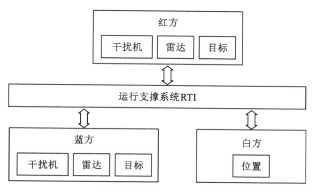

图 9-5　仿真系统总体结构

表 9-1　各联邦成员交互类句柄及其参数句柄

联邦成员	交互类句柄	交互类参数句柄
红方成员	_RedAgainstId	红方雷达 _RedRadarId
		红方干扰机 _RedJamId
		红方目标 _RedTargetId
蓝方成员	_BlueAgainstId	蓝方雷达 _BlueRadarId
		蓝方干扰机 _BlueJamId
		蓝方目标 _BlueTargetId
白方成员	_PositionId	雷达位置 _PositionRadarId
		干扰机位置 _PositionJamId
		目标位置 _PositionTargetId

表 9-1 中，RedRadar 和 BlueRadar 用于存储各自的雷达参数，RedTarget 和 BlueTarget 用于存储干扰机参数，PositionRadar 和 PositionJam 用于存储雷达、干扰机和目标的位置及敌我属性，各联邦成员对各交互类的发布/订阅情况见表 9-2。

表 9-2　交互类的发布/订阅

交互类	红方	蓝方	白方
_RedAgainstId	发布	—	订阅
_BlueAgainstId	—	发布	订阅
_PositionId	订阅	订阅	发布

图 9-6 描述了整个系统的运行流程。①白方成员对视景界面进行初始化并创建和加入联邦；②红、蓝成员进行初始化设置，包括对己方雷达、干扰机、目标的位置、运动方向、运动速度及其他参数的设置和对可视化界面的设置；③红、蓝方成员加入联邦并将所设置参数通过 RTI 发送给白方成员；④白方成员接收红蓝方参数后，首先判断干扰机所面

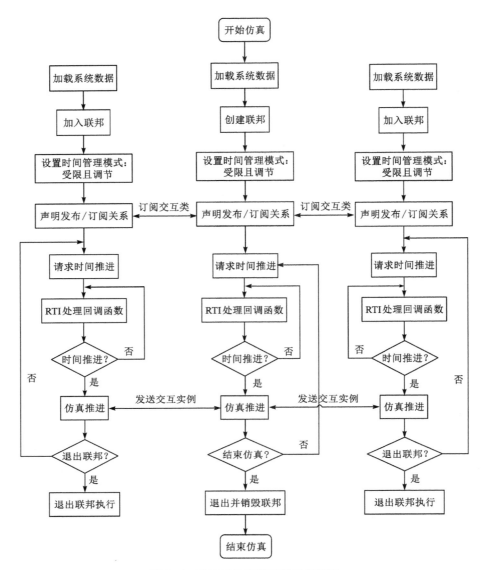

图 9-6　雷达对抗仿真系统运行流程

临雷达的敌我属性，其次计算各干扰机对敌方雷达的有效干扰空间，并在可视化界面标识出所有雷达、干扰机及目标的位置，以及干扰机的干扰指向及其对敌方雷达的有效干扰空间；⑤白方成员利用后台计算线程及发送来的运动速度、运动方向对所有雷达、干扰机、目标的位置进行实时更新，更新后的数据用于进行战场态势图显示，利用 RTI 发送回红蓝方成员，使红蓝方成员和白方成员的视景界面实时更新战场动态；⑥在运行过程中可以对加入联邦的任一雷达进行干扰空间显示；⑦运行过程中红蓝方成员可以根据实时战况更改己方雷达、干扰机或目标的参数；⑧结束仿真，红蓝方成员先退出联邦，白方成员退出并销毁联邦。

　　整个仿真系统分为三层：①联邦级，表示整个雷达对抗系统。②联邦成员级，包括红方程序包、蓝方程序包和白方程序包。③成员组件级，描述了各联邦成员内部各模块的程序实现，如图 9-7 所示。

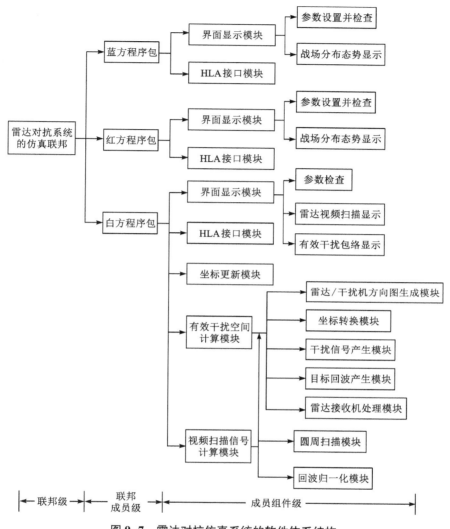

图 9-7 雷达对抗仿真系统的软件体系结构

9.4.2 白方成员仿真流程

图 9-8 详细描述了白方成员 HLA 线程的流程。

如图 9-8 所示，白方成员的具体仿真流程过程如下。

（1）启动仿真系统。通过 glNewList(N，GL_COMPILE)创建可显示 N 个实体的显示列表。该列表负责载入格式为.bmp 的位图作为映射到 OpenGL 控件的地图背景。

（2）启动 HLA 线程并设置前瞻量 m_lookahead =1.0 s、步长 m_timeStep =1.0 s、当前时间 m_currTime =0.0 s。这些参数可以根据实际情况更改。

（3）通过 CreateAndJoin(L"localhost"，L"8989")创建并加入联邦。

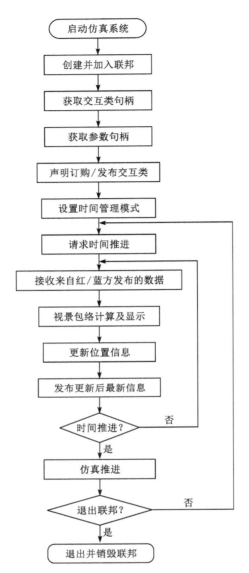

图 9-8　白方成员 HLA 线程流程

（4）获取各交互类句柄，通过如下命令实现。

_RedAgainstId = _rtiAmbassador->getInteractionClassHandle（L" RedAgainst" ）

_BlueAgainstId = _rtiAmbassador->getInteractionClassHandle（L" BlueAgainst" ）

_PositionId = _rtiAmbassador->getInteractionClassHandle（L" Position" ）。

（5）获取各交互类参数句柄，通过如下命令实现。

_RedRadarId = _rtiAmbassador->getParameterHandle（_RedAgainstId, L" RedRadar" ）

_RedJamId = _rtiAmbassador->getParameterHandle（_RedAgainstId, L" RedJam" ）

_RedTargetId = _rtiAmbassador->getParameterHandle（_RedAgainstId, L" RedTarget" ）

_BlueRadarId = _rtiAmbassador->getParameterHandle（_BlueAgainstId, L" BlueRadar" ）

_BlueJamId = _rtiAmbassador->getParameterHandle(_BlueAgainstId，L" BlueJam")

_BlueTargetId = _rtiAmbassador->getParameterHandle(_BlueAgainstId，L" BlueTarget")

_PositionRadarId = _rtiAmbassador->getParameterHandle(_PositionId，L" PositionRadar)

_PositionJamId = _rtiAmbassador->getParameterHandle(_PositionId，L" PositionJam")

_PositionTargetId = _rtiAmbassador->getParameterHandle(_PositionId，L" PositionTarget")

（6）声明发布/订购交互类，通过如下命令实现。

_rtiAmbassador->subscribeInteractionClass(_RedAgainstId)

_rtiAmbassador->subscribeInteractionClass(_BlueAgainstId)

_rtiAmbassador->publishInteractionClass(_PositionId)

（7）设置时间管理模式，通过如下命令实现。

设置时间受限：_rtiAmbassador->enableTimeConstrained( )

设置时间调节：_rtiAmbassador->enableTimeRegulation(m_lookahead)

（8）通过_rtiAmbassador->timeAdvanceRequest( )命令请求时间推进。

（9）接收红蓝方发送的交互类并启动更新位置信息的"后台计算线程"。通过 FedAmbImpl：：receiveInteraction( )函数的回调接收来自红/蓝方的数据，并把接收到的所有雷达、干扰机和目标参数存放到 Radar［］、Jam［ ］和 Target［］的结构体数组中。启动"后台计算线程"：①输入 HLA 接收到的 Radar［ ］、Jam［ ］和 Target［ ］数组，分别调用 calradarnum( )、caljamnum( )和 caltargetnum( )实现所有雷达、干扰机和目标的数目 nRadarNum、nJamNum 和 nTargetNum 输出；②调用 OnScanList( )将初始设置的雷达、干扰机和目标的参数列入界面演示区上方的列表；③调用 UpdatePos( )根据初始设置的雷达、干扰机和目标的坐标和运动方向及速度计算出一个时间步长后的最新位置信息存储在 RPOS［］、JPOS［］和 TPOS［］三个结构体数组。

（10）调用有效干扰空间计算模块并根据计算结果绘制战场态势图。

（11）发送交互类，_ rtiAmbassador - > sendInteraction (_ PositionId， parameters，UserSuppliedTag(0，0)，st)。其中，st 为时间戳，parameters 为待发送的结构体数组 RPOS［ ］、JPOS［］和 TPOS［］。

（12）触发回调函数 time AdvanceGrant( )允许时间推进。

（13）通过 resign FederationExecution（ ）退出联邦、destroyFederationExecution（ ）销毁联邦。

9.4.3　红蓝方成员仿真流程

图 9-9 详细描述了红蓝方成员 HLA 线程的流程。

（1）启动仿真系统，与 9.4.2 节所述的白方成员仿真流程第一步基本相同，区别仅在雷达、干扰机和目标参数，将参数分别存放于 RadarPara［ ］、JamPara［ ］和 TargetPara［ ］的结构体数组中。

（2）启动 HLA 线程，与 9.4.2 节所述的白方成员仿真流程第二步相同。

（3）调用 joinFederationExecution( )加入联邦，因为此时白方已将联邦创建完成。

（4）获取各交互类句柄，与 9.4.2 节所述的白方成员仿真流程第四步相同。

（5）获取各交互类参数句柄，与9.4.2节所述的白方成员仿真流程第五步相同。

（6）发布/订购交互类，通过如下命令实现。

_rtiAmbassador -> publishInteraction Class(_BlueAgainstId)发布蓝方

_ rtiAmbassador -> subscribeInteraction Class(_PositionId)订购白方

（7）设置时间管理模式，与9.4.2节所述的白方成员仿真流程第七步相同。

（8）请求时间推进几个步骤，与9.4.2节所述的白方成员仿真流程第八步相同。

（9）通过_rtiAmbassador->sendInteraction(_ PositionId, parameters, User SuppliedTag(0, 0), st)发送参数，其中 st 表示时间戳，parameters 为待发送的结构体数组 RadarPara［ ］、JamPara［ ］和 Target Para［ ］。

（10）接收白方发送的交互类，通过FedAmbImpl：：receiveInteraction( )函数接收来自白方的数据，并把接收到的所有雷达、干扰机和目标参数存放到 RPOS［ ］、JPOS［ ］和 TPOS［ ］的结构体数组。调用函数OnPosition( )绘制实时战场上的分布情况，分别调用 OpenGL 绘图函数描绘点、三角形和五边形来分别代表雷达、干扰机和目标。

通过 gl Enable(GL_POINT_SMOOTH)；gl PointSize(5.0)；gl Begin(GL_POINTS)；……gl End( )；可绘制出表示雷达直径为五个像素值且边缘平滑的点。

通过 gl Begin(GL_TRIANGLES)；… gl End( )；可以描绘出干扰机。

通过 gl Begin(GL _ POLYGON)；… gl End( )；可以描述目标。

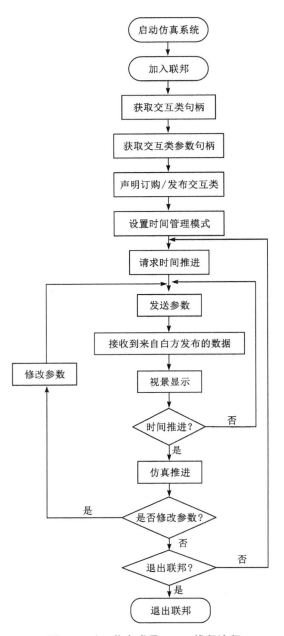

图 9-9　红/蓝方成员 HLA 线程流程

以 gl Color3f(1.0f, 0.0f, 0.0f)和 gl Color3f(0.0f, 1.0f, 0.0f) 区别红/蓝方。

（11）在系统运行过程中可以实时更改己方雷达、干扰机和目标的参数。点击界面演示区的图形，对应的雷达、干扰机或目标的参数设置界面弹出，设置完毕后重新确认参数，蓝方成员重新发送更新的数据。

（12）通过 resign FederationExecution( )退出联邦。

9.4.4　有效干扰空间计算模块

创建一个文本文件"BattleEnvelopData. txt"用于存储有效干扰空间计算模块后产生的数据。设置 ObjEcho[ ]，SupjamEcho[ ]，FalseTrgEcho[ ]，NoiseEcho[ ] 四个数组，分别用于存放每一帧上目标回波、压制干扰回波、欺骗干扰回波和噪声回波的强度。设置雷达整个包络方位向 360° 分为 ENVEAZINUM = 360 帧，则雷达显示角度分辨率 float EnvAngleResol = $2\pi/360$，每一帧又分为 ENVEOBJNUM = 1000 个图像点数。由子函数 CalDisResol(const sRADAR_PARA * m_radarpara) 可知雷达雷达显示距离分辨率 Radar DisResol。

输入项为 HLA 收到的雷达参数：radarpara = Radar[i]，$0 < i \leqslant 10$；输出项为雷达显示距离分辨率：RadarDisResol。

9.4.5　视频扫描信号计算模块

雷达视频扫描是指在雷达最大作用距离范围内，通过圆周扫描或扇形扫描等方式得到扫描区域雷达周围的目标和干扰情况。与有效干扰空间显示类似，但视频扫描并非一次性显示出整个探测空间，而是逐帧显示。画面中的亮点依据回波强度大小归一化为 0～255。与有效干扰空间计算模块类似，本模块设置四个大小为 VIDEOLENGTH 的数组，分别用于存放每一帧上目标回波、压制干扰回波、欺骗干扰回波和噪声回波的强度：ObjEcho[ ]，SupjamEcho[ ]，FalseTrgEcho[ ]，NoiseEcho[ ]。设置雷达整个探测范围方位向 360° 分为 iTotalFrameNum = ScanCycle(扫描周期) * PRI(雷达重频)帧，每一帧(雷达显示角度分辨率)又分为 VIDEOLENGTH = 1000 个图像点数。

9.4.6　界面显示模块

红、蓝、白联邦成员的界面显示都是基于 MFC(microsoft foundation classes)对话框开发的，OpenGL 以控件形式引入对话框，并用纹理贴图方式将地图(BMP 格式)作为整个战场的背景地图。为在白方成员地图上形象地标识出所有雷达、干扰机和目标，选用背景透明的雷达、干扰机和轰炸机的 PNG 图片。为读取 PNG 格式的纹理，需要第三方函数库 CxImage。对 PNG 图片的纹理映射执行步骤如下。

(1)载入纹理。首先将选用的 PNG 图片载入 CxImage 类的一个具体实例化的对象，用来存储 PNG 图片资源，生成可用的纹理。

(2)定义纹理。通过 glTexImage2D( )指定一个二维纹理，其中包含了纹理图像的大小、图像数据的类型、数据格式及在内存中存储的图像数据指针等。

(3)控制纹理。将纹理颜色作为最终颜色，利用 glTexParameter( )使得纹理可以在屏幕内从远景到近景平滑显示。

(4)描画矩形。手绘一个矩形，将要生成纹理的 PNG 图片贴到此矩形上。

(5)纹理映射。调用 glEnable( )和 glDisable( )来启用和禁止纹理映射，用 glTex Coord

( )来指定纹理坐标和几何坐标。

(6)删除纹理对象。在红蓝方地图上，分别采用红色和蓝色的圆形、三角形和五边形代表红蓝方的雷达、干扰机和目标。通过数组存储上一次位置信息以用于描画运动轨迹，用箭头表示雷达/干扰机/目标的运动方向。

9.5　本章小结

本章以雷达对抗为例对综合电子战建模与仿真技术进行了介绍。首先对雷达对抗建模与仿真的目的、分类和关键技术等进行了概述，其次介绍了建模与仿真的具体实现方法，再次对目前雷达对抗建模与仿真技术的发展热点——雷达对抗系统分布式仿真进行了重点介绍，最后对一个具体的红蓝对抗系统实例进行了详细描述。雷达对抗建模与仿真技术是雷达对抗发展的一个前沿方向，可以逼真地再现和预测雷达电子战系统工作的全过程，可以为雷达对抗系统的效能评估，型号装备研制、鉴定定型、训练使用、装备采办等提供有力支撑。

参考文献

[1] 冯德军, 刘进, 赵锋, 等. 电子对抗与评估[M]. 长沙: 国防科技大学出版社, 2018.

[2] 司伟建, 曲志昱, 赵忠凯, 等. 现代电子对抗导论[M]. 北京: 北京航空航天大学出版社, 2016.

[3] 詹姆斯·吉诺瓦. 电子战信号处理[M]. 甘荣兵, 郑坤, 张刚, 等译. 北京: 国防工业出版社, 2021.

[4] 司锡才, 司伟建. 现代电子战导论(下)[M]. 哈尔滨: 哈尔滨工程大学出版社, 2013.

[5] 科列索夫. 无线电电子战: 从过去的试验到未来的决定性前沿[M]. 北京: 国防工业出版社, 2018.

[6] Adamy D L. EW101: 电子战基础[M]. 王燕, 朱松, 译. 北京: 电子工业出版社, 2009.

[7] 熊群力, 童志鹏. 综合电子战: 信息化战争的杀手锏[M]. 北京: 国防工业出版社, 2008.

[8] 苏炯铭, 刘鸿福, 陈少飞, 等. 多智能体即时策略对抗方法与实践[M]. 北京: 科学出版社, 2019.

[9] 姚昌华, 马文峰, 田辉, 等. 基于频谱数据分析的电磁行为识别和网络结构挖掘[M]. 北京: 清华大学出版社, 2022.

[10] 徐友根, 刘志文. 阵列信号处理基础[M]. 北京: 北京理工大学出版社, 2020.

[11] 常晋聘, 甘荣兵, 郑坤. 干扰环境下的自适应阵列性能[M]. 北京: 国防工业出版社, 2022.

[12] 赵睿涛, 孙宇军, 彭灏, 等. 智能化武器装备及其关键技术[M]. 北京: 国防工业出版社, 2021.

[13] 刘培国. 电磁环境基础[M]. 西安: 西安电子科技大学出版社, 2010.

[14] 姜道安, 石荣, 程静欣. 从电子战走向电磁频谱战: 电子对抗史话[M]. 北京: 国防工业出版社, 2023.

[15] 陈杰生, 高山, 杨小雷. 防空电子战研究[M]. 北京: 航空工业出版社, 2022.

[16] 陈士涛, 李大喜, 周中良. 隐身电子战概念解析[M]. 西安: 西北工业大学出版社, 2022.

[17] 海格, 安德鲁森科. 认知电子战中的人工智能方法[M]. 王川川, 朱宁, 许雄, 等译. 北京: 国防工业出版社, 2023.

[18] 周一宇, 安玮, 郭福成. 电子对抗原理与技术[M]. 3版. 北京: 电子工业出版社, 2023.

[19] 单琳锋, 金家才, 张珂. 电子对抗制胜机理[M]. 国防工业出版社, 2019.

[20] 王沙飞, 李岩, 徐迈. 认知电子战原理与技术[M]. 国防工业出版社, 2018.

[21] 菲利普·奈里. 电子防务系统导论[M]. 北京: 国防工业出版社, 2023.

[22] 汪连栋, 王满喜, 李廷鹏. 电磁环境效应机理智能挖掘[M]. 北京: 国防工业出版社, 2023.

[23] 王星. 航空电子对抗原理[M]. 北京: 国防工业出版社, 2008.

[24] 孙国至, 等译. 电子战[M]. 北京: 军事科学出版社, 2009.

[25] 黄知涛, 王丰华, 王翔. 电子对抗基础、前沿及作战运用[M]. 长沙: 国防科技大学出版社, 2019.

[26] 郭兰图, 刘玉超, 李雨倩, 等. 电磁频谱管理: 无形世界的守护者[M]. 北京: 国防工业出版社, 2023.

[27] ADAMY D L. EW104: 应对新一代威胁的电子战[M]. 朱松, 王燕, 常晋聘, 等译. 北京: 电子工业出版社, 2017.

[28] 王世强，高彩云，曾会勇，等. 复杂体制雷达辐射源信号分选技术研究[M]. 西安：西北工业大学出版社，2019.

[29] 周颖，甘德云，许宝民，等. 反辐射武器攻防对抗理论与试验[M]. 北京：电子工业出版社，2012.

[30] 刘章孟. 雷达侦察信号智能处理技术[M]. 北京：国防工业出版社，2023.

[31] 张澎. 低可探测性与低截获概率天线理论与设计[M]. 北京：航空工业出版社，2022.

[32] 刘天鹏，魏玺章，刘振，等. 多源反向交叉眼干扰技术[M]. 北京：科学出版社，2023.

[33] 张翔宇，于洪波，王国宏. 雷达组网技术[M]. 北京：国防工业出版社，2022.

[34] Hannen P J. 雷达与电子战导论[M]. 4版. 李轲，卢建斌，包中华，译. 北京：国防工业出版社，2017.

[35] 张锡祥，肖开奇，顾杰. 新体制雷达对抗论[M]. 北京：北京理工大学出版社，2020.

[36] 李宏，杨英科，许宝民，等. 合成孔径雷达对抗导论[M]. 北京：国防工业出版社，2010.

[37] 贾鑫，叶伟，吴彦鸿，等. 合成孔径雷达对抗技术[M]. 北京：国防工业出版社，2014.

[38] 陈涛. 被动雷达宽带数字接收机技术[M]. 北京：电子工业出版社，2021.

[39] 姜秋喜. 网络雷达对抗系统导论[M]. 北京：国防工业出版社，2016.

[40] 刘利民，赵喜，曾瑞. 雷达对抗技术[M]. 石家庄：河北科学技术出版社，2020.

[41] Taylor J D. 先进超宽带雷达信号、目标及应用[M]. 北京：国防工业出版社，2023.

[42] 李云杰，朱梦韬，李岩，等. 先进多功能雷达智能感知识别技术[M]. 北京：科学出版社，2023.

[43] Adarmy D L. EW103：通信电子战[M]. 楼才义，等译. 北京：电子工业出版社，2017.

[44] 泊伊泽. 通信电子战原理[M]. 聂嗥，王振华，陈少昌，等译. 北京：电子工业出版社，2013.

[45] Poisel R A. 通信电子战系统导论[M]. 吴汉平，等译. 北京：电子工业出版社，2003.

[46] 《电子战技术与应用—通信对抗篇》编写组. 电子战技术与应用——通信对抗篇[M]. 北京：电子工业出版社，2005.

[47] 楼才义，徐建良，杨小牛. 软件无线电原理与应用[M]. 北京：电子工业出版社，2014.

[48] 朱庆厚. 通信干扰技术及其在频谱管理中的应用[M]. 北京：人民邮电出版社，2010.

[49] 王沙飞，杨俊安. 机器学习在认知通信电子战中的应用[M]. 北京：电子工业出版社，2017.

[50] 闫云斌，赵寰，董海瑞，等. 跳频通信自适应抗干扰技术[M]. 北京：电子工业出版社，2022.

[51] 路远，杨星，吕相银，等. 目标热特征控制技术[M]. 北京：国防工业出版社，2022.

[52] 田中成，靳学明，朱玉鹏. 微波光子电子战技术原理与应用[M]. 北京：科学出版社，2018.

[53] 王大鹏，姜道安，吴卓昆，等. 红外对抗技术原理[M]. 北京：国防工业出版社，2021.

[54] 刘松涛，王龙涛，刘振兴. 光电对抗原理[M]. 北京：国防工业出版社，2019.

[55] 李云霞，蒙文，马丽华，等. 光电对抗原理与应用[M]. 西安：西安电子科技大学出版社，2009.

[56] 付小宁，王炳健，王荻. 光电定位与光电对抗[M]. 2版. 北京：电子工业出版社，2018.

[57] 张凯，李少毅，杨东升，等. 光电探测与目标识别技术[M]. 西安：西北工业大学出版社，2021.

[58] 黄勤超，王峰，王硕，等. 军用光电系统及其应用[M]. 北京：国防工业出版社，2021.

[59] 胡以华，杨星. 目标衍生属性光电侦察技术[M]. 北京：国防工业出版社，2018.

[60] 王合龙. 机载光电系统及其控制技术[M]. 北京：航空工业出版社，2016.

[61] Poisel R A. 电子战与信息战系统[M]. 兰竹，常晋聘，史小伟，等译. 北京：国防工业出版社，2017.

[62] 马蒂诺. 现代电子战系统导论[M]. 2版. 姜道安，译. 北京：电子工业出版社，2020.

[63] 马蒂诺. 现代电子战系统导论[M]. 北京：电子工业出版社，2014.

[64] 汪连栋，王满喜. 复杂电磁环境效应概论[M]. 北京：电子工业出版社，2021.

[65] 童趣鹏. 综合电子信息系统[M]. 2版. 北京：国防工业出版社，2008.

[66] 房金虎. 现代电子战系统导论[M]. 北京：军事谊文出版社，2014.

［67］ 张土根. 世界舰船电子战系统手册［M］. 北京：科学出版社，2000.

［68］ 张建磊. 群体智能与演化博弈［M］. 北京：人民邮电出版社，2022.

［69］ 张旭东. 机器学习导论［M］. 北京：清华大学出版社，2022.

［70］ 胡以华，郝士琦，蒋孟虎. 卫星地球站及地面应用系统［M］. 长沙：国防科技大学出版社，2019.

［71］ 刘建伟. 网络安全概论［M］. 2 版. 北京：电子工业出版社，2020.

［72］ 肖兵，金宏斌，高效，等. C4ISR 系统分析、设计与评估［M］. 武汉：武汉大学出版社，2010.

［73］ 梁步阁，张伟军，杨德贵，等. 武器装备电磁性能测试系统集成技术［M］. 北京：国防工业出版社，2016.

［74］ 蒲小勃. 现代航空电子系统与综合［M］. 北京：航空工业出版社，2013.

［75］ 罗广成. 空天一体电子战［M］. 北京：兵器工业出版社，2018.

［76］ 黄知涛，王翔，彭耿，等. 欠定盲源分离理论与技术［M］. 国防工业出版社，2018.

［77］ 茆学权，丁诚，陈琨. 空天一体电子防空作战［M］. 北京：兵器工业出版社，2021.

［78］ 泊伊泽. 电子战目标定位方法［M］. 北京：电子工业出版社，2014.

［79］ 波塞. 天线系统及其在电子战系统中的应用［M］. 北京：国防工业出版社，2014.

［80］ 何友，王国宏，彭应宁，等. 多传感器信息融合及应用［M］. 2 版. 北京：电子工业出版社，2007.

［81］ 向红军，苑希超，吕庆敖. 新概念武器弹药技术［M］. 北京：电子工业出版社，2020.

［82］ 多维斯. 全球导航卫星系统干扰与抗干扰［M］. 张爽娜，王盾，岳富占，等译. 北京：国防工业出版社，2023.

［83］ 刘京郊. 光电对抗技术与系统［M］. 北京：中国科学技术出版社，2004.

［84］ Tsui J. 宽带数字接收机［M］. 杨小牛，陆安南，金飚，译. 北京：电子工业出版社，2002.

［85］ 赵国庆. 雷达对抗原理［M］. 西安：西安电子科技大学出版社，2012.

［86］ 张银平. 基于稀疏贝叶斯学习的 DOA 估计算法［D］. 西安：西安电子科技大学，2014.

［87］ 李婷. 基于压缩感知的雷达信号侦察处理［D］. 西安：西安电子科技大学，2012.

［88］ Malioutov D M, Qetin M, Willsky A S. A sparse signal reconstruct on perspective for soure localization with sensor arrays［J］. IEEE Transactions on Signal Processing, 2005, 53(8): 3010-3022.

［89］ 张春梅，尹忠科，肖明霞. 基于冗余字典的信号超完备表示与稀疏分解［J］. 科学通报，2006(6): 628-633.

［90］ Baraniuk R. A lecture on compressive sensing［J］. IEEE Signal ProcessingMagazine, 2007, 24(4): 118-121.

［91］ 尼古拉斯. 电子战辐射源检测与定位［M］. 王建涛，张立东，译. 北京：清华大学出版社，2022.

［92］ 刘永坚，司伟建，杨承志. 现代电子战支援侦察系统分析与设计［M］. 北京：国防工业出版社，2016.

［93］ 罗伯逊. 实用电子侦察系统分析［M］. 常晋聃，王晓东，等译. 北京：国防工业出版社，2022.

［94］ Richard A P. 电子战接收机与接收系统［M］. 电子工业出版社，2019.

［95］ Chandran S. 波达方向估计进展［M］. 周亚建，董春曦，闫书芳译. 北京：国防工业出版社，2015.

［96］ 崔宝砚，郑纪豪. 宽带数字接收机技术［M］. 3 版. 张伟，等译. 北京：电子工业出版社，2021.

［97］ James T. 数字宽带接收机特殊设计技术［M］. 张宏伟，等译. 北京：电子工业出版社，2015.

［98］ 斯蒂芬. 接收系统设计［M］. 康士棣，等译. 北京：宇航出版社，1991.

［99］ 威利. 电子情报 ELINT 雷达信号截获与分析［M］. 北京：电子工业出版社，2008.

［100］Sherman S M, Barton D K. 单脉冲测向原理与技术［M］. 2 版. 周颖，陈远征，赵锋，等译. 北京：国防工业出版社，2013.

［101］刘鲁涛，郭立民，郭沐然. 基于稀疏表示理论的空间谱估计［M］. 北京：电子工业出版社，2023.

[102] 国强. 复杂环境下未知雷达辐射源信号分选的理论研究[D]. 哈尔滨：哈尔滨工程大学, 2007.

[103] 普运伟. 复杂体制雷达辐射源信号分选模型与算法研究[D]. 成都：西南交通大学, 2007.

[104] 朱明. 复杂体制雷达辐射源信号时频原子特征研究[D]. 成都：西南交通大学, 2008.

[105] 程吉祥. 基于时频原子方法的雷达辐射源信号识别[D]. 成都：西南交通大学, 2011.

[106] 袁海璐. 基于时频分析的雷达辐射源信号识别技术研究[D]. 西安：西安电子科技大学, 2014.

[107] 张葛祥. 雷达辐射源信号智能识别方法研究[D]. 成都：西南交通大学, 2005.

[108] 陈韬伟. 基于脉内特征的雷达辐射源信号分选技术研究[D]. 成都：西南交通大学, 2010.

[109] 张国柱. 雷达辐射源识别技术研究[D]. 长沙：国防科学技术大学, 2005.

[110] 张贤达. 现代信号处理[M]. 2版. 北京：清华大学出版社, 2002.

[111] 王睿甲. 机载电子对抗系统的辐射源识别、评估及其自卫干扰控制决策研究[D]. 空军工程大学, 2014.

[112] 王海, 唐波, 黄中瑞, 等. 雷达辐射源分析[M]. 北京：科学出版社, 2022.

[113] 何友, 修建娟, 刘瑜, 等. 雷达数据处理及应用[M]. 4版. 北京：电子工业出版社, 2022.

[114] 张永顺, 童宁宁, 赵国庆. 雷达电子战原理[M]. 3版. 北京：国防工业出版社, 2020.

[115] 斯科尼克. 雷达手册：(中文增编版)[M]. 3版. 马林, 孙俊, 方能航, 等译. 北京：电子工业出版社, 2022.

[116] 朱斌. 雷达辐射源信号特征分析与评价研究[M]. 北京：北京工业大学出版社, 2020.

[117] 柳征, 刘海军, 马爽. 复杂体制雷达辐射源识别技术[M]. 北京：电子工业出版社, 2020.

[118] 陈韬伟. 雷达辐射源信号脉内分选方法研究[M]. 成都：西南交通大学出版社, 2015.

[119] 何明浩, 韩俊, 等. 现代雷达辐射源信号分选与识别[M]. 北京：科学出版社, 2016.

[120] 齐建文, 陈慧贤, 吴彦华, 等. 通信辐射源信号细微特征分析与处理[M]. 北京：国防工业出版社, 2015.

[121] 关欣, 潘丽娜, 张政超, 等. 基于粗糙集理论的雷达辐射源信号识别[M]. 北京：国防工业出版社, 2015.

[122] 李必信, 周颖. 信息物理融合系统导论[M]. 北京：科学出版社, 2014.

[123] 赵宗贵, 刁联旺, 李君灵. 信息融合工程实践——技术与方法[M]. 北京：国防工业出版社, 2015.

[124] 韩崇昭. 多源信息融合[M]. 北京：清华大学出版社, 2010.

[125] 彭东亮. 多传感器多源信息融合理论及应用[M]. 北京：科学出版社, 2005.

[126] 周一宇, 安玮, 郭福成, 等. 电子对抗原理[M]. 北京：电子工业出版社, 2009.

[127] 贾智伟, 陈天如, 李应红. 基于多传感器信息融合的目标识别[J]. 系统工程与电子技术, 2003(7)：810-813.

[128] 陈志杰, 朱晓辉, 朱永文. 多传感器目标识别融合模型研究[J]. 现代防御技术, 2008(5)：85-87.

[129] 胡学骏, 罗中良. 基于统计理论的多传感器信息融合方法[J]. 传感器技术, 2002(8)：38-39+43.

[130] 洪昭艺, 高勋章, 黎湘. 基于DS理论的混合式时空域信息融合模型[J]. 信号处理, 2011, 27(1)：14-19.

[131] 覃频频, 许登元, 黄大明. 基于D-S证据理论的高速公路事件检测信息融合[J]. 传感器与微系统, 2007, 26(4)：24-27.

[132] 赵春阳, 逄玉俊. 基于信息熵的多传感器信息融合[J]. 计算机与数字工程, 2005(8)：77-79.

[133] 王志胜, 甄子洋. 非线性信息融合估计理论[J]. 宇航学报, 2009, 30(1)：8-12.

[134] 刘锋, 陶然, 王越, 等. 基于改进型遗传算法的多传感器——多目标定位信息融合[J]. 航空电子技术, 2003(1)：24-27.

[135] 胡胜利, 赵宁. 基于遗传神经网络的多级信息融合模型研究[J]. 计算机工程与设计, 2010, 31(15)：

3480-3482+3486.

[136] 夏蔽兰, 赵力. 基于 BP 神经网络的多传感器信息融合研究[J]. 计算机测量与控制, 2015, 23(5): 1823-1826.

[137] 王江萍. 基于神经网络的信息融合故障诊断技术[J]. 机械科学与技术, 2002(1): 127-130+149.

[138] 盖庆书, 白雪. 基于神经网络模型的信息融合技术[J]. 华北水利水电学院学报, 2009, 30(1): 67-69.

[139] 郑文恩, 孙尧. 基于多源信息融合的潜艇目标识别方法研究[J]. 船舶工程, 2004(2): 68-70.

[140] 关欣. 证据冲突推理于融合[M]. 北京: 电子工业出版社, 2020.

[141] 赵鸿伟. 认知电子对抗中多源数据识别与融合进化研究[D]. 北京: 北京邮电大学, 2023.

[142] 张伟, 许鸿坡, 雷子欣. 传统电子对抗系统融合智能化功能的技术需求探析[C]//第十届中国指挥控制大会论文集(上册), 2022-08, 中国北京: 兵器工业出版社, 2022: 714-720.

[143] 张春磊, 王一星, 吕立可, 等. 美军网络化协同电子战发展划代初探[J]. 中国电子科学研究院学报, 2022, 17(3): 213-217+237.

[144] 李旻, 戴少怀, 杨革文, 等. 电子对抗层级划分及其特点分析[J]. 航天电子对抗, 2021, 37(6): 1-5.

[145] 贾朝文, 冯兵, 鄢勃, 等. 战斗机电子战系统架构总体设计[J]. 航空学报, 2021, 42(2): 335-347.

[146] 雷鹏勇, 刘胜春, 贺岷珏, 等. 电子战数据链的需求分析与发展趋势[J]. 电子信息对抗技术, 2020, 35(2): 44-47.

[147] 高松, 滕克难, 段哲. 美军核心电子战支援装备及其发展趋势分析[J]. 飞航导弹, 2019(11): 12-17.

[148] 郑德生, 李晓瑜, 蔡竟业. 基于 DS 的电子战多信息 PCA 融合方案[J]. 电子科技大学学报, 2019, 48(3): 409-414.

[149] 高坤, 戴江山, 张慕华. 基于大数据技术的电子战情报系统[J]. 中国电子科学研究院学报, 2017, 12(2): 111-114.

[150] 夏晓东. 面向电子对抗的协同目标定位与跟踪技术研究[D]. 南京: 南京航空航天大学, 2017.

[151] 战立晓, 李蕾义, 汤子跃, 等. 机载火控雷达和电子战一体化问题研究[J]. 航天电子对抗, 2016, 32(6): 37-40+53.

[152] 邓捷坤, 谢井, 时统业. 基于雷达对抗的多源情报融合[J]. 航天电子对抗, 2013, 29(6): 44-47.

[153] 林象平. 雷达对抗原理[M]. 西安: 西北电讯工程学院出版社, 1985.

[154] 吕连元. 现代雷达对抗的发展趋势[J]. 电子对抗, 2010(1): 1-5.

[155] 王杰贵, 崔宗国, 谭营. 智能雷达干扰决策支持系统[J]. 电子对抗技术, 1999(5): 5-11.

[156] 姜宁. 电子对抗仿真系统中的多属性决策理论模型与方法研究[D]. 大连: 大连理工大学, 2000.

[157] 吕永胜, 王树宗, 王向伟, 等. 基于贴近度的雷达干扰资源分配策略研究[J]. 系统工程与电子技术, 2005(11).

[158] 宋海方. 机载电子对抗系统干扰决策及资源管控关键技术研究[D], 空军工程大学. 2012.

[159] 黄贤锋, 张万军, 谭营. 雷达干扰智能决策资源分配的一种快速算法[J]. 航天电子对抗, 2002(6): 10-12.

[160] 谈江海, 陈天麒. 一种雷达干扰资源分配算法[J]. 电子对抗技术, 2005(5): 31-34.

[161] 薛利敏, 张洪向, 李敏勇. 效力准则的电子战干扰效果度量的研究[J]. 火力与指挥控制, 2004(3): 58-60.

[162] 魏保华. 雷达干扰效果评估准则与方法的研究[D]. 长沙: 国防科学技术大学, 2000.

[163] 戴少怀, 杨革文, 李旻, 等. 改进粒子群算法的组网雷达协同干扰资源分配[J]. 航天电子对抗,

2020, 36(4): 29-34+45.

[164] 韩鹏, 卢俊道, 王晓丽. 利用于博弈论的雷达有源干扰资源分配算法[J]. 现代防御技术, 2018, 46(4): 53-59.

[165] 韩鹏, 张龙. 雷达干扰资源优化分配博弈模型和算法[J]. 现代雷达, 2019, 41(2): 78-83+90.

[166] 韩鹏, 顾荣军, 卢俊道, 等. 基于学习自动机的雷达干扰资源分配研究[J]. 航天电子对抗, 2020, 36(2): 51-55.

[167] 崔哲铭, 彭世蕤, 任明秋, 等. 基于波束数量控制的多波束干扰资源调度研究[J]. 空军预警学院学报, 2020, 34(4): 274-278.

[168] 尧泽昆, 王超, 施庆展, 等. 基于改进离散模拟退火遗传算法的雷达网协同干扰资源分配模型[J]. 系统工程与电子技术.

[169] Yao Z K, Tang C B, Wang C, et al. Cooperative jamming resource allocation model and algorithm for netted radar[J]. Electron Lett, 2022, 58(22): 834-836.

[170] Yao Z K, Liu T H, Chao W. Cooperative jamming resource allocation model based on the improved firefly algorithm[C]. Proceedings of the 2022 6th International Conference on Electronic Information Technology and Computer Engineering, 2022.

[171] 张大琳, 易伟, 孔令讲. 面向组网雷达干扰任务的多干扰机资源联合优化分配方法[J]. 雷达学报, 2021, 10(4): 595-606.

[172] Zou W Q, Niu C Y, Liu W, et al. Combination search strategy-based improved particle swarm optimisation for resource allocation of multiple jammers for jamming netted radar system[J]. IET Signal Processing, 2023, 17(4): e12198.

[173] 陆德江, 王星, 陈游, 等. 联合多种资源协同干扰组网雷达系统的自适应调度方法[J]. 系统工程与电子技术, 2023, 45(9): 2744-2754.

[174] 步雨浓, 袁健全, 池庆玺. 智能协同干扰技术作战应用分析[J]. 战术导弹技术, 2019(5): 71-76.

[175] 柳向. 对组网雷达的协同干扰技术研究[D]. 长沙: 国防科技大学, 2019.

[176] 孙俊, 张大琳, 易伟. 多机协同干扰组网雷达的资源调度方法[J]. 雷达科学与技术, 2022, 20(3): 237-244+254.

[177] 张大琳. 针对组网雷达的协同干扰资源调度方法研究[D]. 成都: 电子科技大学, 2022.

[178] 石荣, 刘江. 干扰资源分配问题的智能优化应用研究综述[J]. 电光与控制, 2019, 26(10): 54-61.

[179] Wang Y J, Wang S H, Liu L. Joint Beamforming and Power Allocation in the Heterogeneous Networks[J]. IET COMMUNICATIONS, 2019.

[180] 王跃东, 顾以静, 梁彦, 等. 伴随压制干扰与组网雷达功率分配的深度博弈研究[J]. 雷达学报, 2023, 12(3): 642-656.

[181] 彭翔, 许华, 蒋磊, 等. 一种基于深度强化学习的动态自适应干扰功率分配方法[J]. 电子学报, 2023, 51(5): 1223-1234.

[182] 高卫. 精确制导武器系统电子干扰效果试验与评估[M]. 北京: 国防工业出版社, 2018.

[183] 中国航天科工集团第三研究院三一所. 精确制导武器领域科技发展报告[M]. 北京: 国防工业出版社, 2019.

[184] 冯德军, 刘佳琦, 张雅舰, 等. 精确打击武器战场环境导论[M]. 北京: 国防工业出版社, 2017.

[185] 司锡才, 司伟建, 张春, 等. 超宽频带被动雷达寻的技术[M]. 北京: 国防工业出版社, 2016.

[186] Sherman S M, Barton D K. 单脉冲测向原理与技术[M]. 2版. 周颖, 陈远征, 赵锋, 等译. 北京: 国防工业出版社, 2013.

［187］Bogoni A，Ghelfi P，Laghezza F. 雷达网络与电子战系统中的光子学［M］. 李胜勇，李江勇，程志锋，等译. 北京：国防工业出版社，2023.

［188］翟龙军，高山，但波，等. 复合寻的制导系统与技术［M］. 北京：国防工业出版社，2022.

［189］齐世举. 导弹突防与弹头控制技术［M］. 西安：西北工业大学出版社，2016.

［190］周晓东. 弹药目标探测与识别［M］. 北京：北京理工大学出版社，2019.

［191］李毅，孙党恩. 国外战略导弹及反导武器高新技术发展跟踪［M］. 北京：国防工业出版社，2018.

［192］曹菲著. 反辐射武器雷达对抗［M］. 西安：西北工业大学出版社，2018.

［193］廖平，蒋勤波. 弹道导弹突防中的电子对抗技术［M］. 北京：国防工业出版社，2012.

［194］张翔宇. 临近空间高超声速飞行器探测跟踪技术［M］. 北京：电子工业出版社，2022.

［195］刘兴堂. 现代导航、制导与测控技术［M］. 北京：科学出版社，2010.

［196］伍晓华，宋伟，沈楠. 对苏制地空导弹系统的电子战［M］. 长沙：国防科技大学出版社，2019.

［197］王星，程嗣怡，周东青等. 航空电子对抗组网［M］. 北京：国防工业出版社，2016.

［198］张勇，滕颖蕾，宋梅. 认知无线电与认知网络［M］. 北京：北京邮电大学出版社，2012.

［199］高劲松，丁全心，邹庆元. 网络中心战对空战研究的影响［J］. 电光与控制，2008，15(9)：43-47.

［200］陈永光，李修和，沈阳. 组网雷达作战能力分析与评估［M］. 北京：国防工业出版社，2006.

［201］董尤心，张杰，唐宏，等. 效能评估方法研究［M］. 北京：国防工业出版社，2009.

［202］徐浩军，郭辉，等. 空中力量体系对抗数学建模与效能评估［M］. 北京：国防工业出版社，2010.

［203］王雪松，肖顺平，冯德军，等. 现代雷达电子战系统建模与仿真［M］. 北京：电子工业出版社，2010.

［204］周颖，王雪松，徐振海，等. 雷达电子战效果及效能评估的一般性思考［J］. 系统工程与电子技术，2004，26(5)：617-620.

［205］丛潇雨. 组网雷达协同探测及干扰抑制研究［D］. 南京理工大学，2022.

［206］杨涛. 组网雷达系统"四抗"效能评估方法研究［D］. 长沙：国防科学技术大学，2008.

［207］杨波. 雷达组网的电子对抗［D］. 成都：电子科技大学，2007.

［208］蔡婧. 雷达组网系统的优化组网方法研究［D］. 镇江：江苏科技大学，2010.

［209］张养瑞. 对雷达网的多机伴随式协同干扰技术研究［D］. 北京：北京理工大学，2015.

［210］时满丽. 雷达协同干扰及效果评估技术研究［D］. 西安：西安电子科技大学，2013.

［211］赵辉. 雷达组网信息融合及欺骗干扰技术研究［D］. 西安：西安电子科技大学，2014.

［212］卢宣华. 多平台雷达组网优化部署研究［D］. 南京：南京理工大学，2012.

［213］董晖. 分布式干扰的组网技术［D］. 西安：西安电子科技大学，2009.

［214］王强. 多功能组网雷达任务规划方法研究［D］. 成都：电子科技大学，2018.

［215］王梦. 组网雷达协同抗干扰仿真软件的设计与实现［D］. 西安：西安电子科技大学，2018.

［216］赵思雯. 雷达协同探测场景下关于多雷达组网的理论研究［D］. 北京：北京邮电大学，2017.

［217］夏杰宸. 对组网雷达的多机协同干扰决策算法研究［D］. 哈尔滨：哈尔滨工程大学，2022.

［218］汤晔. 对抗组网雷达的干扰资源调度和决策方法研究［D］. 西安：西安电子科技大学，2022.

［219］郭文元. 针对组网雷达的协同干扰技术研究［D］. 哈尔滨：哈尔滨工程大学，2021.

［220］任唯祎. 通信侦察信息在组网雷达对抗中的应用［D］. 成都：电子科技大学，2021.

［221］刘芳. 基于协同电子对抗的雷达干扰资源分配技术研究［D］. 长沙：国防科技大学，2021.

［222］孙琪. 基于HLA的雷达对抗系统仿真［D］. 西安：西安电子科技大学，2013.

［223］王国玉，等. 雷达电子战系统数学仿真与评估［M］. 北京：国防工业出版社，2004.

［224］曾洪祥. 雷达电子战系统建模仿真技术和作战效能评估的研究［D］. 长沙：国防科技大学，2000.

［225］宋道军. 综合电子战环境下的雷达对抗作战效能分析及仿真［D］. 西安：西北工业大学，2006.

[226] 黄胜鲁. 电子战仿真综合效能评估系统的设计与实现[D]. 北京：北京邮电大学，2007.

[227] 赵军仓. 基于 HLA 作战环境的仿真及作战效能评估的研究[D]. 西安：西北工业大学，2006.

[228] 张启，许家栋，王国超，等. 基于 HLA 的电子对抗仿真系统设计[J]. 计算机仿真，2011，28(1)：80-83.

[229] 刘佳琪，吴惠明，饶彬，等. 雷达电子战系统射频注入式半实物仿真[M]. 北京：中国宇航出版社，2016.

[230] 刘永坚，侯慧群，曾艳丽. 电子对抗作战仿真与效能评估[M]. 北京：国防工业出版社，2017.

[231] 安红，杨莉. 雷达电子战系统建模与仿真[M]. 北京：国防工业出版社，2017.

[232] 郭淑霞. 综合电子战模拟与仿真技术[M]. 西安：西北工业大学出版社，2010.

[233] Adamy D L. 电子战建模与仿真导论[M]. 吴汉平，等译. 北京：电子工业出版社，2004.

[234] 崔炳福. 雷达对抗干扰有效性评估[M]. 北京：电子工业出版社，2017.

[235] 高晓光，万开方，李波. 空战仿真模型及效能分析[M]. 北京：国防工业出版社，2022.

[236] 肖顺平. 雷达电子战系统仿真与评估[M]. 北京：清华大学出版社，2023.

[237] 郭金良，王得旺，韩文彬，等. 现代雷达电子战构件化组合仿真技术[M]. 北京：国防工业出版社，2022.